四川省 2011 年度重点图书
现代桥梁新技术丛书

桥梁钢结构细节设计

中铁大桥勘测设计院集团有限公司　赵廷衡　著

西南交通大学出版社
·成　都·

图书在版编目（ＣＩＰ）数据

桥梁钢结构细节设计 / 赵廷衡著. —成都：西南交通
大学出版社，2011.10（2020.8 重印）
（现代桥梁新技术丛书）
ISBN 978-7-5643-1300-5

Ⅰ．①桥⋯　Ⅱ．①赵⋯　Ⅲ．①桥梁结构：钢结构 –
结构设计　Ⅳ．①U445.47

中国版本图书馆 CIP 数据核字（2011）第 158237 号

现代桥梁新技术丛书

桥梁钢结构细节设计

赵廷衡　著

责 任 编 辑	张　波
特 邀 编 辑	杨　勇
封 面 设 计	本格设计
	西南交通大学出版社
出 版 发 行	（四川省成都市二环路北一段 111 号 西南交通大学创新大厦 21 楼）
发 行 部 电 话	028-87600564　028-87600533
邮 政 编 码	610031
网　　　　址	http：//www.xnjdcbs.com
印　　　　刷	四川煤田地质制图印刷厂
成 品 尺 寸	185 mm × 240 mm
印　　　　张	18.75
字　　　　数	419 千
版　　　　次	2011 年 10 月第 1 版
印　　　　次	2020 年 8 月第 5 次
书　　　　号	ISBN 978-7-5643-1300-5
定　　　　价	54.00 元

序 言

　　赵廷衡教授级高级工程师参加设计工作 40 余年，一直从事钢梁结构的桥梁设计，技术经验丰富，思路开阔，不墨守成规。20 世纪 70 年代初文革期间作为主要骨干，主持了九江长江公铁两用大桥的钢梁方案设计。以后又在孙口黄河铁路桥的钢桁梁设计中，极力推动全桥采用整体节点结构的技术方案，最终得到铁路部认可。从此使铁路钢桁梁桥节点告别了散装的落后技术年代。1990 年前后修建的武汉市汉阳大道与鹦鹉大道交叉处的人行天桥，是当时国内首座跨度较大，平面呈 X 形的全焊接正交异性板钢箱梁结构，赵高工参与了该项目设计，并入驻武昌造船厂监控制造工作。1995 年广东省汕头市礐石大桥采用了属国内首例的钢箱与混凝土箱混合成为主梁的斜拉桥，主跨 518 m。赵高工既是钢箱梁的设计主持人，又坚守工地为宝鸡桥梁厂首次介入钢箱梁制造进行工艺把关，以及为钢箱梁节段吊装合拢发挥监控和指导作用。随后赵高工受聘为广东省湛江市海湾大桥建设公司的技术顾问，承担该桥在建设中的工作。该桥仍属大桥设计院设计亦为混合梁斜拉桥，主跨 480 m。钢箱截面采用底板为圆弧，有别于一般的造型。斜拉索首次采用锚固于梁面。此桥完工以后，即回到大桥院，继续贡献余热。以上事实说明，赵廷衡教授级高工在钢结构方面既具有较好的理论知识又有丰富的实践经验，根据自己多年来的心得写成专著。诚如作者所期，本著作定能对从事钢桥设计工作中的同行与青年才俊们有所裨益和启发。

　　中铁大桥勘测设计院具有悠久的设计建桥历史，人才辈出。对桥梁技术的提高与发展，一直敢为人先。各类优秀人物都是依靠自力更生的精神，凝聚其各自取得的业绩。始终保持住不浮不夸的优良社会风气。

中铁大桥勘测设计院集团有限公司

教授级高级工程师

2011 年 5 月

前　言

新中国建国以来，各类钢桥都得到了快速发展。近三十年来不仅发展更快，还出现了许多新型结构，使钢桥技术前进了一大步。在这个过程中，中铁大桥勘测设计院作为一个团队，在不断的设计实践中，积累了许多宝贵的经验。笔者在这个集体中也有许多心得和体会，本书的工作便是以实际运用为宗旨总结这些心得。希望本书能够对从事钢桥设计工作的青年朋友们有所裨益，若果能如此，笔者将感到十分荣幸。

书中包含钢桁梁、钢箱梁和钢拱桥三个部分，重点是钢桁梁。在钢桁梁部分，除用主要篇幅叙述结构细节设计外，还将与之相关的材料选择、高强度螺栓设计、焊接设计等也写在这一篇里，希望尽可能完善这个部分。当然，这些关于选材和连接设计的内容也同时适用于其他部分。

钢桁梁节点只讨论了整体节点，散装节点没有涉及。但整体节点是从散装节点发展过来的。从散装节点到整体节点的发展过程及两者的对比，在钢桁梁第三章第四节作了说明。整体节点及杆件的某些设计规范国内尚缺，为了方便使用，引用日本及英美等国规范作了补充。

在钢箱梁部分，结合细节叙述，也对相关规范作了简要说明。钢拱桥的吊杆刚性是广泛关注的问题，书中有专门讨论。

各部分还引用了许多国内外工程实例，并对实例进行了扼要说明。阅读和分析这些充满智慧的实际工程结构图，对读者了解具体的结构构成方法会有很大帮助。

稿子是在工作过程中断断续续写出来的，时间拖得很长。疏漏不足之处难免，希望同行们不吝指正。

　　书稿得到我院多位专家的支持和帮助，没有他们的帮助笔者不可能完成这个工作。

　　我特别感谢设计大师杨进先生，他在百忙中抽时间审阅了全书，还热情为本书作序。张强、肖海珠、郑修典、刘承虞四位专家分别对全稿进行了校审，提出了许多宝贵的建议和修改意见，他们的这些意见和建议都在书中得到了体现；郭子俊高工在文稿规划，内容组成和校阅等方面提供了很多帮助；徐科英工程师花费大量时间和精力对书稿进行了组织和编排。在此谨对他们一并表示衷心感谢！

　　本书的几位编辑为本书做了大量的、细致的工作，非常辛苦。他们对大多数插图都进行了重新绘制，对其他插图也进行了尽可能的美化，为本书增色不少。衷心地感谢他们。

作　者

2011 年 6 月于中铁大桥勘测设计院集团有限公司

目 录

第一篇　钢桁梁

第二篇　钢箱梁

第三篇　钢拱桥

第一篇　钢桁梁

　　钢桁梁的使用非常广泛，它是一种跨越能力非常强的桥梁结构，在桥梁钢结构中占有很重要的地位。半个多世纪以来，以武汉长江大桥为代表，国内已经修建了数百座大型钢桁梁桥。当钢桁梁形成拱桁结构，或者作为加劲梁与缆索承重体系形成组合结构时，可以适应更大跨度。

第一章
总体布置和计算

第一节　总体布置

桥位环境、水文、地质、通航净空、主航道位置和范围、桥上铁道线路数、公路车道数等，均由总体统一考虑。但是，特大桥梁上部结构设计需对结构类型、总长和孔跨布置比例等提出建议，并进行协调。这是因为，特大桥梁除在结构设计、制造方面有特殊性外，在安装方面常常需要更周密的考虑。因此，只有总体设计与上部结构设计主动相互协调，才能将总体布置做得更好。

一、结构类型选择

桥梁结构类型非常多，钢桥结构类型也不少。但是，适合于具体某个桥位的桥式并不一定很多，甚至很少。这是因为，特定的桥位必定有特定的环境条件，只有相似，没有雷同。特定的环境条件很可能就只与某一个或某几个桥型相适应。这种例子是非常之多的。所以在选择桥型时，首先必须满足使用功能，然后结合桥址的地质、地形、水文、航运、气象及其他外部条件，将合适的桥式布置到桥位上，进行计算、分析、比较。从中选出技术先进、经济合理、与环境协调美观的方案作为推荐方案。

寻求经济合理的桥梁设计方案，是头等重要的工作。经济合理，这是方案研究的原则。这个观念不仅是在今天，今后也不会过时。也正是在这个观念的指导下，才可以说"适合于具体某个桥位的桥式并不一定很多"。如果把经济观念放到次要位置，把桥梁外形放到主要位置的话，方案选择就会失去一个重要原则，结果也就不一样了。最大的不一样就是花钱不一样。适宜的桥型与不适宜的桥型相比，造价会有很大差别，甚至是成倍的差别。因此，忽视经济原则，过分追求造型的奇特，是不应当提倡的。

大桥的建筑美感显然非常重要，设计者应当努力追求。但是，建筑美应当与结构受力的合理性相联系，合理的才是最美的。千万不要追求奇特和画蛇添足。

二、总　长

正桥上部结构总长一般是取决于河道两岸大堤之间的距离，但有很多例外。重要河流的大堤附近一般不容许修桥台。长江上的桥，黄河上的桥基本都是这样。这部分工作常常受到外部条件限制，需要进行许多外部条件的调查与协调。

三、跨度布置的比例

如图 1-1-1 所示，对于总长较大，布置成多孔连续桁梁，其中又有一两个较大通航孔（图中的 l_2 或 l_3）的桥，需要注意跨度比例。之所以要注意比例，是因为它显著影响到梁体的内力和刚度，显著影响到安装的难易程度。同时对各支座反力的分配也有明显影响。

如果不愿意让端支座出现负反力的话，端孔 l_1 就不可过小，次孔 l_2 不可过大。一般情况下，l_1 应不小于 l_2 的 60%。次孔如果太大，不仅梁的竖向刚度不匀顺，次孔的安装也将很困难。在伸臂安装情况下，次孔的安装应力和安装挠度都可能成为控制因素，从而增加安装投入。同时，端支点还可能出现负反力。

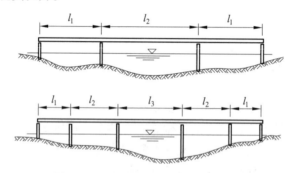

图 1-1-1　连续梁跨度布置比例示意

全桥跨度布置要比较匀顺，由通航大跨逐步过渡到边孔小跨，不能忽大忽小。当上部结构由几联连续梁组成，又要追求边跨小于中跨（受力合理）的效果，就会出现跨度不匀顺的矛盾。此时只得采用等跨布置。武汉、南京、枝城、九江等大桥的布置都是这样。

四、关于负反力支座的讨论

这个讨论只限于连续钢桁梁。

之所以在这里提出这个问题，是想引起大家的思考。

到目前为止，国内大型钢桥都还没有使用过负反力支座。有时遇到这种情况时，都是压重处理。原因当然是为了避免设计和施工抗拉支座的麻烦，也担心日后在运营中出现问题。

这样的想法当然是情理之中的事。但完全拒绝使用抗拉支座，是不是也有失偏颇。

在国外钢桥中，有很多钢桥采用抗拉支座的例子。现有的文献表明，日本和欧美各国在三孔连续梁或伸臂梁中，端支座使用负反力的例子实在不少。例如，日本的港大桥(235 m+510 m+235 m)、天草1号桥(100 m+300 m+100 m)、境水道大桥(96 m+240 m+96 m)、黑之濑户大桥(100 m+300 m+100 m)、Chester桥(250 m+500 m+250 m)，德国的南腾巴赫美因河桥(83.2 m+208 m+83.2 m)等。这些大桥的抗拉支座，既有固定支座，也有活动支座，总之都成功地设计了抗拉支座。可以认为，让连续梁端支点产生负反力是设计者的主观意图，而不是因条件所限的被动措施。

事实上，负反力的存在绝不仅仅是缺点，也有突出优点。在三孔连续结构中，设置端部抗拉支座后，可以显著减小边孔的正弯矩、挠度和梁端转角。边孔刚度改善的同时，也使中孔的竖向刚度得到提高。内力的减少当然也就节省了材料，是一举数得的事。因此，在必要的时候，使用抗拉支座是合理的，可以节省投资。支座会多花费一些材料，但数量十分有限。

抗拉支座，最好设计成无论什么荷载组合作用都是拉力，而不出现压力。拉力与压力交替作用的拉压支座，尽量避免采用。拉压支座会使支座设计更加复杂。

可想而知，固定支座抗拉比较容易，活动支座抗拉需同时考虑纵向移动和转角，比较困难一些。而连续梁的端支座几乎都是活动支座。

目前的问题是，抗拉支座还完全没有研究过。所以，究竟有多大设计困难，还不好说。但是可以肯定，抗拉支座是完全可以设计的，这不应当有疑问。如果有机会针对具体工点提出设计方案，进行具体的、有针对性的考虑就比较好。初步想想，可以考虑的抗拉构件类型有多种。支座上下摆间的抗拉连接、铰接拉杆、预应力钢丝束等，都可供选择。其中，支座上下摆间的抗拉连接还需增加支座上摆与钢梁节点的抗拉连接。

在后面的工程实例中，有少量抗拉设计的例子可供参考。已有的实际做法大致有3种情况：将抗拉结构做在端节点上；将抗拉结构做在端横梁上；将相邻孔的端支座设在具有负反力的节点上，用以平衡负反力。

第二节　桁式选择

一、桁　式

桁架结构的基本单元就是三角形，由三角形组成各种桁式。桁式与桁高、节间长度、杆件长度（与桥面纵横梁）紧密相关，必须联系在一起综合考虑。此外在桁架中，桁高、节间长度（联系纵横梁）和斜腹杆的斜度是相互关联的三个要素。在考虑其中某一个要素的取值时，必须同时兼顾另两个要素。综合考虑这三个要素并作出选择，也就决定了桁式。

所有常用桁式都是各有优缺点的，需要根据具体情况选择使用。

二、桁 高

在所述三要素中，桁高是最为重要的。它是决定桁架杆件内力和桁梁挠度的主要因素。规范规定，简支钢桁梁和连续钢桁梁的边跨，容许挠度为跨度的 1/900，中跨为 1/750。挠度限制是桁高的主要控制条件。在已建成的大桥中，3 跨及 3 跨以上的等跨连续桁梁，常用桁高 H 为跨度 L 的 1/10~1/8。如果用到 1/10 的话，中间支点处常常还需要增加桁高。例如表 1-1-1。

当桁高很大时，华伦式桁架的斜杆往往很长，压杆折减明显。在大型钢桁梁单腹杆结构中，斜（单）腹杆长细比达 70~80 时，对 Q345q 将折减 40%~50%，对 Q420q 将折减 50% 以上。所以，对于很大桁高的情况，要着重考虑双腹杆体系或再分式体系。至于多腹杆体系，早年是用得较多的，现代钢桥已经看不到了。

表 1-1-1　高跨比举例

桥　名	跨度/m	桁高/m	高跨比	附　注
武汉长江大桥	3×128	16	1/8	
南京长江大桥	3×160	16	1/10	支点增加桁高 14 m
枝城长江大桥	4×160	16	1/10	支点增加桁高 14 m
孙口黄河大桥	4×108	13.6	1/7.94	

三、节间长度

节间长度与弦杆长度及其长细比、纵梁跨度、横梁内力、平面联结系斜撑杆长度直接相关，节间长度过大和过小都有弊端。过大时会使受压弦杆折减过多，或者为使压杆折减不要太多而增加截面轮廓尺寸，同样也会造成钢料浪费。此外，还会引起纵横梁内力增加，以致增加纵横梁梁高。过小时，会增加主桁杆件的次弯矩。

钢板供货长度也需要适当考虑，国内最合适的供货长度是 12 m~14 m，16 m~18 m 板件钢厂供应比较困难，但尚能协商供应。再长，就需要工厂对焊接长了。

特大型钢桁梁的节间长度往往比较大。这是因为这种钢梁的杆件内力非常大，杆件轮廓尺寸当然也很大，高宽尺寸可以达到 2 m 以上。对于这种情况，节间长度需要跟着适当加长。如果节间太小，主桁挠曲变形可能引起很大的节点次弯矩。这种情况下的节间加长因伴随着高宽加大，杆件长细比很容易控制在合理范围内。但是，由此所引起的纵梁跨度加大，导致纵横梁内力增加不可避免，只能用合理的纵横梁断面设计来适应。

一般情况下，中小跨度的钢桥，节间长度为 8 m~10 m；大跨度钢桥用到 12 m~15 m，甚至更长。目前已有用到 19 m 的例子（港大桥）。现在大量使用整体节点，每个节间都拼接，而且节点边还有一个对接焊，所以供料长度一般不会有问题。杆件高度与节间长度之比大约都在 1/10 以上，次弯矩不会太大。主桁弦杆杆件长细比（λ）控制在 30 左右是最为理想的，此时的抗压折减系数最大（0.9），最省料。

四、斜腹杆的斜度

斜腹杆的斜度并无硬性规定，需要根据具体情况处理。一方面，为使斜杆有效地承受竖向力，斜杆与弦杆间的夹角不应小于 45°。没有竖杆时，此夹角最好能够做到 50° 以上。当有竖杆时，斜杆就不能太陡了，因为这会造成节点构造困难。在规划阶段最好作出节点草图，使斜杆与节点的连接不要太困难——斜杆能够伸进节点，也易于布置连接螺栓；或者对拼时也能够满意地进行栓群布置。腹杆斜度明显影响节点大小，合理的斜度可使节点紧凑，节点板尺寸较小，降低节点次应力。

五、常用桁式

常用桁式大家都很熟悉，本无须讨论。但是，现阶段关于桁式的考虑感觉有时不是很联系实际。同时还有一些其他问题也一并论及。

图 1-1-2 示出了一些常见桁式，观察这些桁式可以看到，它们都是各有特点的。在这些桁式中（a）、（b）是一个类型，（c）、（d）、（g）、（h）是一个类型，（e）、（f）是一个类型。

图 1-1-2（a）是最为简洁的三角形桁式，适用于中小跨度。跨度增大时桁高随之增加，节间长度也增加。前面讲了，过大的节间长度会造成主桁杆件本身、桥面系、联结系布置不合理。所以这个桁式虽然经常使用，但适应能力有限。

图 1-1-2（b）与（a）相比，多了竖杆。加竖杆的作用是减少节间长度，大大扩充了三角形桁式的适应范围。但是竖杆妨碍横梁鱼形板布置，却便于设置横向联结系。

以上两种桁式简洁明快，是使用率最高的。

图 1-1-2（c）是标准的双腹杆体系菱形桁（米字桁）。这种桁式现在已经多年不用了。双腹杆体系的明显优点是，随着桁高的增加，节间长度和斜腹杆长度仍然可以保持在合理范围之内，因此适用于大跨度。对于这种桁式需要注意的是，端部和中间支点集中力作用处必须设大竖杆。因为只有设大竖杆才能使两个腹杆体系均衡传力。我国 1957 年完工的武汉长江大桥，是国内首次采用这种桁式的例子。毫无疑问，在当时的历史条件下，当年的选择综合考虑了各种因素，是最合理的选择。在五十几年后的今天，仍然值得学习和借鉴。

武汉长江大桥节间长度 8 m，弦杆长细比在 30 左右，压杆稳定折减很少；腹杆长度小，稳定控制的杆件也不多；承受双层（公铁）荷载的纵梁跨度 8 m，纵横梁高度都不会很大；

最大杆件长度只有 16 m，供料不难，工厂无须接料，运输虽有不便，但还可以克服；杆件重量不大，不需使用太大的安装吊机。

图 1-1-2（d）是在中间支点处增加了桁高的菱形桁，南京长江大桥、枝城长江大桥都是这样的结构。之所以要在中间支点处增加桁高，当然是因为边跨挠度不能满足要求；同时伸臂安装时，梁端挠度和支点附近杆件内力都可能成为控制条件。通常，平弦桁高与跨度之比达到了 1/10 的时候，边跨挠度就会超标。与平弦菱形桁一样，也要特别注意大竖杆的使用。不仅支点处要设大竖杆，加劲弦端部也需设置。因为支点和加劲弦端部（竖向分力）都是作用于下弦的集中力，这样的集中力应当在两个腹杆系中传递。

图 1-1-2（e）也是支点增加了桁高，但没有设中弦。加高部分使用了菱形和 K 形桁式，其余为 N 形桁，看上去也还比较自然。如果跨度特别大，需要采用双腹杆体系的话，也可以全部用 K 形桁式。

需要特别关注一下支点加高但不使用中弦的问题。

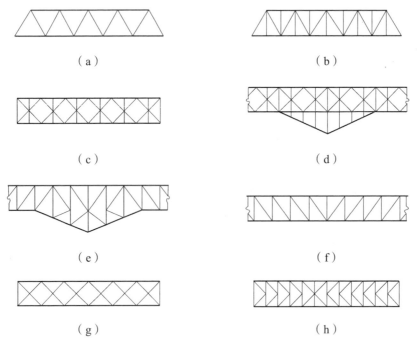

（a）   （b）

（c）   （d）

（e）   （f）

（g）   （h）

图 1-1-2　常用桁式

在下加劲桥梁中，中弦杆接近下弦；在上加劲桥梁中，中弦杆接近上弦。但毕竟它是夹在上下弦之间，所以中弦杆并不是抗弯的主要构件，它的内力总是比同一断面处的上下弦小很多，因此不设中弦也不会给上下弦增加很多内力负担。虽然中弦在传力方面多少还是起到一些作用，但在构造方面却有明显缺点。它会造成下弦与加劲弦之间的夹角很小，使这个"三弦交叉"的节点布置复杂化，见图 1-1-2（d）。同时，还使得靠近这个节点的加劲弦小竖杆很短，次弯矩很大。如果不用中弦，这些困难也就没有了。同时还要看到，不用中弦也不会影响桥面系布置。

同时还要看到，不用中弦也不会影响桥面系布置。没有中弦时，横梁同样可以连接在与下弦同高的节点或竖杆上，桥面纵向力照样通过制动架传递。

国外的大型钢桁梁进行支点加劲的大桥很多，但是还没有看到采用中弦的例子。港大桥、南腾巴赫桥等很多连续钢桁梁都是如此。

图 1-1-2（f）是 N 形桁。N 形桁唯一需要注意的是尽量做成对称结构。因为结构不对称，内力和相应的杆件截面也就不对称，增加了结构设计和制造工作量。连续梁中间支点左右的弦杆内力本应相等，因为结构不对称，会造成内力很大差异。而且，由此造成的最大杆件往往就是全桥最大杆件。大家知道，主桁中个别的大杆件，将会对全桥杆件轮廓尺寸起控制作用。个别大杆件对主桁材料数量会造成全面影响。此外，与带竖杆的三角形桁相比，N 形桁的竖杆是主要受力杆件，而三角形桁的竖杆是局部受力杆件。

图 1-1-2（g）不常用，因为跨度稍大，桁高增加时容易引起节间长度偏大。

图 1-1-2（h）是 K 形桁，双腹杆体系。这种体系也应尽可能做成对称结构，道理同 N 形桁是一样的。与菱形桁相比，两者确有相似之处，但区别也很明显。K 形桁的竖杆比菱形桁多 1 倍，且都是主要受力杆件；菱形桁不仅竖杆少，且只有大竖杆是主要受力杆件，其他小竖杆都是局部受力杆件。当没有上承荷载时，还有一半小竖杆是零杆。

在所有这些桁式中，20 世纪五六十年代使用最多的是菱形桁。很有名的武汉、南京、枝城三大桥，以及 60 年代修建的金沙江大桥、三堆子金沙江大桥、雅砻江大桥等，都是这种桁式。没有料到，由于在这一时期集中用得太多，引起了一些社会议论。其实，在那个年代修建跨度较小的钢桥，也同时使用了大量的三角形桁式，只是因为桥的规模较小，没有引起注意。

客观地说，大跨度钢桁梁使用菱形桁是很自然的选择。例如三堆子的 192 m 简支梁，桁高 24 m，如果采用单腹杆体系是肯定要多用钢料的。然而到 20 世纪 70 年代修建九江长江大桥时，因为来自各方面的要求改变桁式的呼声很高，不得已才勉强改用了带竖杆的三角桁（桁高 16 m，节间长 9 m）。此后，菱形桁就没有再用了。这是一个值得引起注意的问题，该用的时候还是要用。

总而言之，根据实际情况选用最合理的桁式是非常需要的。先入为主总是不可取的。

第三节 横断面布置

一、桁 宽

桁宽需分别满足横向刚度和使用功能（铁道线路和公路车道数布置）两方面。

对于钢桥，横向刚度的重要性众所周知。然而，具体到某一座桥，确定恰到好处的横向刚度却并不容易。桁宽是影响大桥横向刚度的极其重要的因素。对于特大桥来说，桁宽的决定有时显得更为棘手。

例如长江上的 3 座桥。武汉桥跨度 128 m，桁宽 10 m，宽跨比 1/12.8。因为上层有公路，通车时上层挤满人群后曾有明显横向晃动，引起议论。紧接着修建的南京桥，跨度 160 m。因受到武汉桥的影响，确定桁宽 14 m，宽跨比 1/11.4。因为宽跨比比武汉桥大了不少，通车时上层虽也挤满了人，却没有晃动感。事后有人问，南京桥是不是太宽了。在当时的技术条件下，回答这个问题是很困难的。即使是在今天，这个问题也并不容易说清楚。同时也并不一定需要。

南京大桥尚未完工，枝城长江大桥又于 1965 年开建了。这座大桥跨度 160 m，桁宽 10 m，宽跨比 1/16，比武汉桥、南京桥都小了不少。但因公路在下层的桁外两侧，不仅有利于横向刚度，而且荷载重心低，运营至今并无关于刚度的不好反映。因此可以说，桁宽的确定在很大程度上需要依靠经验。

近 30 年来，行车条件下的桥梁动力计算技术日臻成熟。由于此项计算涉及车与桥梁整体的共同作用，影响因素包括桥梁上下部结构的动力性能、列车的行车条件（车速、轮对摇摆规律）、轨道平顺度……所有这些影响因素都必须假定为不同的参数纳入计算，复杂程度可想而知。更重要的，是要找到计算与实验的数据对比依据。比如，选择已经投入运营的钢桥进行实测与计算数据对比，弄清楚两者之间的差异，相信会将这个研究向前推进一大步。目前，国内外对此都还处在参考使用阶段，但是这种研究仍然不失为一个重要手段，方案研究时仍需予以重视。

在现行规范中，横向刚度限制分横向挠度、宽跨比和横向自振频率进行规定。在横向力作用下，横向挠度应小于或等于计算跨度的 1/4 000。宽跨比分别规定为：下承式简支梁和连续桁梁的边跨不小于 1/20；连续梁中跨不小于 1/25；简支板梁不小于 1/15，且宽度不小于 2.2 m。规范给出的横向自振频率限制值只适用于较小跨度，对上承式钢板梁、下承式钢板梁、半穿式钢桁梁、下承式钢桁梁按不同跨度范围分别进行限制，具体的适用跨度和对应的频率限制值见规范。

就使用功能而言，首先是铁路桥面布置所需要的宽度。此宽度由单线或多线铁路行车净空宽度、两侧员工走道、走道栏杆、各种管线的位置、弦杆宽度及适当余量组成。另需注意多线铁路线路中心距区别，时速 200 km 客货共线铁路的区间直线中距不小于 4.4 m；时速 300 km ~ 350 km 高速铁路的线路中心距为 4.8 m ~ 5.0 m。

二、铁路桥面布置

图 1-1-3 是铁路明桥面示意图，用来表示各部位标高。在初步设计阶段，需要根据立面线型拟定的轨底标高准确推定结构其他各部标高，供给总体设计使用。包括上下弦中心标高、梁底标高、支座顶面标高及与引桥衔接的有关标高等。在横梁高度范围内需要容纳纵梁和平

联，纵梁底还需离开平联顶一定距离，以免纵梁挠曲时压到平联。一般情况下，明桥面的员工走道顶面不应高于纵梁顶，以免影响日后抽换枕木。如果使用道砟桥面的话，道砟边墙也不宜过高，满足规定（例如不低于外轨顶面）即可。

这里列出一个铁路明桥面高程（相对标高）关系推算的例子供参考。所取数值只是为了方便说明，不是真实工程数据，见表 1-1-2。

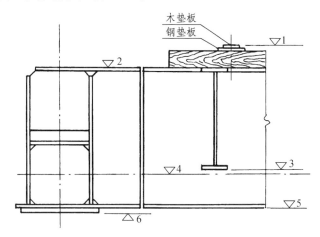

图 1-1-3　桥面标高关系示意

▽1—轨底标高；▽2—横梁顶面标高；▽3—纵梁底面标高；▽4—下弦中心标高；
▽5—横梁底（即梁底—不含挠度）标高；▽6—支座顶标高

如果还有公路，那就从上弦开始继续将标高推算至公路路冠中心。然后按照纵坡坡度，将路冠标高推算至钢梁梁端支座中心垂直线的路冠处，方便与引桥衔接。在推算公路路冠中心时，需注意计入公路横向坡度。

表 1-1-2　高程推算示例　　　　　　　　　　　　　　　　　　　　　　m

下弦中心标高 ▽4	0.000
弦杆下翼缘板顶面标高（−0.600）	−0.600
弦杆下翼缘板底面标高 ▽5（−0.040）	−0.640
支座顶标高 ▽6（即座板底−0.044）	−0.684
纵梁底标高 ▽3（＋0.700）	0.016
纵梁顶标高 ▽2（＋1.200）	1.216
枕木顶标高（＋0.240−0.010 刻槽＝0.230）	1.446
垫板顶（轨底）标高（＋0.020）	1.466
缓冲木垫板标高 ▽1（轨底）（＋0.010）	1.476
上弦中心标高（桁高 16.000）	16.000
上弦杆顶面标高（＋0.600）	16.600

如果铁路桥面是整体正交异性板桥面，轨底高程推算就与明桥面有很大差别。主要差别是，整体桥面横梁上翼缘顶面在弦杆边是与弦杆上翼缘顶齐平的。然后按规定的横坡（一般 2%）推算轨底标高。需要注意，在采用道砟槽和道砟的情况下，考虑横坡影响后，钢轨下的道砟最小厚度不得小于 35 cm。另外在标高中再计入道砟槽厚度和道砟槽内的垫层厚度。有了这些标高之后，正桥与下部结构及引桥的高程关系就都确定了。

三、公路桥面布置

公路桥面宽度由"（双侧）防撞栏（2·0.5 m）+ 左右侧路缘带（2·0.5 m）+（双侧）行车道 + 左右侧路缘带（2·0.5 m）+ 中间分隔带"组成。中间分隔带宽度虽有明确规定，但实际使用中，根据实际情况会有一些灵活性。右侧紧急停车带有时在桥上也不布置。主要原因是这两项规定的尺寸都比较大，需要的资金投入较多。

第四节 结构计算和材料估计

主结构计算准备工作有两项，一是恒载假定，二是主桁杆件截面假定。

一、恒载假定

常用办法是利用已有成桥资料进行初算，然后逐步调整复算。计算恒载与实际恒载误差不能超过 5%，否则应重新调整计算。钢梁的计算恒载有一些统计资料可供参考（表 1-1-4）。

二、主桁截面假定

假定截面不需要太准，根据经验粗略估计即可。可先估计最大弦杆内力，再按结构规律估计其他弦杆和斜杆内力，布置杆件截面，截面级别划分也不需太多。弦杆最大杆力估算办法有多种，利用已经建成的类似结构估计，或利用等高度连续梁影响线估算都可以。只要恒载假定比较准确，初算内力也比较准确。

计算结果的正确性应当进行判断。常用判断方法是：观察杆件内力变化是否符合逻辑；恒载支点反力是否与设定恒载吻合等。

计算挠度要满足规范，否则要做结构调整（主要是调整桁高），重新计算。

三、内力调整

对于连续钢桁梁，有时为了使主桁杆件内力不要悬殊太大，或者为了配合安装需要进行内力调整。对于外部超静定结构，可以通过支座反力调整来实现。支反力调整，是有目的地设计支座高差，使反力发生变化，从而使主桁杆件内力跟着发生变化。希望哪些杆件内力发生怎样的变化，选取哪个支座，设计多大高差量，都由设计者综合考虑运营、安装内力情况确定。具体做法是将选定的支点在结构设计和制造时，结合拱度设计做出无应力状态下的高度差。完成安装落梁时，使支座仍然落到原来的设计位置（且拱度也满足要求）。结果就"相当于"使支座出现了高差，达到了内力调整的目的。支反力调整必须对称进行，以便使结构内力仍然保持对称。

以三跨连续梁为例，端支点下降，会减小边跨弦杆内力，增加中间支点附近弦杆内力。中间支点下降，杆件内力变化与之相反，但支反力总量没有变化。

以上的叙述已经说明，支反力调整不能引起支点标高变化，如果各支点原先是水平的，调整后仍为水平。否则，将会使铁路桥面布置不平顺。

武汉长江大桥钢梁为了减少边孔下弦杆内力，增加中间支点两侧下弦杆内力，缩小杆力差，满足安装需要，将端支点下降了 13.8 cm（减少端反力 30 t）。具体做法是，让钢梁端支点在无内力时高出 13.8 cm，安装后使支点落在同一水平线上，就达到了落低端支点的目的（中国铁路桥梁史，中国铁道出版社，1987，P153）。

四、桥面系和联结系计算

桥面纵横梁计算规范有明确规定。内力计算详见第五章第一节。

上下平联都是平衡风力的主要结构，都作为水平方向的连续梁计算。上平联的（连续梁）支承位置为主桁各支点的桥门架；下平联的支承位置即主桁支点。

同样，平联还要承受主桁弯曲变形产生的内力，即随同弦杆变形所产生的力。

横联一般只作近似计算。在前后两节间，单线铁路桥以风力为外力；双线铁路桥以风力和偏心活载的偏心力为外力。对于多线铁路桥，横联需要起到横向力分配的作用，应予比较准确计算，并使横联具有较好刚度。

五、材料估算

按照计算内力选出截面后就可以统计主桁重量了。先算出杆件的理论重量（杆件长度按系统线长度计算），然后将杆件重量乘以结构系数（表 1-1-3）即可，结构系数代表着节点板、拼接板、隔板等的重量。

表 1-1-3 已建钢梁结构系数（一部分）

桥跨布置/m	活载	桁式	材质	连接	抗滑系数	结构系数
3×80，连续桁梁	单铁，双线公	华伦	Q345	栓焊	0.4	1.25
112，简支		米字	Q235	铆		1.315
济南齐河 112+120+120+112	双铁	华伦	Q345	铆、焊		1.207
枝城 4×160	双铁，双公	米字	Q345	铆		1.26
南京 3×160	双铁，4公	米字	Q345	铆		1.32
枝城 5×128	双铁，4公	米字	Q345	铆		1.23
孙口 4×108	双铁	三角	sm490	整体节点，栓	0.45	1.228
九江 3×162	双铁，4公	三角	Q420	栓焊		1.286
九江 2×126						1.271
九江 180+216+180						1.29

表 1-1-4 部分已建成钢梁重量

跨度	活载	材料	钢梁全长	主桁中距	主桁高度	钢料重量							支座	总计
						主桁	桥面系	联结系	合计	员工走道	检查设备	合计		
m	z		m	m	m	t	t	t	t	t	t	t	t	t
64	单线22	Q345	简支65.1	5.75	11	91	46	16	176	13	6	176	5.5	181.5
80	单线22	Q345	简支81.5	5.75	11	135	57	23	223	16	7	246	5.5	251.5
144	单线24	Q345	简支146.36	8	20	780	171	133	1 084	31	33	1 148	21	1 169
176	单线24	Q345	简支177.88	10	24	1 527	388	182	2 097	50	39	2 186	48	2 234
192	单线24	Q345	简支193.88	10	24	1 380	254	196	1 830	47	42	1 919	34	1 953
96+144+96	单线24	Q345	连续337.56	8	20	1 531	353	278	2 162	44	68	2 274	69	2 348
112+176+112	单线24	Q345	连续401.56	8	20	1 994	457	331	2 782	161	137	3 080	75	3 155
2×80	单线22	Q345	连续161.24	5.75	11	308	102	63	473	36	65.6	574.6	19	606

跨　度	活载	材料	钢梁全长	主桁中距	主桁高度	钢料重量								
						主桁	桥面系	联结系	合计	员工走道	检查设备	合计	支座	总计
m	z		m	m	m	t	t	t	t	t	t	t	t	t
3×80	单线 22	Q345	连续241.24	5.75	11	482	156	99	737	53	98	888	31	919
南京桥 128	公，铁	Q345	简支129.65	14	16	1 603	1 002		2 605	12	43	2 660	45	2 705
南京桥 3×160	公，铁	Q345	连续481.65	14	16	6 077	3 616		9 693	151	67	9 911	202	10 113
枝城桥 4×128	公，铁	Q345	连续513.72	10	20	3 795	2 640		6 435	154	211	6 800	304	7 104
枝城桥 4×160	公，铁	Q345	连续643.2	10	20	6 321	3 443		9 763	189	211	10 163	234	10 397
九江桥180＋216＋180	公，铁	Q420		12.5	16	6 718	2 710	1 062	10 490				265	10 755
孙口桥 4×108	双线 24	sm490		10	13.6	1 974	767	329	3 070	71	65	3 206	94	3 300

第二章
钢桥选材

第一节　铁路钢桥选材

一、铁路荷载特点

说到铁路钢桥选材，就必须要谈一谈铁路荷载的特点。

此处所说的铁路荷载特点，是指单纯的铁路桥，特别是跨度较小的单线铁路桥，不含公铁两用桥。

铁路荷载最主要的特点有两个：一是加载速度快，也就是满载速度快；二是活载在总荷载中的比例大。

列车荷载是连续荷载，同时行车速度快，可以使桥梁很快产生满载应力（应变），即主力组合设计应力。单线铁路简支梁就是最典型的，可以快速达到满载设计应力。而公路桥就基本不会出现这种情况。因为汽车荷载并不连续，且常常是多线的。多线同时满载的可能性实在是少之又少了。即便偶尔有这种情况出现，加载速度肯定也快不了。所以，公路桥在极短时间内达到满载设计应力的机会几乎不可能出现。

目前，列车的行车速度，旧的铁路最快在 160 km/h 左右，新建高速铁路的行车速度可达 300 km/h ~ 350 km/h。300 km/h ~ 350 km/h 的车速，就是 83.3 m/s ~ 97.2 m/s。也就是说，以一孔跨度 64 m 的单线简支梁为例，只需 0.66 s 就使桥梁满载，达到设计应力。相应于满载应力（应变）的速率，即应变速率。假设恒载加活载的满载应力为 200 MPa，其中活载应力占 70%，在上述行车速度下应变速率：

$$\varepsilon_v = \frac{0.7 \times 200}{E} \times \frac{1}{0.66} = 1.01 \times 10^{-3} \times s^{-1}$$

一般认为，应变速率达到 1×10^{-3} 属于冲击加载性质。所以，对于跨度较小，活载比例较大的钢桥，应视为冲击加载性质。

对钢材来讲，极快的应变速率就会对钢材提出更高的塑性和冲击韧性要求。

材料的变形在材料内部表现为晶体的位错运动。阻止晶体位错的力称为位错阻力，阻力越大位错越不容易发生。在高速变形时，位错阻力会成倍增加，晶体的位错运动就不容易发生，变形也就不容易发生，材料发生破坏的可能性随之增加。反之，越是缓慢的加载，变形也缓慢，位错阻力就越小，越能使材料充分发挥变形性能。

一般情况下，双线桥和多线桥加载的突然性就不会像单线桥那样严重。因为在大多数情况下，列车上桥总会出现随机的先后次序，满载的时间就会拉长，受力构件的应变也就不会那么快。当然，少数情况下出现突然满载的情况也不能说没有，但次数一定不多，概率不高。

铁路荷载的另一个特点就是疲劳。对于单纯的铁路桥，尤其是跨度较小的单线桥，恒载在总荷载中所占比例都比较小，这可以通过观察最大杆件内力看到。举几个例子来看。孙口黄河桥是双线铁路桥，恒载占30%，活载占70%；长东黄河一桥，单线铁路，恒载占27%，活载占73%；港大桥，双层公路钢桁梁桥，恒载占81.6%，活载只占18.4%。恒载比例越小，活载比例就大，活载应力幅就越大。这就说明，铁路桥，尤其是单线铁路桥，构件的疲劳问题比公路桥要严重得多了。所以，铁路桥必须要求钢材具有很好的疲劳强度。而良好的疲劳强度与良好的韧性是一致的。即具有良好韧性的钢材，必定同时具有很好的疲劳强度；反之，韧性不好的钢材疲劳强度也不会好。

二、选　材

所谓选材，除选用钢材品种和强度之外，还要根据桥梁设计温度，要求钢材具有的其他性能。钢材的五大性能，即屈服强度 σ_b、极限强度 σ_y、延伸率 δ_5、冲击韧性 C_v、冷弯性能。其中 C_v 是与桥位处的最低温度相联系的，与脆性断裂直接相关。所以决定 C_v 值是比较复杂的工作。

结构钢的固有特点是冲击韧性随强度的提高而下降，同时也随温度的下降而下降，这是客观规律。

现行桥规提出了四种可供选用的钢材，即 Q235q、Q345q、Q370q、Q420q。对铁路钢桥而言，最常用的强度等级是屈服应力 300 MPa ~ 400 MPa。目前用得最多的就是 Q345q、Q370q。这是因为这个强度等级的钢材具有较好的综合性能，特别是塑性和韧性。塑性即延伸率，它表示钢材的弹塑性变形能力；韧性即冲击功，它表示钢材的强度和弹塑性变形的综合能力。

300 MPa 以下的钢（Q235q）强度低，目前主结构已基本不用。400 MPa 以上的钢塑性和韧性都较差，铁路钢桥也很少使用。前面已经讲了，这与铁路钢桥的荷载特点有关。

在桥梁用结构钢国家标准（GB/T 714—2008）中，各种钢材都分为 C、D、E 三级。分级的主要差别是磷（P）、硫（S）含量不同。等级越高，磷硫含量越低。

磷和硫都是钢中的有害元素，都是在炼钢时不能完全除尽的。炼钢时形成的 FeS，熔点只在 1 000 ℃ 左右，远低于钢材本身的熔点。这种情况会严重影响材料性能，使钢材塑性、韧性下降。对焊缝性能也有明显影响，使焊缝容易产生气孔和疏松。磷的存在也会降低钢材的冲击韧性，并使钢材比较容易出现低温脆化。

联系到桥梁，不同地区桥梁的最低环境温度是不同的。温度越低，需要求更高的冲击韧性。所以，长江以南的钢桥与东北地区的钢桥采用同样等级的钢材是不合理的。原则上 E 级钢应当用到寒冷地区，一般地区并不需要。

三、选材时关于防止脆性断裂的考虑

影响脆性断裂的关键因素是冲击韧性。

这里可以举出一些脆性断裂实例来说明钢材冲击韧性的重要性。在上世纪中期前后，世界上发生了许多钢结构脆断事故[1]。仅就钢桥而言，最典型的有：

澳大利亚墨尔本 King's 桥，焊接简支板梁，跨度 30.48 m，每孔 4 片主梁。1962 年 7 月 11 日（完工后 15 个月）完全破坏，当时气温 -1 ℃。在第一年冬天发现 4 片主梁中的 1 片出现裂纹，到第二年冬天发展到 4 片主梁都有裂纹，从而导致脆性破坏。

美国 Point Pleasant 桥，主跨 210 m，材料为碳素钢，1967 年 12 月 15 日（完工后 39 年）完全破坏。此桥采用了眼杆，在眼杆孔边开裂，导致完全破坏。当时分析的原因是应力腐蚀和腐蚀疲劳引起疲劳开裂，然后发展成为脆性断裂。

美国 Byyte Bend 桥，三道腹板的箱形截面合成连续梁，主跨 112.8 m，1970 年 6 月架设过程中局部破坏。所用材料为 ASTMA - 517，是 80 kg 级高强钢。启裂位置是中间支点处上翼缘，裂纹宽 4.8 mm，随即引起腹板裂开 101.6 mm。

美国 Fremont 桥，系杆拱，主跨 382.5 mm。材料为 ASTMA - 588，50 kg 级耐候钢，架设过程中局部破坏。开裂部位是箱形拱肋与系杆交会处的翼板。翼板非常厚，裂纹长 106.7 mm，随后扩展到腹板（详见第三篇第二十三章第七节）。

近十年来，桥梁脆断事故还是时有发生。美国威斯康星州霍安（Hoan）桥，三跨连续钢混叠合梁桥，2000 年 12 月 13 日脆断垮塌，运营时间 28 年（世界桥梁，2009 - 3）。

以上几座桥梁破坏的共同原因，可归纳为以下几点：

（1）脆断的钢结构都是焊接结构。

（2）钢材的塑性和韧性差。

（3）焊缝的塑、韧性也差，且都在焊缝上启裂。

（4）钢板较厚。

（5）有应力集中。

（6）事故现场环境温度较低。

其中，基材和焊缝的冲击韧性差是最根本、最重要的原因。针对这一点，断裂研究提出的对应措施就是钢结构防断设计。

四、断裂研究及防止脆断的设计方法

早在上世纪初期，脆断问题就由法国著名学者格里菲斯（A.A.Griffith）提出，给出了裂纹扩展力表达式（见 A.P.博雷西等，高等材料力学，第十二章）。由于当时脆断事故并未大量出现，断裂研究也就没有引起足够重视。二战期间，参与商业和战争物质运输的大型船舶在海上发生了许多突然断裂事故。其间也有钢桥。由于大多数断裂结构的实际应力并不高，以致用一般材料力学知识不能作出解释。在这种情况下，才引起对断裂力学问题的广泛注意。数十年来，断裂研究从理论和试验两方面同时开展，成果非常丰富。理论研究提出了计算临界裂纹尺寸的数学表达式，即适用于弹性范围的 K_{1c}（应力强度因子）公式，适用于塑性范围的 COD（裂纹张开位移）公式和适用于弹塑性往往为的 J 积分公式。同时也可用国家标准规定的试验方法得到上述三者的实验数据，可以建立判别式，为实际使用创造了条件。

断裂研究成果的应用可分为两方面：一是"预防"，二是"治理"。但不论是预防还是治理，影响脆性断裂的五大要素都是需要综合考虑的。这五大要素是：结构细节、应力大小（含应力集中）、环境温度、钢材强度、钢板厚度。这些因素是相互关联的。

所谓"治理"，就是当结构出现裂纹（长度为 a）之后，运用上述数学公式计算出临界裂纹尺寸 a_c，引入按试验断裂韧性确定的临界裂纹尺寸 a_c 和安全系数 n，建立判别式 $a \leqslant a_c / n$，为治理提供依据（是否需要停运治理等等）。附录 A、B 分别介绍了基本概念和计算临界裂纹尺寸的方法（J 积分方法），可供参考。对于已经使用多年出现裂纹病害的桥梁，这个方法是很有用的。但对新建桥梁这不应当是考虑的重点，而应着重考虑预防。

钢梁上的裂纹从危险程度看可分为两大类。一类是危险裂纹，裂纹出现后裂纹尖端的应力（应变）集中（即应变能）不仅不会释放还会更严重；所在断面的截面应力会更大。裂纹会不断扩展直至破坏。受拉构件（弦杆，翼缘板）垂直于应力方向的裂纹就是这样。这一类必须抓紧治理。另一类是非危险裂纹（是相对危险裂纹而言，并非完全不危险）。这种裂纹出现后裂纹尖端的应变能也会释放，但裂纹扩展一定长度后会慢慢停止，不再扩展。这种裂纹是顺应力方向的，板梁腹板上终止于腹板中部竖肋下端的水平裂纹就是这一类。这类裂纹也要治，但可从缓。

所谓"预防"，就是综合考虑上述五要素，提出结构必需的冲击韧性要求，使结构在设计使用年限内不出现裂纹。这便是新建桥梁在设计阶段需要考虑的重点。防止脆断设计的方法很多，以下各点供设计参考。

1. 脆性转变温度法

钢和焊缝金属的冲击韧性随温度的下降而降低。所以，当以温度为水平轴，以冲击功为竖轴时，温度－冲击功曲线会有上平台、下平台和中间下降转变区三部分。

温度转变曲线是用试验方法得出。试验时，将试件降温至不同温度后进行冲击试验。试件经过冲击，可记录的数据有三种。一是冲击功，二是断口横向收缩，三是断口的纤维断口比例。这三种特征值仅仅是表现形式不同，实际上都是反映试件冲击韧性的，所以都可以分别与试验温度组成温度转变曲线。图 1-2-1[2]就是这样的三组曲线，（a）是冲击功-温度曲线，（b）是横向收缩率-温度曲线，（c）是断口纤维率-温度曲线。三组曲线的变化趋势完全一样，但敏感度有差别。冲击功-温度曲线最敏感，使用最多的就是这个曲线。

结构钢通常是这样：上平台处于室温（例如 20 ℃）；下平台在 – 40 ℃ 以下；下降转变区在 – 40 ℃ 至 20 ℃ 之间（参见文献[2]）。

有了转变曲线之后，可用以下三种方法确定冲击韧性脆性转变温度。一是以上下平台之间的中间冲击韧性（上平台冲击值下降一半，即 $\frac{1}{2}Eh$）所对应的温度为脆性转变温度（T_{rE}）；二是以缺口根部横向收缩变得很小（例如 2%）时所对应的温度为脆性转变温度（$T_{r\phi}$）；三是以断口纤维率降为 50% 时所对应的温度为脆性转变温度（T_{rs}）。具体应用时可对几种方法综合分析确定。

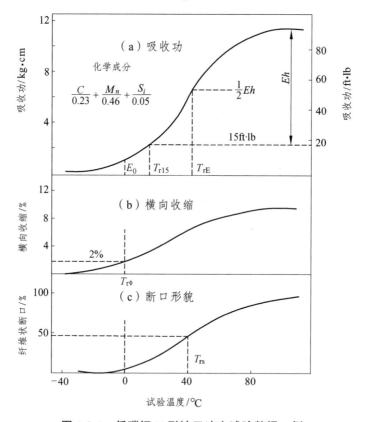

图 1-2-1　低碳钢 V 形缺口冲击试验数据一例

基材和对接焊缝都要做脆性转变温度曲线，尤其是对接焊缝。以冲击功为例，设计最低温度必须高于脆性转变温度；与脆性转变温度对应的冲击功必须大于设计要求的冲击功。这个方法虽然不是很精确，但简单好用，实践中常常这样用。

2. 指定设计温度下的冲击韧性值

这个方法为劳埃德船级社所建议。船级社通过对多艘脆断船舶的大量试验分析所制成的坐标图[2]（图 1-2-2），建议以 0 ℃ 时 48 J（即 35 ft·1b）为设计值，并得到采纳。

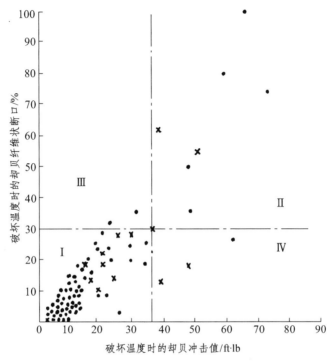

图 1-2-2　劳埃德的 35 ft·1b 和 30% 纤维断口判据与实际船舶破坏时的试验结果比较
（图中空心圆圈表示使用时破坏的船板；圆点表示能止裂的船板；
叉点表示上述两类以外的船板）

表 1-2-1　港大桥对钢种的韧性要求

SM490	0 ℃	48 J
SM570	− 5 ℃	48 J
70 kg/mm² 钢	− 15 ℃	48 J
80 kg/mm² 钢	− 15 ℃	48 J

这个建议简单明确，在钢桥设计中也参考使用。具体使用可参考港大桥的做法。港大桥对所用的四种钢材提出的韧性要求（文献[6]，P109）如表 1-2-1 所示。为了提出这些规定，港大桥做了许多试验，要求所用的四种钢都达到 48 J。这四种钢达到 48 J 时对应的温度分别是：SM490，0 ℃；SM570，− 5 ℃；HT70 和 HT80，− 15 ℃。它是用不同温度来表示对不同强度钢的韧性要求。钢材的强度越高韧性要求越高，上述数据所表示的就是用降低温度来表示对韧

性的更高要求。国内的许多大桥防断设计也基本上采用了这个方法。孙口黄河大桥所用的 – 25 ℃，48 J 就是一个例子。只不过孙口桥又引入了桥址地区最低环境温度（再降低 5 ℃）的概念。与港大桥相比，做法更偏于安全。细节和应力等要素都包含在它的试验内容里面。

3. 英国桥梁规范（BS5400 – 03：2000）方法

BS5400 的方法，是目前考虑因素比较全面的方法。有 1982 年和 2000 年两个版本。1982 年版是：在最低环境温度（桥址处历史最低温度 – 5 ℃）下，要求一级杆件的 V 形缺口冲击功 C_v 为：

$$C_v \geqslant \frac{\sigma_y}{355} \cdot \frac{t}{2} \quad （\text{J}） \tag{1-2-1}$$

当考虑隔板和隅角等应力集中时：

$$C_v \geqslant \frac{\sigma_y}{355} \cdot 0.3t \cdot (1+0.67k) \quad （\text{J}） \tag{1-2-2}$$

式中：σ_y 为屈服应力（N/mm²）；t 是板厚（mm）；k 是应力集中系数，取 3.5。

可见，1982 年版的公式除杆件应力没有包含外，其他四个因素（结构应力集中、材料强度、板厚、温度）均已考虑。当最低设计温度、材料屈服强度、杆件板厚、应力集中系数确定之后，材料和焊缝必须具备的冲击韧性按式（1-2-1）和（1-2-2）确定。所对应的设计温度为桥址处历史最低温度再减 5 ℃。

2000 年版（BS5400 – 03：2000）又有很大的改变[3, 21]，五大要素（应力、应力集中、强度、板厚、温度）都已考虑。这一版是用一个含五大要素的公式来限制板件厚度的。但此式涉及因素多，用起来有些不便，这里不作详细介绍。

此外，欧洲标准委员会和美国都有各自的防断设计规定[21, 22]，可供参考。

4. 讨　论

由上述各种防断设计方法来看，防断设计所考虑的因素已经相当全面。据此提出的量化措施可信度也是很高的。但是也要看到，各种防断设计方法的差别也很大，原因是问题本身涉及的因素多，参数取值难免会有人为因素，产生差别。防断设计所量化出来的冲击韧性，或板厚限制值涉及五大因素，这五大因素本身都是变数。根据这些因素归纳出来的数学表达式都是经验公式，由此所得到的计算值是参考依据，不能像计算应力值那样来看待，而是应当加以分析判断。根据实际情况，综合考虑各方面的因素，包括工程的重要程度、荷载特点等，对比各种防断设计方法慎重确定。

尽管各种防断设计方法有差距，但对几大要素的认识却是高度的一致。钢结构工作者对这些因素应当多加重视。

已经看到，所有这些方法所用的韧性指标都是 V 形缺口冲击韧性，即所谓却贝 V（用 C_v

表示，试件图和试验方法均见现行国标），而不是断裂韧性。从精确程度看，断裂韧性比 C_V 好得多，但试验取值却相当麻烦和困难。而冲击试验很容易做，很容易得到数据，是国内外工程界习惯使用的方法。这应当是喜欢使用 C_V 的主要原因。另一方面，对于同一种钢材和焊缝，冲击韧性与断裂韧性有很好的对应关系，可以利用经验公式相互换算。本质上两者所反映的是钢材的同一个性质。

在过去，我国很长一段时间都是使用横轧制方向切取的 U 形缺口式样。由于这种式样的试验结果与顺轧制方向取样的 V 形缺口（C_V）试验值没有对应关系，也不符合国际上的通用习惯，且（横轧制方向取样）不甚合理，现在已经停止使用。垂直于轧制方向的对接焊缝，也应顺轧向取样。对于角焊缝，应视具体情况而定。

五、特厚板问题

特厚板问题需要特别谈一谈。所谓特厚板，是指 40 mm 及其以上厚度的板。世界各国的钢桥设计规范都对铁路钢桥限制了板厚的使用，都规定最大板厚用到 50 mm 为止。

为什么要限制板厚呢？有以下三方面原因。

首先是钢板轧制。特厚板轧制时辊轧道数少，压缩比小。因为轧制钢板所用的钢坯受设备限制，重量都是有限度的。钢板的长度、宽度和厚度规定之后，越厚的钢板辊轧的道数就越少。由于辊轧道数少，硫化物等夹渣就没有充分碾压延展，以团块形状存在于钢板中。同样由于辊轧道数少，钢材内部组织的致密程度也不如薄板好。这是它的"先天不足"。

其次是受力方面。特厚板有平面应变的特性，当特厚板面内受拉时，板厚方向的收缩受到厚度的（Z 向）制约，使 Z 向变形不易发生，从而产生 Z 向力，厚板芯部更是如此。当钢板内部有裂纹或夹杂缺陷时，缺陷处的应力集中点就难以像薄板那样变形。应力集中伴随着应变集中，应力应变集中就是能量集中。在平面应变条件下，裂纹尖端的材料不能产生充分的塑性流动，能量耗散就很难以扩大塑性变形的范围来实现。于是，裂纹便向前扩展，以耗散能量。对于垂直于应力方向的裂纹，外力不会因缺陷的存在而减少，裂纹会不断加长。裂纹越长，剩余部分的应力水平就越高，最后导致脆断危险。

正因为这样，反映在防断设计中，就对较厚的板有更高的冲击韧性要求，或者限制使用温度，或者限制板厚。

最后是焊接方面。特厚板焊接比较困难，因为它散热快，容易出现淬硬倾向，使焊缝区（焊缝金属、熔合线、热影响区）硬度加大，塑韧性下降。又由于厚度大，焊接拘束度也大，焊接变形困难。结果就是焊接应力大，容易出现焊接裂纹。

以上这些就是限制使用板厚的主要原因。

国内在过去实践中曾经用过 50 mm 以上的特厚板，造成不小损失[5]。前几年我国钢桥规范修改时终于对板厚进行了限制（详见现行钢桥规范第 5.3.4 条和第 5.3.5 条）。这个限制是不是恰到好处尚且不谈，但毕竟有了这个内容，这是很需要的。

六、高强钢问题

高强度钢的强度范围，对结构钢而言，是指屈服强度超过 400 MPa 的钢。

高强钢的"强韧"关系、变形能力和抗裂性，有必要做进一步说明。关于铁路高速加载影响前面已经讲过，对于变形能力差的高强钢，这个问题就更加突出。在防断设计一节中，已经谈到了高强钢与板厚的关系。这里还要补充以下内容：

首先应当指出，铁路钢桥不适合使用高强钢。表面看，有些高强钢的冲击韧性也很高。但是在高强钢的冲击韧性中，强度所占比例很大。这可以用示意图 1-2-3 来说明。图中的 σ_1、σ_2 分别表示中强钢和高强钢，经过冲击试验，得到应力-应变曲线。假定两者所形成的应力-应变曲线下的面积（冲击功）相等，但两者的变形却相差很大，即中强钢的应变 ε_1 会远远大于高强钢的应变 ε_2。这说明中强钢的变形能力比高强钢大很多。变形能力大，适应应力（应变）集中的能力就强，这才是结构所需要的。这就是说，中强钢的冲击韧性来自变形的贡献比较大，高强钢的韧性来自强度的贡献比较大。很显然，铁路钢桥所希望的是前者，而不是后者。所以，冲击韧性虽然使用方便，但不能区别出来自于变形和来自于强度的比例，这是它的不足之处。不过，辅以其他手段（断口纤维率和收缩率分析，示波冲击），问题还是可以解决。

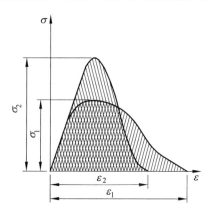

图 1-2-3　高强钢与中强钢冲击韧性示意

另一个问题就是屈服强度与极限强度的比值太高（达 0.9 左右），而且延伸率小（18% 左右），这种情况的危害性可以这样来说明：

在钢结构中，应力集中总是普遍存在的。在孔边、斜杆端的节点板上、圆弧端、隅角处、拼接板端部附近……都会有相当严重的应力集中，在各种焊缝漏检的气孔、夹渣处也会有避免不了的应力集中。过高的应力集中，就必须依靠材料的塑性变形能力来缓解峰值应力，阻止缺陷（裂纹）扩大。变形能力强的材料很容易进行应力重分布，也很容易耗散应力应变集中所带来的能量集中，使之不容易形成裂纹。

七、世界各国情况

世界各国的铁路钢桥设计规范所使用的结构钢，屈服强度都在 240 MPa 到 400 MPa 之间，没有规定使用高强钢。例如：

（1）美国 A36、A440、A441 和 A588，$\sigma_y = 238$ MPa ～ 350 MPa。

（2）英国 St52，$\sigma_b = 520$ MPa，$\sigma_y = 355$ MPa。

（3）日本 SS400、SM490、SM570，σ_y 分别为 <u>315 MPa</u>、450 MPa。其中 SM570 在新干线铁路桥上未见使用。

第二节　公路钢桥选材

公路钢桥的荷载特点决定了它的选材条件。公路钢桥的荷载特点：一是恒载比例大；二是加载（满载）速度慢。这两点决定了公路钢桥冲击和疲劳的动力影响比铁路桥小得多。所以，公路钢桥的材料也就不一定要像铁路钢桥那样严格，可以酌情使用高强钢。

以港大桥[6]为例，它是公路桥，恒载占 81.6%。由表 1-2-2 可知，这座桥使用了极限强度为 700 MPa 和 800 MPa 的高强度钢（最大板厚：拉杆 46 mm，压杆 75 mm）。在港大桥全部 34 910 t 钢中，HT80 4 197 t，只占 12.02%；HT70 1 075 t，只占 3.08%；共占 15.1%。SM570 用了 8 856 t，占 25.37%。其余 54% 是 SM490、SS400，这两种钢相当于我国的 Q345 和 Q235。

表 1-2-2　港大桥钢梁材料统计　　　　　　　　　　　　　　　　　　　　t

名　　称	HT80		HT70	SM570	SM490	SS400	高强度螺栓	其他	共计	%
	$t > 51$	$t \leqslant 50$								
锚　　跨	1 628	2 569	1 075	7 611	8 513	5 420	653	11	27 480	78.72
挂　　孔	0	0	0	1 109	1 175	1 587	61	4	3 936	11.27
钢梁小计	1 628	2 569	1 075	8 720	9 688	7 007	714	15	31 416	89.99
支承部分	0	0	0	136	398	94	0	1 236	1 864	5.34
附属材料	0	0	0	0	1 527	48	55	1 630	4.67
小　　计	0	0	0	136	398	1 671	48	1 291	3 494	10.01
合　　计	1 628	2 569	1 075	8 856	10 086	8 628	762	1 306	34 910	100
%	4.66	7.36	3.08	25.37	28.89	24.71	2.18	3.74	100	

注：1. 支承部分包括支座和铰。
　　2. 附属设备包括栏杆、伸缩装置、排水装置等。

这就是说，即便是恒载比例很大的公路桥，也只使用了少量高强钢。而且是经过了大量试验和论证（见港大桥总结），认为技术上可行之后才使用的。同时也理所当然地对高强钢和较厚的板，提出了较高的冲击韧性要求（ – 15 ℃，48 J）。大部分材料仍然使用中低强度钢。

关于选材这一章，可以归纳如下：铁路钢桥用材必须高度重视延伸率和冲击韧性。公路钢桥在必要的时候，可以有选择地使用高强钢。钢材的焊接性必须良好。

第三章
主桁结构设计

在钢桁梁结构中，主桁结构是至关重要的内容。所以，在着重讨论结构细节设计的同时，将对有关设计规定以及与这些规定有关的技术问题一并进行说明。节点设计部分，将只涉及整体节点。

第一节　弦杆杆件截面选择

整体节点的弦杆几乎全都采用箱形截面，这是因为箱形杆抗压性能好，又由于整体节点是在节点外拼接，可使箱形杆的四个面的拼接很方便。散拼节点则不同，它的拼接位置在节点中心。若采用箱形弦杆，因其下弦的上翼缘板（上弦的下翼缘板）距腹杆端头很近，会严重妨碍拼接操作。用 H 形杆就是为了便于在节点中心的拼接操作，没有别的原因。在腹杆中，H 形杆件用得很多，整体节点与散装节点都是这样。

图 1-3-1 示出了一些主桁杆件截面布置的内容，在进行截面规划时应予考虑。图 1-3-1（a）是上下弦杆和腹杆常用截面形状以及它们之间的尺寸关系。桁高 H 是弦杆重心之间的距离，弦杆宽度是指内宽。上下弦都是不对称矩形，靠外的翼缘板都向外伸出。这套截面组成有以下优点：

（1）除下弦杆的上翼缘为棱角焊外，其余都是普通角焊缝，为制造提供了很大的方便。

（2）竖板在节点处可以很方便地加高为节点板。

（3）翼缘板的伸出部分为连接横向联结系、横梁及上下平联提供了方便，下翼缘还特别容易与支座连接。

（4）充分考虑了排水。

（5）腹杆外宽比弦杆内宽（亦即节点板内宽）少 2 mm，便于腹杆安装连接。

截面的外伸部分 c，国内要求不小于 30 mm，但也不必太大。太小时，难以满足埋弧自动焊焊剂铺设需要；太大时，所产生的焊接收缩变形也会较大，而且难以校正。

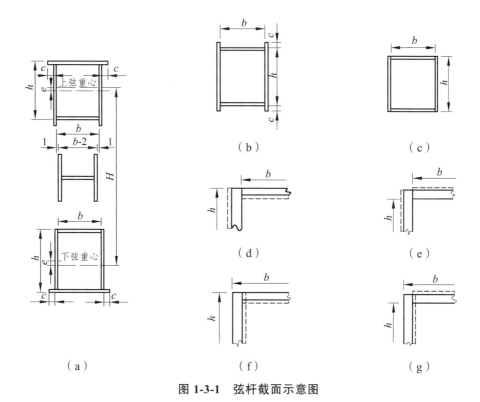

图 1-3-1　弦杆截面示意图

虽然主桁桁高的理论值是弦杆重心间的距离，但是在进行弦杆拼接时还是对着形心拼接。由此，会产生少量局部弯矩（详见第四节）。

图 1-3-1（b）可适用于内力较大的腹杆，特别是支点处的竖杆和斜杆。在斜腹杆中使用时，会使安装产生困难，这在以后还要谈到。很显然，它不适用于弦杆，因为它与横向构件、支座的连接都不方便。它的主要优点是可全部使用普通角焊缝。图 1-3-1（c）与（b）相比，只是将普通角焊缝改成了棱角焊缝，其他都是一样的。棱角焊需要开坡口，不如普通角焊缝方便，一般不必选用。

图 1-3-1（d）、（e）、（f）、（g）是指弦杆高度和宽度的合理控制，要求腹板和翼板板厚变化时，既不相互干扰，也不引起主桁横向联结系等的尺寸变化。图（d）是控制外高和内宽，虚线表示厚度变化，满足要求。图（e）会使杆件高度随着翼板厚度变化而变化（见本节之二）。图（f）、（g）两块板的厚度变化相互干扰，不要采用。

图 1-3-2 所示为箱形杆件的焊接[16]。图（a）全部是普通角焊缝，文献[16]所建议的翼缘板外伸尺寸，结合我国制造工艺来看此尺寸偏小。图（b）是半 V 形和 V 形棱角焊缝。图（c）和图（d）都是角焊缝，但竖板位置不同，一在翼板侧面，一在翼板之下。

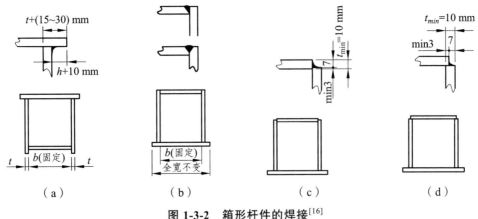

图 1-3-2　箱形杆件的焊接[16]

注：图中 h 是焊缝正边尺寸。

一、弦杆高、宽及相应细节

弦杆重量通常要占到主桁重量的 60% 以上，所以要慎重决定弦杆的长度和长细比。长细比取决于自由长度和截面轮廓尺寸，轮廓尺寸又取决于最大压杆内力。在已知压杆内力和自由长度（亦即节间尺寸）时，按照长细比在 30 左右的理想值，轮廓尺寸也就定了。弦杆长细比之所以控制在 30 左右为最好，是因为此时的稳定折减系数 0.9，折减最少，最节省。

弦杆高宽确定后（连同自由长度）就确定了它在主桁平面内外两个方向的长细比。而两个方向的长细比都按自由长度据实计算，抗弯刚度小的一面控制抗压承载力，另一面的抗弯刚度再大也不能发挥作用。所以杆件高宽尺寸接近（或相等）为好。使高度略大于宽度也很常见，但不宜相差太多。高得太多了，会增加杆件面内刚度，次弯矩会更大。弦杆轮廓尺寸的决定还要适当照顾小杆件，小杆件的截面面积不是内力控制，而是局部稳定控制，高宽尺寸决定着板厚。倘若一套主桁杆件中受局部稳定控制的杆件很多，那就意味着浪费。

弦杆高、宽尺寸还要兼顾螺栓布置。

照顾螺栓排列的间距，安排合理的隔角尺寸，避免隔角处的各种干扰，如图 1-3-3 所示。

在图 1-3-3（a）中，d 是螺栓间距，按规定执行即可。但隔角处和纵向加劲肋两边的尺寸 c_1 和 c_2 则需合理确定。总的要求是，既要紧凑，又要能够安排必需的内容。c_1 和 c_2 取值也不能过大，太大了不仅显得松散，而且还可能减少了一列螺栓的个数，导致排数增加。

在弦杆的端隔板以外至杆端，为防止雨水经拼接缝进入竖板和翼缘板的板缝中，竖板内侧也有角焊缝，如图 1-3-3（b）。两端隔板之间的杆件内侧一般没有角焊缝。图中的 k 是角焊缝正边高度。在隔角两边，还有拼接板的边距 e 和必须留出的焊缝与拼接板边沿间的空隙 a_1、a_2。这些尺寸之间的关系可参考图 1-3-2（b）。此外，对于特大型钢梁，拼接板可能很厚，有可能造成两边拼接板相互碰撞，所以又建议了拼接板厚 t 与 a 和 k 的关系。

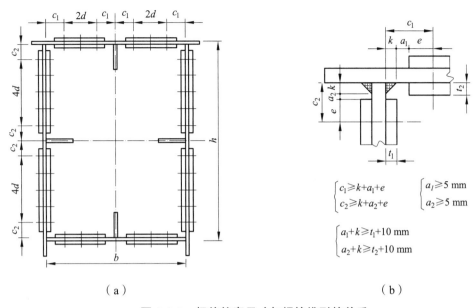

$$\begin{cases} c_1 \geqslant k + a_1 + e \\ c_2 \geqslant k + a_2 + e \end{cases} \qquad \begin{cases} a_1 \geqslant 5 \text{ mm} \\ a_2 \geqslant 5 \text{ mm} \end{cases}$$

$$\begin{cases} a_1 + k \geqslant t_1 + 10 \text{ mm} \\ a_2 + k \geqslant t_2 + 10 \text{ mm} \end{cases}$$

（a）   （b）

图 1-3-3　杆件轮廓尺寸与螺栓排列的关系

　　隔角处两个螺栓间的尺寸关系，见图 1-3-4。内侧所示两边螺栓的 10 mm 间隙只能满足穿螺栓需要，电动扳手需在外侧施拧。如果需要在内侧施拧的话，此间隙需满足电动扳手套进螺帽的尺寸需要，应根据扳手头部尺寸确定。

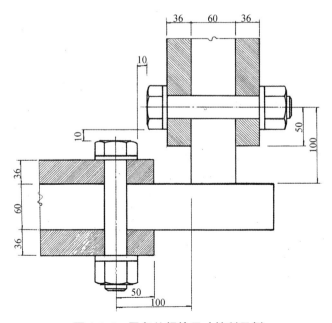

图 1-3-4　隔角处螺栓尺寸控制示例

二、杆件控制内宽的原因

上下弦杆宽度位置在主桁中心线两侧形成两个基准面，所有横向部件尺寸（横隔板、横梁、平纵联、横联）都与这两个基准面密切相关。散装节点都是控制杆件外宽，所以拼接板（不管有几块）都加在内侧，免除了弦杆竖板厚度变化对横向部件的影响。如果是特大桥，不得不使用外侧拼节板时，便将杆件宽度控制在最外层拼接板的外侧（例如武汉长江大桥）。但整体节点则不能控制外宽，而应控制内宽。参见图 1-3-1（d）、（e）、（f）、（g）和图 1-3-5。原因如下：

（1）节点板变化厚度时，使节点板向杆件外侧加厚或减薄，使夹在竖板中间的翼缘板宽不变，其角焊缝可以保持顺直，见图 1-3-5（a）。而只有顺直的角焊缝才可使用自动焊，这一点对于方便制造和提高焊缝质量是非常重要的。

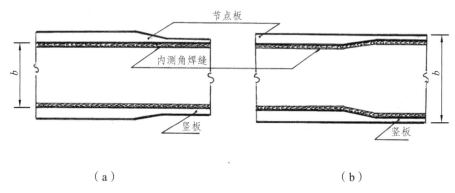

（a）   （b）

图 1-3-5 内宽控制示意图

（2）竖板和水平板变化厚度时，可以互不干扰，见图 1-3-1（d）、（e）。

（3）杆件内的隔板宽度不会变化。

（4）安装时拼接段的填板在外侧，方便操作。

至于由此引起的对横梁、横联、平联等的横断面尺寸变化，可以通过改变它们的连接部件尺寸来适应，横向构件本身的尺寸仍然保持不变。

杆件高度控制可以视具体情况灵活掌握。对于整体桥面，控制内高为好，使翼缘板与桥面板底面对齐。既便于与桥面板焊接，也方便弦杆之间的拼接（填板在外侧）。对于明桥面，也是控制内高为好，不仅可使隔板高度不变，而且上下翼缘板向上（及向下）加厚对其他构件没有影响。拼接时填板在外侧，操作方便。不过，竖板高度需要随着水平板厚度的变化而变化。控制外高也是可以的，但对制造和安装有些不便（隔板高度变化，填板在内侧）。

设计必须认真考虑方便制造和施工，这不能仅仅看做是一个方便工厂和工地的问题，更主要的是有利于提高工程质量。因为许多制造和施工问题只有在设计阶段才能合理解决，只有很方便才更容易保证质量。

三、最小杆件截面尺寸与宽厚比限制

限制宽厚比是确保板件局部稳定的需要。1985年桥规规定（16 Mnq），当长细比 $\lambda \leqslant 60$ 时，两边支承板的 $b/t \leqslant 30$，伸出肢 $b/t \leqslant 12$。$\lambda > 60$ 时，可以适当放宽杆件的宽厚比，这是合理的。因为杆件长细比大于60以后，承载力就会折减30%以上。此时，板件宽厚比就应当跟着放宽，以免造成材料浪费。当然，放宽要有一个限度，不能任意放宽。我国1985年桥规的（16Mnq）放宽限制是：箱形杆和H形杆的腹板按 0.5λ 放宽，但最大宽厚比不得大于45；H形杆的伸出肢按 0.2λ 放宽，但最大宽厚比不得大于18。现行桥规将这些限制都取消了，今后要予以补正。

日本铁路桥梁设计规范一向对宽厚比规定较严。平成12年的规定基本延续了过去的规定，但略有变化。例如 SM490 钢（相当于 Q345），它的宽厚比规定是这样：

伸出肢，$b/t = 11$。应力不足时可以放宽，即将宽厚比乘以一个扩大系数，扩大系数等于抗压容许应力除以实际应力。同时规定，扩大系数不得大于1.2。b/t 的上限值为13.2，如图1-3-6所示。图中还示出了我国1985年规范，伸出肢宽厚比 $b/t = 12$，放宽上限是18。

对两边支承板，日本规范为 $b/t = 34$。放宽办法与伸出肢完全一样，放宽上限也是1.2，b/t 的上限值为40.8。我国1985年规范规定 $b/t = 30$，长细比 λ 大于50时按 $0.5\lambda + 5$ 放宽，但不大于45。

图1-3-6的水平轴 λ 表明，局部稳定与总稳定一样也与长细比相关，因此局部稳定与总稳定相互关联。

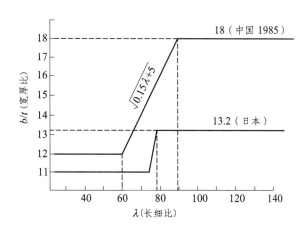

图1-3-6 一边支承板局部稳定曲线

四、总体稳定及其与局部稳定的关系

1. 总体稳定

受压杆件在常用的长细比范围内，承载力受总体稳定控制，设计抗压承载力需乘以折减系数 ϕ。

各国制定 ϕ 系数的方式不尽相同，但现代压杆设计理论所考虑的因素基本一样——都考虑了杆件的初曲和初偏心。焊接残余应力的影响，有些是直接计入（如我国），有些是间接考虑。

ϕ 曲线的组成可分为下、中、上三个部分。它的下段对应着长细比 λ 较大的部分。这部分的临界应力 σ_c 受欧拉公式控制。σ_c 只与 λ 和 E 有关，与材料强度无关，临界应力值不超过弹性极限。以屈服强度（与弹性极限接近相等）σ_y 替代式（1-3-1）中的 σ_c 可得到下段 λ 的起点 λ_t。例如 Q345 钢，它所对应的 λ_t 约为 78。与 λ_t 对应的 ϕ 设为 ϕ_t。

$$\sigma_c = \frac{\pi^2 E}{\lambda^2} \qquad\qquad (1\text{-}3\text{-}1)$$

我国桥梁设计规范对这一段的 λ-ϕ 曲线制定，仍然用考虑初始缺陷的压溃理论计算。

当长细比很小时（短柱），即使截面临界应力达到屈服杆件也不会失稳，承载力只与材料屈服强度有关，与长细比无关。ϕ 表示为平行于水平轴的平段。现行规范中表示为 $\lambda = 0 \sim 30$，$\phi = 0.900$（Q345）。这就是 ϕ 曲线的上段（平段），平段的右端设为 ϕ_p。

上下两段之间（$\phi_p \sim \phi_t$）的 ϕ 曲线对应于弹塑性阶段的临界承载力，由杆件的长细比、应力水平和弹塑性模量确定。弹塑性模量可表示为切线模量 E_t，它不再是常数。各国制订 ϕ 曲线的方式不同，主要就表现在这一段。最简单的做法就是文献[3]——用直线连接 ϕ_p 与 ϕ_t 两点即成。

1971 年我国对钢桥设计规范，由钱冬生教授主持对钢压杆设计进行了一次重要修改，ϕ 曲线的制订首次引入了初曲、初偏心和焊接应力影响[8]，我国钢压杆设计才真正与实际情况相联系，更加真实地反映压杆承载能力。

初曲和初偏心是成品杆件中普遍存在的现象。初曲即成品杆件的微弯曲，初偏心是指板件厚度误差、组装位置偏差、试验时加载偏心误差等，用杆件长度的 1/1 000 表示。焊接应力是试验值的简化图示。考虑上述因素计算所得的 ϕ 曲线得到了试验验证，并被规范采纳，沿用至今。

寻求比较简单的焊接应力处理方法，简化 ϕ 曲线计算和制订还是有意义的。

2. 总体稳定与局部稳定的关系

在不考虑杆件初曲、初偏心和焊接应力时，令局部稳定临界应力大于或等于总稳定临界应力[9]，即：

$$\frac{\pi^2 E\tau}{(l/r)^2} \leqslant \frac{\pi^2 E\sqrt{\tau}}{12(1-\upsilon^2)}\left(\frac{t}{b}\right)^2 k \qquad (1\text{-}3\text{-}2)$$

式中：E 为弹性模量；b 和 t 是板的宽度和厚度；l/r 是长细比；υ 是泊松系数；τ 是与临界应力和材料强度有关的系数，临界应力在弹性范围内时为 1；k 是板的屈曲系数，两边简支板取 4，一边简支一边自由取 0.425。

式的左边是总体稳定临界压应力，右边是板件的临界压应力。这个公式清晰地给出了这种关系的概念。

计入初曲、初偏心和焊接应力后，无法用简单的公式来表示，但可从规范中看到这种关系。

图 1-3-7 所示是我国 1985 年规范规定的关于总稳定和局部稳定的两根曲线。为了更直观地看到总体稳定与局部稳定的关系，将两者绘在一张图上。右边是总体稳定折减系数曲线，左边是伸出肢的局部稳定规定。任何临界应力下，都对应着相应的长细比和板件宽厚比。规范显示的这种互等关系，是在设计中实际使用的。

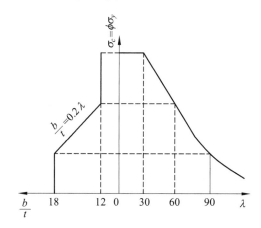

图 1-3-7 总体稳定与伸出肢局部稳定关系示意

五、增加中间各杆件截面分级

不言而喻，主桁杆件内力有大小，截面面积自然也会有大小。同一座桥的一组杆件中，截面分级要适当。分级越少，钢料用量越多；分级越多，用量越省。但过多的档次划分会增加设计、制造工作量。

六、纵向加劲肋

大型钢桁梁的箱形杆件常常需要内部纵向加劲。纵向加劲肋的作用有两个：对于大杆件，它是为了增加截面面积；对于小杆件，它除了可以作为计算面积之外，更重要的是使被加劲板的局部稳定满足规范要求。

箱形杆件的四块板（以及 H 形杆件的腹板）都是两边支承板，它们的纵向加劲见图 1-3-8。这张图表示一根箱形杆件单侧腹板及其纵向加劲纵肋，肋数可为 1 条或数条，图中示出 2 条。被纵肋划分的格数为 $n=3$。此腹板被上下翼缘所支撑，同时又被两条纵肋加劲。纵肋对腹板的嵌固作用比翼缘板对腹板的嵌固作用要弱些，这一点在文献[4]中是很明确的。具体表现为：（SM490 钢）两块翼缘板之间的板的宽厚比为 34，而两块纵肋间的板块宽厚比为 24（一块纵肋与一块翼缘板间的板的宽厚比也是 24）。

加劲肋通常都采用矩形板条，而不采用 T 形肋。因为矩形板条加工制造很容易，且便于焊接，而 T 形肋的翼板对焊接是有一定妨碍的。纵向加劲肋具体的加劲办法国内尚无规定，可参考日本铁路钢桥设计规范[4]。

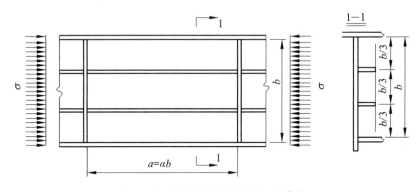

图 1-3-8 两边支承板的纵向加劲肋

两边支承板，在板宽 n 等分线附近各设 1 根加劲肋的情况下，每一条加劲肋所需的截面惯性矩 I_l 和截面面积 A_l 应满足下式：

$$I_l \geq \frac{1}{11} bt^3 \gamma_l \qquad (1\text{-}3\text{-}3)$$

$$A_l \geq \frac{bt}{10n} \qquad (1\text{-}3\text{-}4)$$

各加劲肋的最大宽厚比应符合一边支承板局部稳定规定。

式中　b ——被加劲板的全宽；

　　　t ——被加劲板的厚度；

　　　γ_l ——加劲肋与被加劲板的刚度比；

　　　n ——被纵向加劲肋分成的隔数。

刚度比 γ_l 计算：

（1）当 $\alpha \leq \alpha_0$ 时：

$$\begin{cases} \gamma_l = 4\alpha^2 n \left(\dfrac{t_0}{t}\right)^2 (1+n\delta_1) - \dfrac{(\alpha^2+1)^2}{n} & (t \geqslant t_0) \\[3mm] \gamma_l = 4\alpha^2 n(1+n\delta_1) - \dfrac{(\alpha^2+1)^2}{n} & (t < t_0) \end{cases} \qquad (1\text{-}3\text{-}5)$$

与此同时，横隔板的截面惯性矩 I_t 为：

$$I_t \geqslant \frac{bt^3}{11} \cdot \frac{1+n\gamma_l}{4\alpha^3} \qquad (1\text{-}3\text{-}6)$$

（2）当 $\alpha > \alpha_0$ 时：

$$\begin{cases} \gamma_l = \dfrac{1}{n}\left\{\left[2n^2\left(\dfrac{t_0}{t}\right)^2(1+n\delta_1)-1\right]^2 - 1\right\} & (t \geqslant t_0) \\[3mm] \gamma_l = \dfrac{1}{n}\{[2n^2(1+n\delta_1)-1]^2 - 1\} & (t < t_0) \end{cases} \qquad (1\text{-}3\text{-}7)$$

式中　a——横隔板间距；

α——$\alpha = \dfrac{a}{b}$ ；

α_0——α 的极限值，$\alpha_0 = \sqrt[4]{1+n\gamma_l}$ ；

δ_1——一条纵肋与被加劲板的面积比，$\delta_1 = \dfrac{A_l}{bt}$ ；

t_0——规定的板厚，如表 1-3-1。表中的 f 是偏心受压修正系数。

表 1-3-1　被加劲的板厚

钢　种	SS400、SM400、SMA400W	SM490	SM490Y、SM520、SMA490W	SM570、SMA570W
t_0	$b/28\,fn$	$b/24\,fn$	$b/22\,fn$	$b/22\,fn$

偏心受压时被加劲板两边的应力不相等，设 σ_1 是较大的边沿应力，σ_2 是较小的边沿应力，$\phi = (\sigma_1 - \sigma_2)/\sigma_1$ ，$f = 0.65\phi^2 + 0.13\phi + 1$ ，当 $\sigma_1 = \sigma_2$ 时，$\phi = 0$ ，$f = 1$ 。

关于纵向加劲肋设计规定的进一步资料，请参见附录 C。

七、隅角附近纵肋位置

隅角附近的纵肋布置除需注意螺栓和拼接板不要互相干扰外，还要注意隅角两边的纵肋外侧边沿不要靠得太拢。因为隅角里面有拼接板和螺栓需要安装操作。安装操作的必备条件是既要看得见，又要能伸进手去。建议纵肋边沿间的净距不要少于 300 mm（图 1-3-9）。

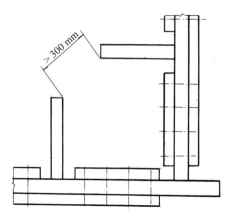

图 1-3-9　隅角附近纵肋位置示意

八、截面变宽和变高

在以往的钢桁梁设计中，主桁杆件宽度都是不变的，这主要是为了方便杆件的节点连接。但对于大跨度钢桁梁及那些杆力相差悬殊的结构，按最大杆件内力所决定的杆件宽度往往很宽。例如，重庆朝天门大桥杆宽达到 1 640 mm，大胜关大桥杆宽达到 1 400 mm。这在国内都是前所未有的。然而，钢桁梁中的杆件内力变化幅度也很大，有时会有数倍之差。如果内力很小的杆件也用这么宽的截面，由于局部稳定的限制，会造成钢料的浪费。为了减少局部稳定控制的杆件数量，节省钢料，应当改变杆件宽度不变的传统做法。大胜关桥拱桁部分用了 600 mm、1 000 mm、1 400 mm 三种宽度和 1 200 mm、1 400 mm、1 800 mm 三种高度，对钢料的节省有明显效果。

如图 1-3-10，变宽和变高的部位首先需避开拼接范围，使拼接段和拼接板保持顺直。其次，也尽可能避开节点范围，以简化节点设计。在改变高宽的位置必须设隔板，以平衡此处垂直于杆轴方向的分力。

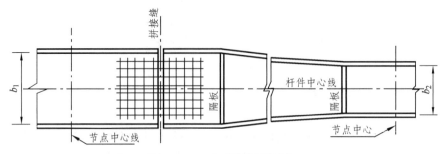

图 1-3-10　变截面杆件示意

杆件的高宽不宜同时改变，即变高不变宽，变宽不变高。它的抗压承载力可按折减后的自由长度计算[19]。此外，还可以用有限元直接进行数值计算。不管是哪种方法，变截面杆件的抗压承载力计算都是比较复杂的工作。

对单独的变截面构件，例如斜拉桥的钢主塔、门架的变截面肢柱等，进行仔细的计算分析是完全必要的。对于钢桁梁的主桁杆件，可进行简化处理，按小头计算承载力即可。因为在桁梁中，变截面杆是极少的，多用的钢料也十分有限。在钢桁梁设计中改变截面尺寸的主要着眼点不是这根变截面杆本身，而是经过高宽变化之后，可以节省其他杆件的钢料。

九、杆件的最大长细比

关于最大长细比，规范规定主桁受拉腹杆的长细比不大于180。这是为了防止风振和列车运行引起的振动，是非常需要的。对于拱桥的吊杆，这个问题尤其需要引起重视。

至于长细比的计算，规范规定：对于 H 形压杆有一个假定的简化计算办法，即若计算长细比时未计腹板，则面积计算也不计腹板。但要特别注意，这是指的压杆，拉杆是绝对不能这样做的。因为一根杆件的长细比只取决于它的面积、惯性矩和自由长度，一切假定计算都没有反映真实的长细比。

主桁腹杆的自由长度可以打 9 折（支点处）或 8 折（其他部位）。这个规定很有实际意义，它反映了节点刚性对腹杆的约束作用，实践证明是完全可行的。

十、截面形状与抗压承载力

我国铁路钢桥设计规范已经列出了两种最主要的杆件截面的抗压稳定折减系数，即箱形截面和 H 形截面，满足了绝大多数桁梁杆件的设计需要。

不言而喻，不同的杆件截面形状的稳定折减系数不同，因而承载力也不同。20 世纪 70年代，欧洲钢结构协会（ECCS）第八委员会做了大量（1 067 根）各种不同截面杆件抗压试验，用统计方法得出多条压杆稳定曲线，反映在协会 1978 年出版的《钢结构稳定手册》（李德滋等译，哈尔滨建筑工程学院，冶金部北京钢铁设计研究总院编印）中。

近年来，钢箱梁的横隔板常见用三角撑杆代替板件的例子。撑杆多为单肢和双肢角钢，还有一些管状杆件也在结构中出现。因此，对这些类型的杆件，有必要补充稳定折减系数，满足生产需要。

十一、特厚板杆件的抗压承载力问题

压杆的容许抗压承载力已经考虑了焊接残余应力及初曲、初偏影响。40 mm 以上的特厚板因焊接残余应力沿板厚方向的不均匀分布，其承载力是否还需要另做特殊考虑呢？

欧洲钢结构学会（ECCS）在进行（上节提到的）试验研究时，试件中已包含板厚大于 40 mm 的 H 形杆件。因受试验机吨位限制，试验由美国里海（Lehigh）大学协助完成。试验结果表明，由特厚板组成的 H 形杆件的抗压承载力，似有必要设更低的抗压稳定折减曲线。但在此后的各国桥梁设计规范中未见有此条文。

残余应力具有自平衡的特点，整个截面上的应力值是平衡的，包括特厚板在内的所有板件都是这样（见第七章第九节）。对于用特厚板形成的杆件，虽然残余应力沿板厚方向有变化，但残余应力的自平衡性质并无变化，所以它的抗压特性也应当没有多大改变，与中薄板相比，承载力可能并无明显差别。此外，残余应力经反复加载会逐渐减弱和消失。随着时间推移，残余应力的影响就不足为虑了。于是特厚板承载力似乎也不一定需要特殊考虑，至少目前的认识是这样。今后随着研究工作的进展，或许会有新的变化。

十二、杆件次应力

在欧美各国，早先曾将有些桁架节点设计为铰，消除次应力影响，使杆件只承受轴向力。但是铰接结构也存在着设计、制造、养护等诸多问题，故逐渐放弃使用。目前所采用的高强度螺栓连接节点，都具有很大刚性，在桁架挠曲引起节点转动时，会在杆件中引起次弯矩，从而产生次应力。当然，由节点刚性引起的次应力只发生在主桁平面内。与同一节点相连的杆件次弯矩总是有正有负，自相平衡。

在 H 形截面和箱形截面中，次应力对杆件承载力的影响是不同的。因为次应力因杆端弯矩引起，最大应力出现在杆件边沿，所以影响最大的是边沿材料。对于 H 形截面，最大应力位于竖板边沿，对整个杆件截面影响较小。箱形杆件则不然，最大应力会出现在整个板件上，对整个杆件截面影响较大。

设计当然要考虑次应力的存在。如果有可能，首先应设法降低次弯矩。传统的起拱方法可降低次弯矩（见第三章第三节）。

关于规范对次应力的规定，请参见文献[3]、[4]、[10]。各种规定都有一些原则性要求，如要求尽量减少杆件偏心、降低节点刚性等。也有一个一致的指导思想，就是尽可能限制杆件高度与长度的比例。当不需计算次应力时，各国规定的比例为（文献[14]第③分册）：日本公路桥梁规范Ⅱ，1/10；英国 BS153，弦杆 1/12，腹杆 1/24；我国，连续梁 1/15，简支梁 1/10。

容许应力是否提高，对于 H 形杆件一般可提高 20%，箱形杆件的容许应力提高要慎重确定。对于箱形杆件承受次应力，且次应力又占很大比例（例如30%以上）时，容许应力就要少提高，甚至不提高。

十三、工程实例

表1-3-2中示出了一些已建成的钢桁梁杆件和标准杆件[13]，都是整体节点箱形弦杆。在早期（20世纪70年代初）的杆件中，截面为矩形，四个角上都采用棱角焊缝。此后，基本上全都改成了不对称矩形，上下弦靠外的翼缘板都向外伸出（出边），形成普通角焊缝。显然，不对称矩形具有明显的优势。

观察表1-3-2各大桥实际使用的杆件截面，需要注意以下问题。

1. 截面形状

上下弦靠外的翼缘板应出边，出边的作用前面已经讲过了，不再重复。表中个别杆件出边很多，如野洲川桥的13 mm板伸出约110 mm，这是另有原因的，一般不需要。

2. 截面宽度和高度尺寸控制的位置

杆件高宽控制：在表1-3-2中有两座桥是控制外宽，其余都是控制内宽。这两座桥中，一座是木曾川桥，1955年建，跨度63.35 m；另一座是关门桥，主跨712 m，为悬索桥，1973年建。它们都是早期建成的大桥。其他大桥都是控制内宽。

3. 角焊缝尺寸

这一点需要特别强调一下，因为目前国内对角焊缝尺寸的采用普遍严重偏大。

角焊缝尺寸是指杆件板厚和与之相应的角焊缝正边尺寸及棱角焊的熔深。角焊缝和棱角焊缝的作用有两个，一是组成杆件的连接作用，二是传力作用。

虽然弦杆的上述两种焊缝将随同杆件发生轴向应变，有着与杆件相同的轴向应力，但焊缝上的这种轴向应力杆件计算并不计入。杆件只需要让这种焊缝传递顺杆轴方向的剪应力。一般情况下，这个剪应力不应该很大。此剪应力的大小，只取决于它所连接板件的轴向应力差。但在节间范围内，板间轴向应力差是很小的，甚至没有应力差。因为一方面在拼接接头处，板件是分别等强拼接的（设计者主观上应特别注意这一点），这就不会引起应力差。另一方面，斜腹杆的水平分力将不可避免地产生弦杆的板间应力差，但此项应力差不大，且都消化在节点范围内。所以总起来看，杆件上各板件之间不会有大的应力差，因此也不需要为此来加大焊缝尺寸。过大的焊缝尺寸不仅会引起更大的焊接变形，而且还会扩大基材组织性能恶化的范围，是有害无益的。仔细观察表1-3-2的焊缝尺寸，都不是很大的。如：港大桥的75 mm板，按（$\sqrt{2t}+5$）也仅为17.3 mm；因岛大桥38 mm板，9 mm。至于节点范围内的焊缝剪应力，可以很方便地通过计算确定。详细情况可参见整体节点设计和焊接设计部分。

表 1-3-2　已建成的钢桁梁弦杆实例[13]

桥　名	1. 柏尾桥	2. 木曾川桥
截面组成	上弦材 1-PL 400×15 2-PL 340×15 1-PL 320×16 下弦材 1-PL 320×10 2-PL 400×12 1-PL 380×10	上弦材 1-PL 570×14 2-PL 380×19 1-PL 334×14 下弦材 1-PL 350×13 2-PL 360×19 1-PL 570×14
形　式	单线下承	三跨连续下承
位　置	跨度中间	中间支点处
跨　度	60.0 m	3×63.35 m
年　代	1961 年	1955 年
桥　名	3. 日本国有铁道标准	4. 利根川桥
截面组成	上弦材 1-PL 510×14 2-PL 320×13 1-PL 300×15 下弦材 1-PL 300×14 2-PL 300×15 1-PL 510×14	上弦材 1-PL 600×19 2-PL 500×19 1-PL 500×19 SM50YB 下弦材 1-PL 500×12 2-PL 480×16 1-PL 600×10
形　式	三跨连续桁梁	三跨连续桁梁
位　置	中间支点上弦	中跨跨中上弦
跨　度	200 m + 325 m + 200 m	同左
年　代	1976 年	1976 年

桥　　名	5.大岛大桥	6.大岛大桥
截面组成	 1-PL 740×40 2-PL 650×40 1-PL 600×40 SM58	 1-PL 700×18 1-PL 100×10 2-PL 650×18 2-PL 100×10 1-PL 600×18 1-PL 100×10 SM58
形　　式	单线下承	四跨连续桁梁
位　　置	跨中	端跨第一节间
跨　　度	46.5 m	76.4 m + 80 m + 80 m + 80 m
年　　代	1966 年	1972 年
桥　　名	7. 大岛大桥	8. 同左
截面组成	 1-PL 600×50 2-PL 950×50 1-PL 740×50 SM58	 1-PL 600×12 1-PL 100×10 2-PL 850×14 2-PL 120×12 1-PL 700×12 SM50Y
形　　式	三跨连续桁梁	同左
位　　置	中间支点下弦	中跨跨中下弦
跨　　度	200 m + 325 m + 200 m	同左
年　　代	1976 年	1976 年

桥 名	9. 东海道本线 野洲川桥	10. 关门桥
截面组成	 上弦材 1-PL 600×13 2-PL 460×13 1-PL 360×13 SM50B 下弦材 1-PL 360×22 2-PL 380×22 1-PL 600×22	 上弦材 2-PL 500×20 2-PL 500×20 SM58 下弦材 2-PL 500×19 2-PL 500×19 SM58
形 式	三跨连续下承桁梁	钢桁梁悬索桥
位 置	中间支点处	中跨跨中
跨 度	3×64.5 m	主跨 712 m
年 代	1977 年	1973 年
桥 名	11. 因岛大桥	12. 同左
截面组成	 1-PL 610×25 2-PL 550×38 1-PL 500×32 SM58 1-PL 500×34 2-PL 500×38 1-PL 610×25 SM58	 1-PL 320×16 2-PL 530×13 1-PL 560×16 SM50YA (FR32×6)
形 式	钢桁梁悬索桥	同左
位 置	中跨跨中	中跨跨中，横向桁架下弦
跨 度	主跨 770 m	同左
年 代	1980 年	同左

桥　名	13. Auburn 桥	14. 同左
断面组成	2-PL 635×19 2-PL 914×32 A514	
形　式	伸臂钢桁梁	同左
位　置	中间支点上弦	中间支点下弦
跨　度	251 m＋501 m＋251 m	同左
年　代	1971 年	同左
桥　名	15. Chester 桥	16. 同左
断面组成	2-PL 762×19 2-PL 1 422×50 A514	3-PL 762×32 2-PL 1 422×54 A514
形　式	伸臂钢桁梁	同左
位　置	中间支点上弦	中间支点下弦
跨　度	195 m＋263 m＋195 m	同左
年　代	1972 年	同左

桥　名	17. 港大桥	18. 同左
截面组成	2-PL 2 220×30 4-PL 250×30 2-PL 1 800×48 HT80	2-PL 2 220×48 4-PL 250×30 2-PL 2 200×75 HT80
形　式	伸臂钢桁梁	同左
位　置	中间支点上弦	中间支点下弦
跨　度	235 m + 510 m + 235 m	同左
年　代	1974 年	同左

第二节　腹杆截面选择

　　为方便节点连接，腹杆应尽可能使用 H 形截面。杆件外宽与节点板内宽应留 2 mm 间隙，即杆件的宽度要比节点板内宽少 2 mm。

　　对于内力较大的腹杆，应优先考虑箱形杆件。箱形斜杆内至少应设置两道隔板，分别位于两端孔群最内排 200 mm 以上（有时需后退较多，见本章第六节）。箱形斜杆的主要问题是，它与主桁节点板对拼比较困难——节点内隔板的存在，使拼接板无法跟随杆件一次吊装到位。为此，首先需要考虑的是，可不可以将箱形杆件两端改为 H 形。如果可以的话，这个问题也就解决了。较小的杆件是可以改的。如果由于杆件截面太大，或者因为疲劳控制而改不了，那就只好与节点板对拼。对拼虽有困难却还是能够操作。例如，孙口黄河大桥的支点腹杆、大胜关长江大桥的大腹杆都是箱形腹杆，都是对拼，也都成功地进行了安装。第六节还会谈到一些方法和建议。

　　关于受压腹杆断面选择的杆件计算长度，规范有对普通腹杆长度乘 0.8 的规定，这是考虑了节点对腹杆的杆端约束。需要注意，打完 8 折后假想的杆件端点不应离开节点板边沿。欧美及日本规范不分支点腹杆与普通腹杆，都是 9 折[4]。

第三节　拱度设置

钢桁梁设置上拱度是规范的明确要求。

一般而言，钢桁梁在恒载与活载作用下会产生挠度。如果不设上拱度，梁体支点落到设计位置后，钢梁会向下挠曲，梁端转角也会比较大，影响行车。起拱是解决这个问题的最佳选择。

假设恒载挠度为 δ_1，活载挠度（不计冲击力）为 δ_2。因为都是向下挠曲，写为 $-\delta_1$、$-\delta_2$。起拱时，让钢梁向上挠 $\delta_1 + \frac{1}{2}\delta_2$。因此，起拱完成后钢梁向上挠曲 $\frac{1}{2}\delta_2$。这样一来，火车上桥时就只产生一半的活载挠度。

桥上活载包括火车、汽车和人群。活载组合有单线、双线及多线，公路与铁路活载组合，公路、铁路、人群组合。挠度计算时应当采用什么活载组合，规范一直没有明确规定，实际使用时由设计者自行取舍。不过，这个问题早晚还是统一为好。

使火车运行顺畅是拱度设置的唯一目的。但是活载组合情况有多种，挠度也就有多种，起拱量也可以有多种选择。如果要使火车在大多数（而不是全部）情况下都能顺畅，这就是个概率问题——活载组合出现概率最大的选择。用出现概率最大的组合计算挠度，并用于拱度计算。桥规关于设计荷载的规定应当也适用于挠度计算：单线铁路没有选择余地，据实计算；双线铁路乘 0.9；三线及三线以上应按活载总和的 80%；公铁合建时，除铁路活载按以上所述计算外，再将公路活载总和乘以 0.75。人群荷载不计入拱度计算。这样得到的计算挠度可以作为起拱依据。

传统的起拱办法，是下弦长度不变，使支点附近上弦杆件缩短，跨中部分上弦杆件伸长，使钢梁向上弯曲。选择适当的伸长和缩短量，就可以使钢梁向上的弯曲量接近需要的起拱量 $\left(\delta_1 + \frac{1}{2}\delta_2\right)$。这样起拱，实际上是强迫钢梁变形，从而导致所有杆件都产生次弯矩。这些弯矩在每一个节点中都有正有负，是自平衡的。

之所以使下弦长度保持不变，是因为铁路桥面大都在下弦，这样做可以简化桥面设计。

由于起拱方向与挠度方向相反，故节点起拱的转动方向与下挠的转动方向也相反，所以产生的次弯矩方向也相反。因此，这种强迫变形的起拱方法可以缓解杆件次应力。这是传统起拱方法的优点。

将设定的若干上弦杆的伸长量和缩短量，假设为随温度升高或降低产生的伸长或缩短，用计算机完成计算工作。当起拱量不满足时，调整伸缩量反复计算，直至满足为止。

初始计算时，需要估计伸长量和缩短量做试算。估计伸缩量的办法可按以下所述原则考虑。设想将尚未起拱的主桁桁架拼好平放在地上，此时所有杆件都是无应力状态。杆件没有伸缩变化，都是无应力长度，桁架当然也没有挠度。而桁架受力之后，拉杆伸长，压杆缩短，同时产生挠度。因此，将典型部位的（跨中上弦）压杆压缩量加上去（伸长），将拉杆（支点上弦）的拉伸量减去（缩短），桁架应可大体恢复平直（消除恒载挠度）。为要使桁架上拱，再将这样得到的伸缩量增加 1/2 活载所产生的杆件伸缩量，就得到估计伸缩量。这个估计伸缩量就会接近起拱所需的实际伸缩量，用这个估计伸缩量作起拱试算即可。为简化设计，伸缩变动的节间宜少不宜多。

起拱计算满足要求后，主桁平置时各支点位置可能并不处于同一直线，即某一个支点可能高出或低于水平线。因此，落梁之后，主桁杆件会产生"起拱内力"。起拱内力是主力，应计入内力表。如果起拱还要考虑内力调整，选定支点的高差（正或负），落梁后要同时满足起拱量和内力调整要求。

近年来，工厂的制造工艺水平已有很大提高，不一定要受到传统工艺（钻孔胎形样板）限制，使这种起拱方式有了改变可能。改变方法就是在起拱设计时，随着上弦杆件伸缩，杆件之间的角度也跟着变化。但是这样做不会产生反向次弯矩，制造也会相对复杂。

以上所述都是指钢桁梁，钢板梁和钢箱梁也要起拱。跨度较小的钢板梁和钢箱梁拱度可以直接做在腹板上。跨度较大时，可结合梁段腹板和接缝变化来实现。

在公路桥梁中，缆索承载的柔性桥由于以下原因，是不需要设上拱度的，对公路桥尤其如此。因为跨度都很大，主梁都设在竖曲线上，活载挠度不会使梁体出现凹曲；活载挠度对主梁线形没有明显影响，不影响感观。同时也不会因梁端转角影响公路行车。在已建的钢箱梁斜拉桥中，有设拱的，也有不设拱的。设拱时，会使起点处梁体线形不匀顺。从实际效果来看，不设拱相对较好。

第四节　整体节点设计

整体节点是在散装节点的基础上发展起来的，本节仅对整体节点设计进行说明。整体节点的发展经过及与散装节点的对比分析，简要说明如下。

散装节点在铆接时期和栓焊时期都使用过，目前也还有少量使用。

铆接时期，钢桁梁节点部件（节点板、拼接板、隔板等）都是散件，所以将节点叫做散装节点。杆件、纵横梁用铆钉铆合。那时，整个钢桁梁完全没有焊接，这是由当时的焊接技术水平决定的。

随着焊接工艺水平的进步，到 20 世纪 60 年代，我国钢桁梁开始采用焊接和栓接技术。杆件、纵横梁、联结系杆件都焊接成形，逐渐放弃铆合成形方式。同时，节点连接紧固件改用高强度螺栓，逐步放弃铆钉。不过，节点部件仍为散件，节点也还是散装。

20世纪60年代以来，整体焊接节点在国外逐步出现并很快发展。我国从20世纪90年代的京九线孙口黄河桥开始采用整体节点技术，将节点散件焊成整体。整体节点技术对工厂和工地安装都有显著的实际的经济效益，是又一次显著的技术进步。

整体节点与散装节点比较：

（1）整体节点节省高强度螺栓。相同规格的高强度螺栓，散装节点要多用30%以上。主要原因是，大部分主桁杆件拼接是"不完全双面摩擦"（没有充分发挥双面摩擦的作用）。因为要保证横梁长度不变，散装节点的外侧节点板（兼做拼接板）厚度是不变的。不够的拼节面积全部由设在内侧的拼接板提供，所以内侧拼接板总厚度常常比外侧节点板厚度大很多。而螺栓数量是取决于内侧的拼接板，而不是外侧的节点板，由此形成"不完全双面摩擦"，导致螺栓增加。整体节点弦杆拼节内外拼接板一样厚，是"完全双面摩擦"，内外所需螺栓数没有差别，充分发挥了双面摩擦作用，当然用栓就少。其次，散装节点需使用少量传力不需要的构造螺栓，而整体节点完全不需要。

（2）整体节点安装不需要设预拼场进行预拼，节省资金，节省工时。安装散装节点时，工地要设专用预拼场，用来将节点散件组装成安装件（吊装件）。一个安装件包括一根杆件和一端的全部节点散件，就像一个带弦杆的整体节点一样。预拼场内设有存梁台座、运输轨道和装卸吊机。预拼场除资金投入外，还需花费不少安装工时。

（3）整体节点容易安装。主要原因是在节点外拼接，带在杆件上的拼接板不需夹紧，安装时杆件容易插入到位。散装节点安装件上桥后插入到位比较困难，常需花费很多工时。因为散装节点是在节点中心拼节，预拼时，节点后部（一半）已全部上好螺栓和冲钉，没有松动余地，所以前方新的安装件插入就比较困难。尤其是前后公差相抵触（前面板厚大后面空档小）时，就更难了。

（4）整体节点在节省大量螺栓的同时，还节省了比螺栓多几倍的钻孔。一个弦杆螺栓栓合2块~5块板（即对应2个~5个孔），每节省一个螺栓就会少钻2个~5个孔。工厂可节省大量制孔工作量。

一、节点板

节点板是极其重要的构件。竖杆与斜腹杆的内力全部传给节点板，弦杆内力也要部分经由节点板传递。所以节点板起着传递和平衡主桁杆件内力的重要作用，当然，它的厚度就会有一个定量的要求。节点板厚度计算分为两部分：一是弦杆需要的厚度；二是腹杆需要的厚度。

腹杆所需节点板厚度，当杆端弯矩未知时[6, 11]：

$$t = \frac{P_i \cdot 10^3}{b_e \sigma_a} \left(\frac{1}{2} + \frac{I_w}{A_w} \cdot \frac{1}{b^2 + d^2} \right) \quad (\text{cm}) \qquad (1\text{-}3\text{-}8)$$

式中 P_i——腹杆轴力（t）；

　　　　b_e——腹杆有效宽，$b_e = b + 0.8d$；

　　　　b，d——栓群宽度和长度（cm）；

　　　　I_w——腹杆主桁面内惯性矩（cm⁴）；

　　　　A_w——腹杆断面积（cm²）；

　　　　σ_a——节点板容许应力（kgf/cm²）。

当已知杆端弯矩 M 时：

$$t = \frac{P_i \cdot 10^3}{2b_e \sigma_a} + \frac{1}{b_e \sigma_a} \cdot \frac{m \cdot n \cdot M \cdot b \cdot 10^5}{8 \sum r_i^2} \quad \text{（cm）} \qquad (1\text{-}3\text{-}9)$$

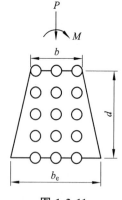

图 1-3-11

式中 $m \times n$ 是栓群数，详见附录 D。r_i 是栓群中心至螺栓的距离。

这两个公式本质上是一样的，都是计算有效宽度 b_e 上的应力，使之满足要求，以决定节点板厚度。

弦杆所需的节点板厚度，首先是不能小于它所连接的弦杆的腹板，同时考虑节点板圆弧端应力集中，容许应力已提高 25%，即：

$$t = \frac{t_w}{1.25}\left[1 + 0.27\left(\frac{h}{r_f}\right)^{2/3}\right] = t_w\left(0.8 + 0.2\left(\frac{h}{r_f}\right)^{2/3}\right) \qquad (1\text{-}3\text{-}10)$$

式中 h——弦杆高；

　　　　t_w——弦杆腹板厚度；

　　　　r_f——节点板圆弧半径。

沿弦杆边沿剪切所需之节点板厚度，考虑节点板上边沿最大剪切应力（平均剪应力的 1.5 倍），节点板厚度 t 为：

$$t = \frac{3 \times 10^3}{4} \cdot \frac{\sum P_i \cos \theta}{B \tau_a} \qquad (1\text{-}3\text{-}11)$$

式中 t——节点板厚度（cm）；

　　　　P_i——斜杆内力（t）；

　　　　θ——斜杆与弦杆轴线交角；

　　　　B——节点板宽度（cm）；

　　　　τ_a——容许剪应力（kg/cm²）。

对比斜杆与弦杆所要求的节点板厚度，往往是弦杆所需较厚，斜杆所需较薄。当按弦杆决定厚度时，会有一定浪费。为此，可在节点板上，弦杆翼缘板以外 200 mm 左右处进行不等厚对接，使节点板分别满足弦杆和腹杆需要。

日本港大桥是一座大型钢桁梁桥，它的下弦第 34 号节点的节点板就在距翼缘板 250 mm

处进行了不等厚对接，使节点板厚度由 64 mm 减少到 26 mm（见第四章第五节）。

箱形斜杆与节点板对拼的节点板厚度计算见第六节。

二、节点板的自由边

图 1-3-12 中所示的节点板的自由边 b_g 限制值，可参见文献[3]第 12.8.2 条规定：

$$\frac{b_g}{t} \leqslant 50\sqrt{\frac{355}{\sigma_y}}$$，式中 σ_y 为屈服应力（N/mm²）。

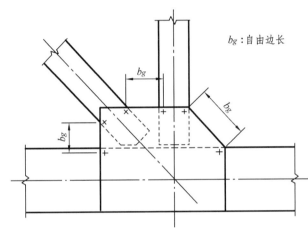

b_g：自由边长

图 1-3-12   节点板自由边示意

三、箱形杆件的横隔板

横隔板是杆件和节点中的重要板件，它的作用有两个：

（1）保证杆件形状和板间距离，它的尺寸精度很高，宽度容许误差 ±0.5 mm。隔板宽度加工需要"配差"，即在加工隔板宽度之前，先要测量两侧竖板的实际厚度，根据竖板的板厚误差来决定隔板的加工宽度。

（2）在有横梁连接的节点内，将横梁端部的竖向剪力向外侧节点板传递，使内外侧节点板的竖向力达到均衡。在整体桥面中，如果节点之间的小横梁与弦杆相连的话，小横梁端部也需设横隔板，使之向外侧传递小横梁端部的竖向剪力。

杆件两端和变断面处，都必须设置横隔板。对于内侧密封防锈的杆件，端隔板需在外侧四边焊接。端隔板用非金属材料腻缝不是很可靠，因为任何腻缝材料都有老化问题。老化开裂之后又不易察觉，杆件也就不密封了。空气的温度变化会造成杆件内外空气的压力差，造成杆件内外空气交换，杆件内部就会锈蚀。密封杆件的内部锈蚀是没有办法维修的。

大型杆件两端密封，应考虑杆件内部气体随温度变化所产生的鼓胀影响。

杆件中部的隔板由于制造组装顺序的关系，只能三边焊接。但是与弦杆腹板（竖向）是必须焊接的，上下翼板只焊一条即可。

四、横梁与节点连接

横梁与节点连接实际上是横梁接头与节点连接，横梁则是直接与它的接头连接（图1-3-13～1-3-15）。横梁接头的腹板及翼缘板与节点连接，是整体节点中的一个很重要的问题。

腹板与节点板连接，横梁接头板的腹板需开坡口，然后与节点板焊接。一般情况下要求熔透，特别困难时，只要应力不高也可不熔透。横梁上翼缘与节点板的连接要承受梁端负弯矩引起的拉应力，翼缘连接的重点是上翼缘。上翼缘连接可分为3种情况：

（1）当主桁没有竖杆时，接头板的上翼缘应直接从节点内隔板的上边延伸过去，与隔板焊接（图1-3-13）。孙口黄河桥是这样设计的，证明很可靠。

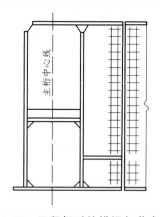

图 1-3-13　无竖杆时的横梁与节点连接

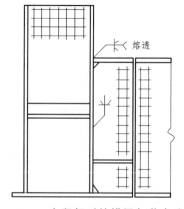

图 1-3-14　有竖杆时的横梁与节点连接

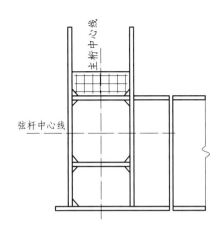

图 1-3-15　整体桥面的横梁与节点连接

（2）如果主桁有竖杆，接头板的上翼缘伸不过去，也不便于另设鱼形板，一般是使上翼缘用熔透角焊缝焊与节点板焊接（图 1-3-14）。由于竖杆需要与节点板拼接，上翼缘的焊缝位置应避开竖杆的拼接螺栓群。

（3）当桥面为整体正交异性板时（图 1-3-15），由于桥面板需与弦杆的上翼缘同高，从而引起一些新的问题。首先是因为横梁需要有一定的高度，它的下翼缘就不可能与弦杆的下翼缘齐平，而是要将节点板向下延伸。为此，主桁节点板需局部加高，并增设内隔板，使之与接头板的下翼缘连接。另一方面，由于在弦杆顶面以上的节点板没有任何构件提供横向约束，需要增设构件来提供这种约束。做法是对着竖杆腹板位置设一块隔板（图 1-3-15），使其与伸进来的竖杆的腹板连接。

五、平联与节点的连接

平联与节点的连接主要是平联节点板设计位置及细部处理问题，见图 1-3-16。平联节点板有上下两块。当跨度较小，弦杆不太高时，可使上下平联节点板与弦杆翼缘对齐（图 1-3-16（a））。平联上节点板与弦杆上翼缘板是一个整体，是上翼缘板在此向内突出，局部加宽形成，见图 1-3-16（c）。不要在弦杆翼缘板边焊接这块板，因为这样做会对主桁弦杆造成伤害。

大多数钢桁梁的弦杆都比平联杆件高很多。在这种情况下，可有两种做法。

第一种做法是将平联内侧节点板焊在上下翼缘之间的节点板上（图 1-3-16（b））。此时，平联内侧节点板两端是疲劳抗力的薄弱环节，必须认真处理。具体是，先将节点板两端加宽约 10 mm，以便进行角焊缝施工（端部围焊）。焊好后，磨除加宽部分，打磨匀顺，并锤击（图 1-3-16（d））。

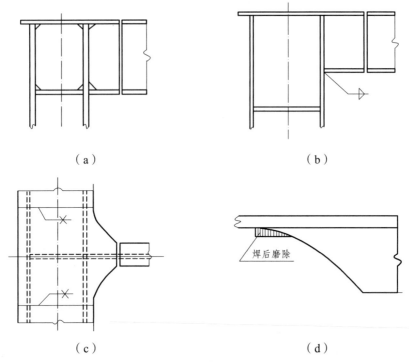

（a）   （b）

（c）   （d）

图 1-3-16　平联与节点连接示意

　　1993 年 11 月曾经针对孙口黄河大桥做过节点模型试验（中铁大桥局桥梁科学研究院，孙口黄河大桥钢梁整体节点模型疲劳试验报告，1993，11），对两个带平联节点板的试件进行疲劳试验，用设计疲劳应力幅进行加载。试验结果是这样：第一个试件加载 135.6 万次时在平联节点板端部开裂。然后，在裂纹两端钻 $\phi 8$ mm 孔，继续加载到 200 万次裂纹没有扩展，也没出现新的裂纹。第二个试件一直加载到 200 万次没有出现任何裂纹。

　　第一个试件为什么会在 135.6 万次开裂呢？因为节点板端"焊趾处没有打磨匀顺"。试验之前已经发现，但未进行补充磨修。第二个试件的打磨是符合要求的。

　　内侧平联节点板端部经过围焊的焊缝，是打磨匀顺还是不磨掉呢，这是个二选一问题。打磨匀顺看上去似有不妥，实际上是没有问题的。端部围焊仅仅是为了不在端部起（熄）弧，不是为了增加焊缝面积。如果不磨除，局部突起会造成明显应力集中，成为疲劳强度的薄弱环节。角焊缝剪应力的控制应当依靠焊缝本身的正边高度和长度，端部那一点焊缝对焊缝强度起不到什么作用。此外，规范对此也有明确规定[4]，不容许局部突起。所以，对打磨匀顺的要求不要有顾虑。

　　内侧平联节点板的角焊缝是采用坡口熔透，还是坡口不熔透，或是普通角焊缝，实际做法不一。问题的基本点，倒不是焊缝上承受的剪力有多大。通常情况下，这个焊缝上只有顺桥向剪应力，没有拉应力（横撑杆与斜撑杆内力垂直于弦杆方向的投影之和为零）。剪应力大小只取决于相邻斜撑的内力差，是不会很大的。之所以做法不一，主要是考虑到焊缝两端的处理。如果是普通角焊缝加端部围焊，端部铲磨后就没有焊肉了。于是就想到坡口熔透，或者坡口不熔透，以便铲磨后还可以保留一点焊肉（即熔深）。其实端部保留焊缝没有必要，应当尽量采用普通角焊缝，以减少对主桁节点板的焊接损伤。

第二种做法是，将图 1-3-16（b）中的平联杆件端部加高到与弦杆同高，使平联杆件成为不等高杆件，端部就像图 1-3-16（a）那样。这样做虽然好，但如果弦杆太高，勉强将平联杆件端部加得很高也不合适。

在小桥中，平联斜撑也可单肢连接。

六、节点内的隔板

在节点中心（弦杆与斜杆系统线交点）的弦杆范围内，任何情况下都要设置隔板。此隔板对于确保节点的整体性和弦杆几何尺寸，有不可替代的作用。同时，横梁的端反力也要通过它向外侧传递。

在节点中心的两块节点板之间，没有竖杆的时候，也要设置隔板。此隔板除同样具有保证节点整体性和传递横梁端反力作用外，对确保节点板间距的作用也是不可替代的。当既有竖杆插入，又有斜杆插入时，最好减少竖杆插入量，留出位置设置短隔板。采用整体桥面时尤其应当这样。

如前所述，弦杆拼接的螺栓网格外 200 mm 左右处需设端隔板。除此之外，其他部位包括平联节点板两端，都不需再设隔板（节间内有小横梁除外）。若制造厂需要在节间内增设少量隔板当然也可以，但那不是构造所必需的。

七、节点内箱形弦杆的角焊缝应力

箱形弦杆的角焊缝应力在节点范围内和节点范围外是不同的。假设箱形弦杆在断缝处四面等强拼接，翼板和腹板中没有轴向应力差，因此角焊缝中也就没有由此产生的剪应力。在两个节点之间的大部分范围里，弦杆板件和焊缝都只有轴向应力。但在节点范围内情况不是这样。

在节点内，斜杆的水平分力 P_s 首先作用于两块节点板。然后，P_s 便在弦杆的四块板中进行分配，分配原则应为弦杆各板件的截面面积比。设弦杆的一块翼板和腹板截面积分别为 A_y 和 A_f，两翼缘板及两腹板的断面积分别相等，则上翼板所分配的力 P_y 为：

$$P_y = \frac{A_y}{2(A_y + A_f)} P_s \qquad (1\text{-}3\text{-}12)$$

P_y 是需经由焊缝向上翼缘传递的不平衡力，即焊缝剪应力，此剪应力由翼板两侧的两条焊缝共同承担。根据文献[4]、[10]，角焊缝的有效长度为全长。假如不取全长，只取节点板范围内（含圆弧）的焊缝长度 l 为有效计算长度（参看图1-4-8），则焊缝剪应力 τ 为：

$$\tau = \frac{P_y}{2lh} \qquad\qquad (1\text{-}3\text{-}13)$$

式中　　h——焊缝有效高度。

第五节　弦杆拼接设计

一、弦杆拼接一般原则

弦杆拼接应遵循以下原则：① 拼接强度（拼接板和螺栓）至少比杆件强度大10%；② 拼接段的刚度不应小于杆件刚度；③ 弦杆四面尽量采用等强拼接。以便减少角焊缝的应力负担。实践中做不到四面等强也没有关系，因为角焊缝应力并不高。弦杆的角焊缝承受斜腹杆水平分力所导致的剪应力是不可避免的，据实计算即可。

二、杆件和拼接板的扣孔

受拉杆件和疲劳控制杆件都按净面积计算强度，需要扣孔。压杆按毛截面计算，不需扣孔。杆件扣孔位置为进入拼接段的第一排孔；拼接板也需扣孔，扣孔位置为拼接缝旁边的第一排孔，两处最好都跳孔。跳孔虽然使拼接板略有加长，但争取了更多的净截面积。拼接板端部前后的应力集中和杆件角焊缝的应力集中都可以因此得到缓解。

应当注意，第一排跳孔的个数需与第二排跳孔统一考虑。在第二排处，杆力的减少仅为第一排螺栓传到拼接板的力量。若欲在第二排处打满螺栓，则必须检算第二排处的净截面强度。若强度超限，便需减少第一排的跳孔数，或者第二排继续跳孔。

扣孔数应反映在截面表中，并使施工图螺栓布置与计算保持一致。

三、关于拉杆的扣孔补偿

被扣孔的杆件，截面面积被减小了大约15%。于是出现一个问题：节间内的杆件都是毛面积，强度计算时却只发挥了两端净面积的作用，还有15%左右的面积没有发挥作用。于是，就想设法把这一部分面积补回来。补的办法可以将杆件在拼接范围内的板加厚，在拼接范围外加一个不等厚对接焊，用加厚的那部分面积补偿扣孔面积（图1-3-17）。这个做法在日本公路钢桥中有使用实例。

但是，实际采用这种补偿措施时需要考虑以下问题：

（1）对接焊缝工作量会大量增加。在整体节点中，每根弦杆件的一端增加4条对接焊缝，对于全桥就是很大的工作量，从而增加制造成本。这是一个成本权衡的问题。

（2）对接焊的位置要离开头排螺栓300 mm以上。因为头排螺栓外的应力集中很严重，其峰值距头排栓100 mm～200 mm，焊缝应避开这个位置。

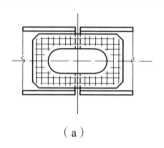
图1-3-17　拉杆扣孔补偿示意图

（3）需要将杆件的端隔板安排在加厚范围内。因为隔板处是要进行疲劳折减的，加厚板长度超过隔板位置，可以补偿此处的疲劳折减。

（4）杆件在节间内不宜再设置隔板。因为中部的板件已经相对较薄，隔板处的疲劳折减将控制杆件疲劳强度。如果在中部设隔板，造成隔板处疲劳强度控制来增加板厚，端部的加厚措施就失去意义了。

（5）当采用整体桥面，且将节间小横梁与弦杆连接时，弦杆内部就必须设置隔板。在这种情况下，扣孔补偿措施就不需采用了，因为中间隔板的疲劳强度已经控制了杆件截面。

总之，在决定是否采用补偿措施之前，需要综合考虑上述各点。

四、拼接段人孔处理

当拼接段螺栓施工需要进入杆件内部操作时，应在杆件下翼缘开人孔。开在下面的好处是可以避免雨水进入杆件内部。

人孔的位置一般都是在拼接缝处（图1-3-18），而不开在拼接段以外。在拼接缝处开孔的最大好处是，可顺便利用拼接板补强。也就是说，在进行人孔板的拼接计算和螺栓布置时，就当做没有人孔一样来计算。这样布置出来的拼接板和螺栓数，也就等于是对人孔进行了补强。而且，拼接板并没有因为人孔的存在多用材料。同时，需要操作的螺栓就在人孔周围，十分方便。如果在拼接段以外开孔的话，就必须专门补强，额外多用补强钢板。操作也不甚方便。

（a）

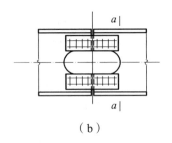

（b）

图 1-3-18　人孔处的拼接布置

人孔板拼接还有两个细节问题：

首先是拼接板的长度应当超过人孔，并且使人孔范围之外的螺栓数能够传递完人孔减弱的强度，如图 1-3-18（a）那样。例如，下翼缘板人孔减弱面积为 ΔF，减弱强度为 $\Delta F \times [\sigma]$，人孔端部以外的螺栓数应当将 $\Delta F \times [\sigma]$ 全部传到拼接板上去。如果拼接板短于人孔（或者虽然长于人孔但螺栓数不够），如图 1-3-18（b）那样，图中的 a—a 断面有效断面减弱就没有得到补偿，成为薄弱环节。

其次，为了做到杆件四面等强拼接，人孔侧的拼接板截面积也要尽量与被拼接板等强，螺栓数尽量与上翼缘基本相等。此时，因人孔减弱了面积，拼接板会很厚。当板厚超过了常用范围时，可内外各用两块板来解决。

五、杆件和拼接板的受压折减

规范已有明确规定，在节点外拼接时，拼接板与杆件一样打折扣；在节点内拼接时，拼接板面积乘 0.9。同时，拼接板的承载能力要比杆件的承载能力大10%。

关于这个规定，可作一点说明。压杆的承载力打折完全是因为杆件的长细比问题。而拼接板是依附在杆件上的，它本身并无总体稳定问题。拼接板之所以也要同杆件一样打折，那是因为拼接板的截面积不能小于杆件打折前的截面积，而且拼接板的抗弯刚度也不能小于杆件的抗弯刚度。因此只有对拼接板进行与杆件相同的处理，才能满足这样的要求。至于在节点内拼接板也要乘 0.9，是考虑到杆、板的制造误差、初曲和初偏心。所以，任何粗短的杆件（例如长细比小于 20）也要打折，拼接板也是这样。

六、弦杆栓群与杆件重心

弦杆拼接栓群中心最好与杆件重心重合，但在整体节点的实际结构中常常做不到。只能使栓群中心重合于系统线，让杆件重心偏离系统线（图 1-3-19）。好在这个偏心并不大，少量偏移只会产生很小的附加弯矩，只要在计算中考虑到这些附加影响，容许应力满足需要就可以了。

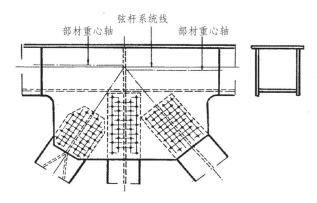

图 1-3-19 弦杆系统线与杆件偏心示意[16]

栓群中心难以与杆件重心重合的理由是这样：整体焊接结构的弦杆大多上下翼缘板不同宽，不对称于水平轴，重心偏离形心。随着弦杆板厚的变化，各弦杆的偏心数值也在不断变化，导致拼接缝两边的杆件重心不重合。在这种情况下，想要使栓群重心与杆件重心重合就办不到了。容许偏心存在是唯一选择。

表 1-3-3 列出了几座大桥弦杆的实际偏差量[7]。表中增列了孙口黄河桥偏差量，以便比较。

表 1-3-3 几座大桥的弦杆实际偏差

	桥 名 项 目	天草一号桥	境水道大桥	黑之赖户大桥	大岛大桥	孙口黄河桥
上弦杆	弦杆高 h/mm	540	550	570	650	720
	偏差量 δ/mm	40	20	25	15	8
	δ/h	1/13.5	1/27.5	1/22.8	1/43.3	1/90
下弦杆	弦杆高 h/mm	750	750	750	850	720
	偏差量 δ/mm	35	25	15	15	8
	δ/h	1/21.4	1/30.0	1/50.0	1/56.6	1/90

七、拼接板与杆件的板厚

根据钢板的国家标准，钢板强度是按厚度分级的，不同的厚度对应着不同的强度。较厚的板强度低，较薄的板强度高。因此，容许应力的使用需与板厚相联系，组成杆件的板件和拼接板都要这样处理。如果拼接板的厚度比杆件的板厚大，且不在一个强度等级内，拼接板的强度就要按它自身的强度降低计算。即便在数块拼接板中只有一两块（人孔侧）强度较低，由于是同一断面，应变相等，全部断面应力也要按强度较低者控制。设计者首先应当避免这种情况出现。

八、双层拼接板

当拼接板比较厚，又想节省拼节材料时，可以采用双层拼接板，如图 1-3-20 中的板 1 和板 2。大多数情况下，板 2 会比板 1 短，因为采用双层时，外侧板没必要与内侧板一样长，但是板 2 的中断位置（截面 $a—a$）应计算决定。板 1 的螺栓总承载力应与板 1 等强，板 2 的螺栓总承载力也应与板 2 等强。另外，板 2 端部的前面还会在板 1 上产生应力集中，所以板 2 的中断位置最好从计算平衡点再往前多覆盖 1 排螺栓。

必要时也可采用多层拼接板。

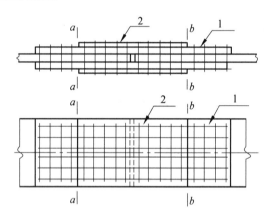

图 1-3-20　双层拼接板示意

九、纵向加劲肋拼接

纵向加劲肋是杆件有效面积的一部分，必须拼接，但有直接拼接与间接拼接之分。将纵肋直接用拼接板拼接起来是直接拼接，直接拼接的困难较多。要求纵肋位置准确，相互错开太多则可能拼不上；拼接缝两侧的纵肋是中心对齐，当厚度不同时需两边加填板，且单块填板厚度不应小于 4 mm，即纵肋厚度需相差 8 mm；纵肋上的螺栓布置和施工空间，有时会干扰主板上的螺栓布置。简单的做法就是纵肋不直接拼接，将纵肋所需拼接面积加到主板拼接板中去实现间接拼接。

实践中间接拼接使用最多。

十、螺栓总数与排数

无论是净截面控制的拉杆（含疲劳杆），还是按毛截面控制的压杆，拼接所用螺栓的总承载力都不应低于拼接板强度。即，螺栓总数应按拼接板强度决定。因为拼接板强度已经比杆件增加了 10%，只有按拼接板强度决定螺栓数才能充分发挥拼接板的作用。有时，也有按杆件强度增加 10% 确定螺栓数的做法，本质上与上述做法是一样的。这是因为配置拼接板时，板厚规格受到（2 mm ~ 4 mm 一级）的限制，使实际使用的拼接板厚度超出 10% 很多的缘故。小杆件常有这种情况。

对于箱形弦杆，拼接螺栓总数分配于四个拼接面，四面等强拼接。有时受构造限制，采用不完全等强拼接也可以。使高度方向的拼接强度适当超强，让水平板的部分强度经由角焊缝转移到竖向拼接板传递。

螺栓排数特别是多排栓问题，是关注已久的问题，在第八章有详细讨论，此处略。

十一、螺栓规格（直径）选择

现有螺栓规格有 M22、M24、M27 和 M30 四种。根据规范，单栓双摩擦面承载力 N 分别为 106 kN、127 kN、154 kN、190 kN。

螺栓直径大小关系到杆件净截面积和螺栓排数。小杆件用大直径螺栓会过多减少杆件截面积，不应采用；大杆件用小直径螺栓会使排数很多，也不合适。合理选择直径大小，使大杆件排数不要太多，同时使小杆件不要过多减孔。这是选用螺栓规格的主要依据。主板厚度与螺栓直径也密切相关，薄板与大直径，厚板与小直径都不是好的搭配。在同一座桥的主桁中，螺栓规格统一为好。

第六节　斜腹杆与节点板的拼接

在钢桁梁中，斜腹杆截面有两种。一种是箱形，一种是 H 形，它们的拼接方式有区别。在国内，箱形腹杆与节点板的拼接分为插入式与对拼式两种；H 形腹杆大都是插入式，对拼式在大型整体桥面中也有使用，但不多。这两种斜腹杆与节点拼接时，是对拼还是插入，应视具体情况灵活掌握。

一、箱形腹杆与节点板对拼连接和插入连接

1. 箱形截面杆件的对拼连接

对拼就是在节点板内设两块与斜杆腹板位置对应的隔板，在节点板边四面拼接。在铁路桥中，板件厚度和轮廓尺寸都很大的箱形杆件选用对拼式较多。大胜关长江大桥是典型实例。大型箱形杆件端部改为 H 形（插入）难度较大。因为翼板太厚，难以向内弯曲而且不易焊接，选用对拼可以避开这些困难。还因为铁路桥疲劳问题突出，改为 H 形会造成杆端传力不匀顺。对于疲劳控制的杆件而言，会对疲劳强度有一定影响。选用对拼可以使杆端传力比较均匀，降低杆端应力集中程度；当斜杆内宽与节点板内距尺寸误差较大（3 mm 以内）时，便于在杆端或板边磨斜坡处理。

为了四面等强拼接在节点板内设置的，与斜杆的腹板相对应的隔板两侧的焊缝，应能传递全部腹板强度，所以此焊缝的长度和焊高需按照与腹板等强的原则计算确定。由于此处隔板的长度常常受到限制，焊缝长度随着受限，所以它的角焊缝常常需要熔透才能满足需要。四面螺栓分配按四块板的强度分别配置，等强配置可以减少杆件端部角焊缝的剪应力。

对拼的缺点也很明显。拼接板是不能单独吊装上桥的。箱形杆的拼接板数量多（8 块），受节点内隔板妨碍，安装时不能按设计位置随着斜杆吊装上桥。需将拼接板缩进到杆件内吊装，到位后再将拼接板恢复到设计位置拼接。此时，就需将端隔板后退到能够容纳拼接板的位置。

特大桥拼接板很重，人力所不能及，困难会更大。

较好的解决办法是改变安装顺序，条件是架梁吊机需有双扒杆。基本思想就是不要使斜杆两头的轴向移动同时受到限制，使斜杆吊装时可以从一端向另一端插入节点内。例如伸臂安装无竖杆三角形桁，在装好一根下弦和一根斜杆形成闭合三角形后（图 1-3-21），按下列顺序继续安装：① 装下弦杆；② 装后端斜杆；③ 用一根扒杆吊住下弦杆前端，用另一扒杆安装前端斜杆；④ 安装上弦杆。重复以上步骤完成安装。这样装的主要好处是，斜杆都是单向插入，而不是平移或旋转到位，当然也就不存在隔板妨碍拼接板到位的事了。

对拼时，节点板撕裂强度的计算线路较短，会要求较大的节点板厚度。当箱形腹杆与节点板对拼时，节点板之间会增设两块隔板。这两块隔板与腹杆的腹板位置对应，便于两者进行拼接。这样，腹杆端部就形成了四面拼接。这样做对腹杆来说，向节点板传力很匀顺。但对于节点板来说并不有利。因为在这种情况下，所增加的两块隔板实际上是传力板件——它与腹杆进行了拼接，它的拼接力必须向节点板传递，于是在它的端部必定产生新的应力集中。如果隔板尾端位置与节点板上最后一排螺栓位置没有错开，这两个应力集中就会叠加，由此造成节点板的更大设计厚度。

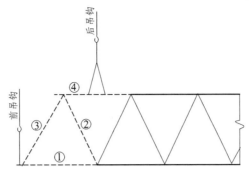

图 1-3-21　箱形斜杆对拼安装步骤

这种对拼情况下的节点板厚度 t 计算是一个经验公式[4]，一块节点板（不是两块）厚度为：

$$t = \gamma_a \gamma_b \gamma_i \frac{p}{F_G}\left(4.5\frac{A_G}{b_e} + \frac{A_D}{b_d}\right) \tag{1-3-14}$$

式中　p——腹杆最大轴向力；

F_G——节点板的承载力，它等于 $\dfrac{A\sigma_{tu}}{\gamma_m}$ 或 $\dfrac{A\sigma_{cuo}}{\gamma_m}$，$A$ 是腹杆截面积，$A = A_G + A_D$；

σ_{tu}——标准强度；

A_G——腹杆翼缘板面积；

A_D——腹杆的腹板面积；

b_e——节点板有效宽度；

b_d——节点板内的隔板宽度。

γ_a、γ_b、γ_i、γ_m 是各种系数，按文献[4]使用，数字值都为 1.0 ～ 1.2。

公式右边括弧内第一项有个很大的系数 4.5，它对节点板厚有显著影响，是考虑两个应力集中影响的结果。由式（1-3-14）计算的节点板厚度比插入式计算的厚度大。

总之，以上的箱形杆件对拼方法，在设备要求、工作效率和安全方面还不能尽如人意，所以只在大型钢桁梁杆件安装中采用。研究箱形斜杆也同 H 形斜杆一样的插入安装方法，仍属必要。

2. 箱形截面杆件的插入连接

箱形杆件插入节点内拼接，从工程实例来看，杆端形状改为 H 形的比较多。杆端形状不改的也有，但不很多。

图 1-3-22 的（a）、（b）、（c）、（d）四种都是将杆端改为 H 形。前三种是将箱形杆件的腹板向内弯曲，逐渐变成 H 形。后一种（d）也是变为 H 形，但腹板没有内收，而是将腹板在拼接范围外切断，另在中间加了一块 2 倍于腹板厚度的板（2t）来代替被切断的板。所加的这块板要伸过（中断了的）腹板端部一定距离（图中的 l），使之重叠，以利应力传递。这四

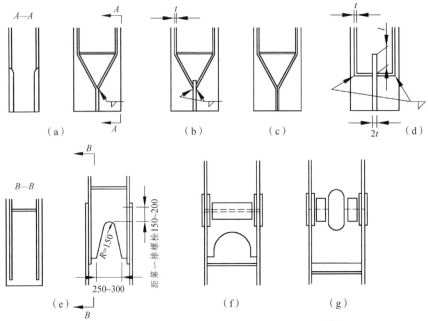

图 1-3-22 箱形斜腹杆与节点板拼接的形式[7]

种改变都使翼缘板的局部稳定由两边支承变成了一边支承（见图 1-3-23 阴影部分），所以要局部加厚，使其满足伸出肢的局部稳定需要。

图 1-3-22（e）是不改变杆端形状，只将上下翼板切口，直接插入拼接。图（f）和（g）都是对拼，但手孔位置不同。图（f）的手孔在端部，是常用做法；图（g）的手孔在拼缝处。图（g）这样的拼接计算，同样要当做没有手孔一样来计算（图中的拼接板没有超过手工，太短）。

前面已经讲到，对于铁路桥，对拼形式（f）是比较好的细节。

对于较小的杆件，细节（e）和其他形式都可供选择。

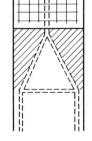

图 1-3-23　杆端竖板局部加厚

图 1-3-24 是日本利根川桥和因岛大桥的箱形斜杆连接细节[7]，很详细。图中示出了这种细节的各部尺寸关系。利根川桥这根斜杆并不大，但因杆端改为 H 形插入拼接，螺栓排数增加到了 16 排。可以说，这是该细节的一个弊端。因岛大桥规定杆端腹板向内弯曲的正边尺寸与腹板高相等，即限制弯曲角度 26.5°，可供参考。

二、H 形腹杆的插入拼接

H 形腹杆插入拼接是最常用的方式。

图 1-3-25 中示出了 H 形杆件与节点板的 3 种连接方式。

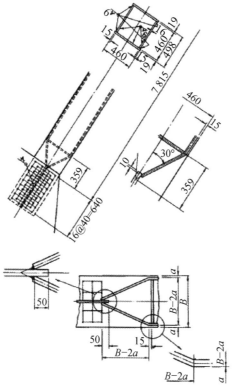

图 1-3-24　腹杆端部设计细节

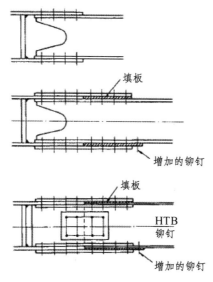

图 1-3-25　H 形腹杆连接示意[7]

第一种连接方式是最简单的插入拼接，螺栓单摩擦面传力，斜杆端腹板切圆弧。

第二种连接方式中增加了补强板，将螺栓变为双摩擦面传力。之所以增设补强板，是因为在钢桁梁桥中总会有一些腹杆的内力比一般腹杆大很多，而节点板的高宽尺寸只会根据大多数腹杆内力需要拟定，不照顾那些大腹杆。于是，节点板内所能布置的，单面摩擦传力的螺栓数常常不能满足大腹杆的需要。在节点板外增设补强板，将螺栓的单面摩擦改为双面摩擦就是最好的解决办法。补强板下设填板是必不可少的。图中上下两块填板不一样，这是为了说明填板设置的两种方式。下面一块在补强板外多出一排螺栓，是为了事先将填板连在杆件上。安装时填板可以带在杆件上插入连接。上面的填板则必须事先连同补强板与杆件连接。安装时使节点板插入翼缘板与补强板之间连接。

通过补强板使螺栓变为双摩擦面的范围，可以是全部螺栓群，也可以是部分螺栓，根据实际需要使用即可。

第三种连接方式是 H 形杆件与节点板对拼连接，且三面拼接。下侧所用填板也示出了多一排的做法，意思同第二种连接方式一样。

还有几个相关问题在这里讨论一下。

1. 节点板内距与斜杆高度间的间隙

对于整体节点，节点板的内距比斜杆高度多 2 mm，即预留 2 mm 缝隙问题（图 1-3-26）。这个间隙该留还是不该留，意见不一致。不主张留间隙的意见，是担心间隙会导致部分螺栓夹不紧，从而使这部分螺栓的强度不能充分发挥。实际上，2 mm 间隙分配到两边，一边仅 1 mm 名义间隙。两个油漆面的厚度约为 0.5 mm，减去油漆面的厚度，仅剩 0.5 mm。而 0.5 mm 间隙对边沿少量螺栓的传力的影响并不大，对整个栓群的影响更微乎其微了。

预留这 2 mm 间隙的做法是来自于日本港大桥和本四桥的规范。这两座桥分别建于 20 世纪 70 和 80 年代，都已使用 30 年左右。孙口黄河桥也是这样做的，1995 年通车至今，没有发现任何问题。主要原因是要保证斜杆能够插入节点板内，并到达设计位置。

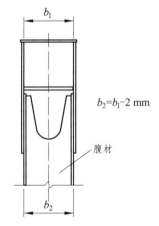

图 1-3-26　腹杆与节点板的间隙[7]

如果不留间隙，就会出现下面的情况。因为杆件高与节点板内宽相同，当腹板宽度为正公差，或者节点板内宽为负公差时，斜杆就插不进去了，这种情况时有发生。即便名义尺寸没有公差，插入拼接也不行。因为节点板和杆件共有 4 个摩擦面油漆，杆件插进去时就会将油漆铲掉，铲掉的油漆也没有修补可能。当然也有能够插进去的情况，那是因为误差合适。至于油漆是否损坏，就不得而知了。直接控制公差的做法（腹杆宽为负差，节点板内宽为正差）工厂不好掌握，不主张采用。

孙口黄河桥设计期间曾经做过节点板间隙计算分析。分析表明，靠近隔板边排的 M24 高强度螺栓，间隙 1 mm 时单栓最大轴力损失为 1 t。因此在设计接头时，螺栓数量留适当的余量就可以了。当时的疲劳试验也证明，1 mm 间隙对疲劳强度的影响还不算严重，是可以接受的。

其实在钢桁梁中并不仅仅是斜杆连接有公差，而是几乎所有拼接缝都会有公差。弦杆拼接就是这样，因为钢板厚度和板件宽度加工都有误差，这是无法避免的。

预留间隙之后，还是应该对公差作合理限制。孙口黄河桥的规定为：斜杆宽度公差 ± 1 mm，节点板内宽公差 + 1.5 mm、− 0.5 mm。可供实用参考。

综上所述，制造厂家确保制造尺寸精度是非常重要的。实践证明，制造厂保证上述尺寸精度要求是完全可以做到的。孙口黄河桥钢梁是国内首次采用整体节点，宝鸡桥梁厂非常重视，制梁精度完全满足要求，安装十分顺利。说明技术上并不存在问题，加强管理就可以。

2. 腹杆端部的腹板缺口

进入拼接区段后，腹板轴向应力通过高强度螺栓向节点板转移。杆件端部腹板应力逐步减少到零，因此可以切去。这样做对拼接强度没有影响，还可增加杆端柔性。但是缺口顶部位置要经过检算，见图 1-3-27。截面 *a—a* 在缺口顶端，它应位于拼接范围之内。应使截面左边的螺栓传力强度大于或等于截面右边的缺口减弱的强度。

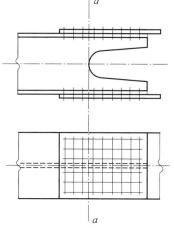

图 1-3-27　腹杆端部的腹板缺口

3. 腹杆的连接螺栓数

根据规范，腹杆连接应遵循以下原则。对于一般杆件，不论是按净截面计算还是按毛截面计算，螺栓数量都应按杆件承载力计算，并增加 10%；对于内力不控制的最小杆件，可按 1.1 倍的杆件内力与 75%的杆件净截面强度的较大值计算。

三、斜杆的角焊缝应力

不管是箱形斜杆还是 H 形斜杆，只要是腹板不拼接，腹板的轴向应力就需经过角焊缝向翼板传递。对焊缝来说，此项应力就是顺杆轴方向的剪应力。在杆端的一定范围内，此剪应力会相当大。那么，这个"一定范围"有多长呢，这就是所谓"焊缝最大计算长度"的典型问题。详细的讨论见第七章第八节。

第七节　施工图规划与节点图参数化

施工图规划不是一个技术问题，而是工作方法问题。

在完成节点板厚度计算、杆件截面选择和杆件拼接（连接）计算之后，接下来就是进行施工图绘制。但是，这项工作不宜匆忙开展，应事先进行规划。规划的作用不仅可以使结构整体协调，而且可以避免反复修改，加快设计进度。具体做法可以灵活多样，但所包含的内容大体上是相同的。

一、主桁规划图

完成主桁杆件断面选择，在主桁示意图上示出所有杆件的有效截面。在这张示意图上可以看到所有弦杆接头类型和腹杆连接类型。完成全部弦杆、腹杆各类型的拼接计算，作出拼接布置图。用不同的类型号来表示拼接类型细节。然后，在示意图上标注弦杆拼接位置、弦杆拼接类型号、斜杆连接类型号，形成一张很有用的"工作图"。

从这张图上可以清楚看到：哪些节点的结构是完全相同的，可用一个节点图表示；哪些节点是基本相同，只有个别差异，也可以设法归并到一张图上；哪些杆件是对拼关系；相邻杆件端部螺栓排列是否有误。

在这张"工作图"的基础上，分别绘出上下弦节点的"规划图"。内容相同的节点都要在"规划图"上反映出来，包括系统线、螺栓网格线、腹杆倾斜度、隔板等。对"规划图"进行细化，就可以很方便地得到节点施工图。

二、节点图参数化

钢桥设计者都知道，钢桁梁节点图（尤其是平弦钢桁梁节点图），除支承节点等特殊节点外，其他大部分结构轮廓都是一样的，差别只在杆件型号、起拱伸缩、拼接板件尺寸、螺栓布置等方面。如果能够将这些节点取出来制成标准节点，将上述变化的内容设为参数，用参数表表示，那就大大地节省了工作量，加快了工作进度。

桥面系和联结系规划都比较简单，不需详谈。但是也有一个通用化问题，也需争取避免一桥一绘制。

第四章
工程实例

以下所提供的是国内外工程实例。实际工程结构图，是钢结构设计细节研究的重要参考资料。这些结构细节都是经过实践检验的成功经验，观察这些结构图是非常有益的。

第一节　武汉长江大桥铆接钢梁及以后的技术进步

武汉长江大桥钢梁在我国钢桥发展历程中是真正具有里程碑意义的。半个多世纪以来的钢桥建设，都是在学习、借鉴这座钢桥的基础上进行的。可以毫不夸张地说，它是我国钢桁梁桥建设的教科书。此外，它还是当年铆接结构的代表。为了学习这座桥，也为了了解铆接结构的特点，这里选用了这座桥的一个节点。

南京长江大桥、枝城长江大桥与这座大桥的钢梁为同一类型，都是菱形桁，都是铆接结构，细节构造也完全是武汉大桥的思路。只是南京桥和枝城桥的跨度较大，通航孔支点采用了下加劲，所以除与加劲有关的节点外，其他的节点构造都基本相同。因此，武汉桥的一般节点可以作为这几座桥的代表。

武汉桥跨度布置为三联 3×128 m，公铁两用，双线铁路桥[12]。钢材材质为前苏联的 CT.3 桥梁碳素钢。主要特点是：① 杆件用钢板和角钢铆合而成；② 主桁杆件截面都是 H 形；③ 弦杆拼接缝在节点中间；④ 拼接接头的拼接板错开拼接，外侧 3 块（含节点板），内侧 1 块；⑤ 斜杆插入拼接；⑥ φ26 铆钉，铆钉材质 ML2。

主桁杆件宽度外侧至外侧 720 mm，这是杆件宽度基准尺寸。散装节点的主桁杆件宽度基准尺寸是"外到外"，因此，武汉桥杆件竖板板层厚度变化是向内变化。由于杆宽固定不变，所有横向构件（横梁、横联、桥门、平联）的横桥向尺寸也都随之被固定，对制造和安装都很方便。

图 1-4-1 是下弦节点 H8。组成为：弦杆竖板板束 2-□20×1100，4-□24×330，4-□16×1100，板束总厚度 76 mm；水平板 2-□16×600，4-∠24×200×200；节点板厚 20 mm，贴在弦杆外侧；杆件宽度与节点板内距相同，都是 720 mm；弦杆竖板拼接，水平板不拼接。这是

因为散装节点在节点中心拼接，水平板拼接存在操作上的实际困难。斜杆为 2-□20×600，
1-□10×670 ，4-∠16×120×120。隔板为 1-□10×710 ，4-∠12×120×200。所用板厚都不大，
最厚的仅 24 mm。

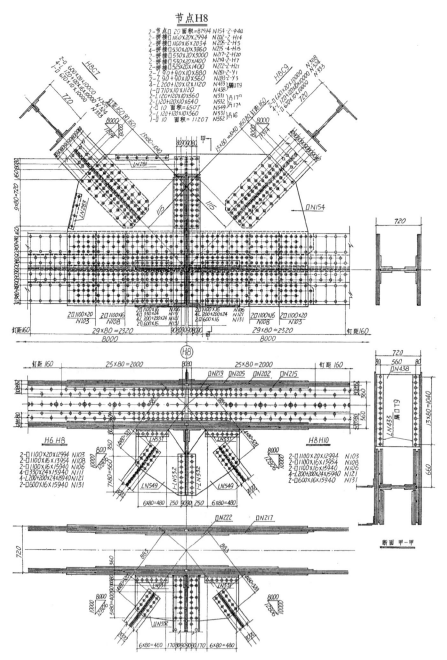

图 1-4-1 武汉长江大桥钢梁下弦节点[12]

散装节点的组成模式基本都是这样，只是规模不同而已。由于所有杆件都要铆合而成，所以杆件截面形状都是开口的 H 形，以便铆合。

20 世纪 60 年代中期，钢桁梁的发展开始进入栓焊阶段。铁道科学研究院研制了 M22 和 M24 两种高强度螺栓，节点连接用高强度螺栓代替铆钉。同时，杆件的板束为单板所代替，这就摒弃了杆件上的大量铆钉，是钢桁梁技术一个十分重要的阶段性进步。当然，由于杆件只使用单板，H 形杆件只有 3 块板，箱形杆件只有 4 块板，使用特厚板的情况自然就逐渐多起来了。又因为箱形弦杆在节点中心拼接困难，上下翼缘板都难以拼接。所以，国内在栓焊梁阶段一直没有用箱形杆件做弦杆，只采用 H 形杆件。这样一来，大型钢梁杆件实际上受到了两方面的限制，一个就是杆件截面形状的限制，另一个就是板厚限制。这种情况也就制约了钢桁梁的发展，于是，整体焊接节点就应运而生了。

国内的整体焊接节点出现在 20 世纪 90 年代早期的孙口黄河大桥。整体节点的弦杆是箱形截面，可以采用 4 块板，缓解了板厚的矛盾。同时，拼接位置移到节点之外，使箱形弦杆的拼接变得非常容易。今后，如果能够在现场新建临时车间进行大块件组拼制造（避开运输限制），使钢梁制造更多地工厂化，减少高空连接，可以进一步加快安装进度。

第二节 贝尔格莱德多瑙河大桥

这座桥于 1962 年建成通车[31]。跨度布置为 5×162 m，下承式公铁两用。主桁间距 11 m，桁内双线铁路。两侧伸臂各 9.35 m，汽车道各 7 m，人行道各 1.5 m。

这是一座修建时间很早的整体节点钢桁梁桥。在当时的桥梁钢结构技术中，它的设计是开创性的。虽然这座桥的建成时间距今已近半个世纪，但它的整体节点钢桁梁技术细节已经考虑得相当周到。它对此后钢桁梁整体节点技术的发展，起到了良好的引导作用。

当然，也正是因为它成桥时间很早，结构中也表现出许多早期的特点和一些不够完善的地方。但那是在几十年前，那时的钢桥技术与现在会存在阶段性的差距。工程结构中的问题都是实际问题，不能要求人的思维超越现实可能性。

图 1-4-2 中，除小竖杆外，弦杆和斜杆都是箱形杆件，施工安装会有许多不便。其他大桥像这样采用箱形截面的例子不多。

斜杆和竖杆都插入节点拼节。弦杆的内宽 800 mm，弦杆内宽与斜杆外宽相同。在早期这样做完全可以理解，但现在已经改为将斜杆减少 2 mm。弦杆拼接在节点外，节点板加厚到 50 mm，与竖板对接处做成斜坡。只是，斜坡没有离开节点板圆弧端。目前已有明确规定，对接焊缝必须离开圆弧端点。

由于右边弦杆截面比左边大很多，所以拼接缝左边的翼缘板加厚伸过节点中心，然后与左边的翼缘板对接。这个细节十分重要，为现代钢桥所沿用。

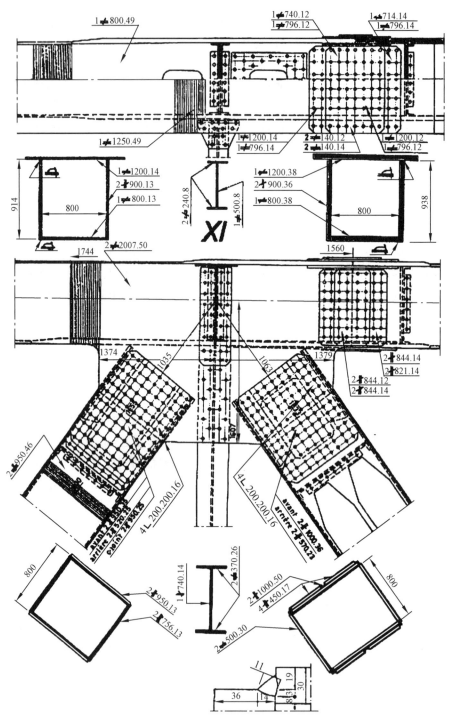

图 1-4-2 贝尔格莱德大桥钢梁节点图

它的杆件成形都是焊接，但工地连接是铆钉，而不是螺栓。节点中心和铆钉群外的隔板也是铆上去的。这些都是明显的早期特点，因为那时高强度螺栓技术的发展各国也不平衡，没有使用是符合当时实际情况的。

特别值得注意的是右边这根斜杆。由于是内力很大的压杆，翼缘板用到 50×1 000 mm，腹板用到 30×800 mm，截面积还是不够。在那时，板厚用到 50 mm 已经很不容易了，不可能再加厚了。于是，在翼板外边焊了 4–□17×450 mm 的板。为什么不焊 2–□17×900 mm 的板呢？因为宽 900 mm、厚 17 mm 板的宽厚比达 53，局部稳定不够，只好分成 2 块。这 2 块外贴板并未伸到杆端，而是终止于端隔板处。这样一来，外贴板端以外的杆件有效面积就减弱了。这是认为此处接近杆端，总体稳定已不足为虑。亦即外贴板在杆件总稳定计算中可以发挥作用(减少抗压折减)，而抗压有效面积却不能计算外贴板。当然，如果在同一座桥中只在个别节点采用这种结构，会带来横向构件的尺寸变化，但这不会产生很大的设计困难。

国内对使用外贴板一直有顾虑，也从未用过。这座桥的成功使用，对我们是一个很好的启示。大杆件使用外贴板应当是可行的。这样可以基本避免在杆件中使用特别厚的板，是有突出优点的。

总之，当年此桥板厚用到 50 mm 又节点整体焊接，是了不起的技术进步。

第三节　奥本（Auburn）桥

Auburn 桥是连续钢桁梁[7]，跨度 194.767 m＋262.738 m＋194.767 m，1970 年完工。在 1970 年前后，整体节点也还处在发展推广的早期阶段，对整体节点构造设计也是多种多样的。这座桥就是一个例子。

图 1-4-3 显示了上、下弦节点构造。由这两个节点图可以看到，它是一个集整体节点与散装节点为一体的混合结构。

它的下弦杆拼接缝在节点范围之外，这是体现整体节点的普遍做法。但其节点板却不同于目前的普遍做法，它是用高强度螺栓将节点板贴在弦杆外侧的。这样做结构的可靠性是没有问题的，还避免了最为麻烦的节点焊接。不过，为此多用的螺栓也不是一个小数目。

上弦节点的节点板也同下弦一样，贴在节点外侧。但是，上弦杆的拼接缝位置图中显示不明显。图中表明，右边的弦杆比左边大很多，所以右边所用螺栓数也比左边多得多。根据这一点，拼接缝应当是在节点外（右边），而不是节点中心。上下弦的拼接缝处于同一侧是符合安装需要的合理布置。

还有一个值得注意的问题是斜杆拼接。斜杆两端保持箱形不变，直接插入节点拼接，而且腹板也没有做切口。另一方面，在斜杆端部拼接区段的腹板上用了 4 根角钢，分别连接于节点板和腹板，形成角钢拼接。因为腹板是间接拼接，这个做法可以减少一些腹板间接拼接面积，也是有效的。

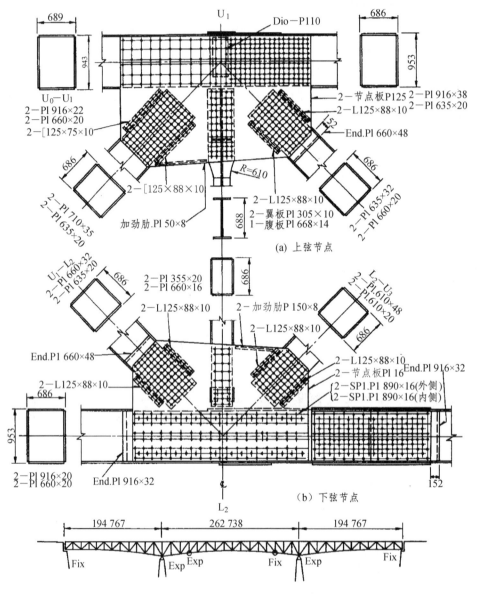

图 1-4-3　Auburn 桥节点构造[7]

这座桥的跨中合拢措施很有新意。图 1-4-4（a）是下弦合拢节点，左侧是待合拢的下弦杆，右侧的弦杆和腹杆已经与节点连接。在节点板的下部设有一个双向作用的千斤顶，千斤顶左端与一根可以转动的连杆下端销接（销孔直径 $\phi256$）。连杆上端是固定铰，孔径 $\phi305$。

连杆中部还有一个$\phi 405$的销孔。当左侧合拢弦杆端部到达合拢位置附近时，千斤顶操作连杆转动，伸出去使合拢杆件与连杆的中间销孔连接。然后利用千斤顶的顶力回拉，迫使钢梁纵移，使合拢杆件到达设计位置，完成合拢连接。图 1-4-4（b）是完成合拢连接后的试样。

图 1-4-4 的安装构件连接件为$\phi 25$铆钉。

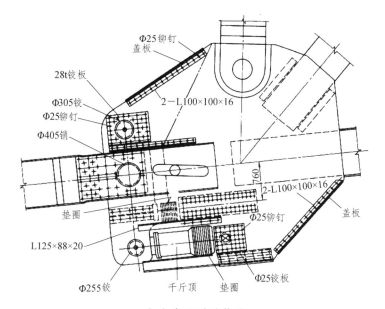

（a）架设时的构造

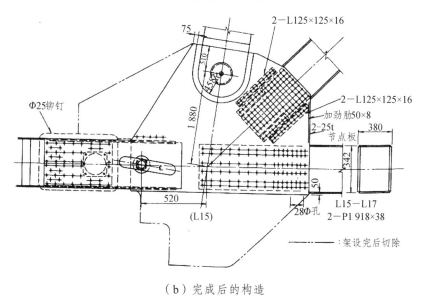

（b）完成后的构造

图 1-4-4 Auburn 桥中间合拢设计[7]

第四节　切斯特（Chester）桥钢梁节点图

Chester 桥[7]位于美国的特拉华州，为三孔伸臂梁桥，公路桥，1972 年完工，跨度布置为 250.5 m＋501.1 m＋250.5 m。这里选用了 2 张节点图，一是下弦节点，一是中间节点。

图 1-4-5 是第 12 号下弦节点构造，典型的整体节点。"日"字形弦杆，竖板 32 mm×1 420 mm，

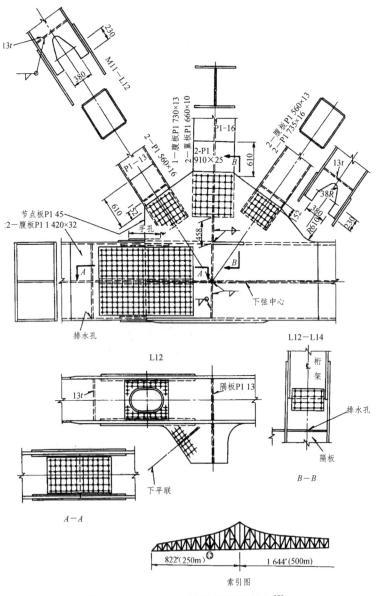

图 1-4-5　Chester 桥钢梁下弦节点[7]

内宽 560 mm。箱形斜杆腹板 16 mm×735 mm，与弦杆内宽同宽。斜杆端的腹板上开 U 形缺口，与工形竖杆一样插入节点内拼接。在节点板之间的竖杆端头下方设有与竖杆腹板对应的隔板，竖杆的腹板与之拼接。弦杆就在节点板边拼接，这应当没有问题。拼接缝的下面有人孔。横梁接头的下翼板带圆弧，与弦杆的下翼缘是一块整板，不是在边上焊上去的，这是非常好的细节处理。

由于弦杆很高，竖板宽厚比（1 420/32 = 44.4）不满足局部稳定需要，所以又在中间加了一块水平板。杆件宽度很窄，又加上中间水平板的存在，杆件内部养护就只能依靠两端密封。一般最好不要采用"日"字形，用纵向加劲来处理板件稳定比较好。

竖杆本来两面拼接就可以，为什么还要加隔板三面拼接呢？因为 3 根腹杆都插入拼接，节点板间将没有隔板位置。但因横梁顶面与弦杆上翼缘齐平，桥面横向晃动时没有约束。所以竖杆端必须加一短隔板，以解决这个问题。图 B-B 可以看到这个细节。

图 1-4-6 是中间支点处的斜杆中间节点，有 5 根杆件在此相连。其中 1 根已在工厂与节点

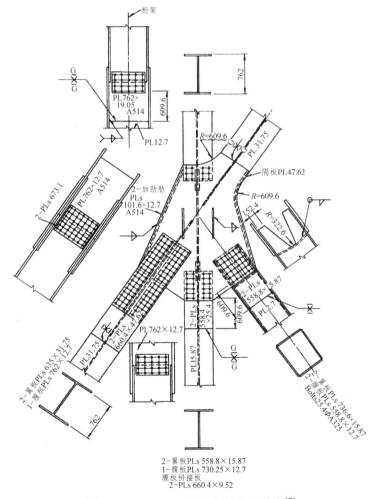

图 1-4-6　Chester 桥支点处中间节点[7]

板焊成整体，另 4 根中，左下斜杆（H 形）对拼，其他 3 根插入。节点板内有加劲隔板、竖隔板贯通。斜隔板对应于斜杆的腹板，中断于竖隔板两侧。图中显示，斜隔板与斜腹板进行了拼接，说明斜隔板也要传递部分斜杆内力。斜隔板并不焊于竖隔板，且离开一定距离。因为斜隔板与节点板的角焊缝已将此部分内力全部传给了节点板。这样的处理方式在整体节点中是常见的。

节点板内必须设隔板，以保证节点板的内距。3 根 H 形杆件的腹板都与隔板进行了拼接。这样做可以使 3 块板消除内力差和斜杆角焊缝的应力集中，传力匀顺。

箱形斜杆是压杆，端部未加处理，只将腹板开了缺口就直接插入拼接。

第五节　港大桥节点

港大桥位于日本大阪，为双层公路桥。随着港口运输的发展，日本在大阪港南面填海新建了南港，港大桥是连接大阪市与南港之间的重要桥梁。大桥建成于 1974 年，跨度布置为 235 m + 510 m + 235 m，桁宽 22.5 m，中间支点处桁高 68.5 m（高跨比 1/7.45），主跨中部和两端高 25.4 m。节间尺寸一般为 18 m，仅主跨中部 6 个节间为 19 m。中间支点处上弦杆最大拉力 9 747 t，下弦杆最大压力 – 13 327 t。弦杆内宽 1 400 mm ~ 2 200 mm，外高 1 400 mm ~ 2 132 mm。

钢桁梁是 2 个锚孔，1 个中间挂孔。两边孔 235 m 各向中跨跨中伸臂 162 m，与 186 m 挂孔一起形成 510 m 中跨[6]。

主桁杆件的主要特点是，杆件的宽度与高度随着内力的变化进行必要的改变。这样做的好处是显著减少了最小杆件的轮廓尺寸（高度和宽度），也就减少了局部稳定控制的杆件数量，达到了节省钢料的目的。当然，由于杆件宽度的改变，会引起主桁间与宽度有关的构件尺寸发生改变，因此也不宜变化太多。港大桥只在中间支点附近的上下弦进行了改变，杆件宽度和高度都由 1 400 mm 增加到 2 200 mm。

所用材质为 SS41、SM50、SM58、HT70、HT80，共 34 955 t。因为是公路桥，用了少量高强钢（HT70 和 HT80），计 5 269 t。占钢结构总重的 15%。

图 1-4-7 显示，它的双层公路都安排在上下弦之间，而不是在弦杆平面。每层公路面总宽 19.25 m，分左右两幅。每幅下设 3 道纵梁，纵梁间距 3.2 m，纵梁搁置在横梁顶面。整体桥面和纵梁都有横向断缝，断缝间距 4 个 ~ 5 个节间（72 m ~ 90 m）。采用断缝是为了消除桥面参与主桁的共同变形。

图 1-4-8 是边孔下弦 34 号节点，距中间支点 3 个节间。弦杆内宽 1 400 mm，外高已增加到 1 800 mm。翼缘板 32 mm×1 400 mm，竖板 64 mm×1 800 mm。纵向加劲肋，竖板上的为 50 mm×350 mm，翼板上的为 40 mm×250 mm。弦杆所需节点板厚 64 mm，斜杆却只需要

26 mm，节点板就用 2 块不等厚板对焊，来分别满足弦杆和斜杆的需要，并节省了材料。焊缝距翼缘顶 250 mm。

节点板上的这条水平焊缝的安全性是没有问题的。焊缝上虽然存在着较大的剪应力和应力集中，但焊缝的力学性能并不亚于基材，只要保证焊缝质量，不会存在安全问题。在当今焊接技术的条件下，弦杆对接焊缝早已大量使用，安全没有问题。节点板上的焊缝应当可以放心使用。

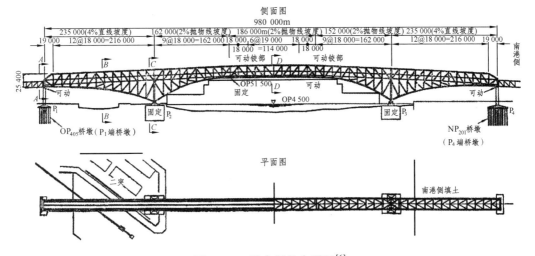

图 1-4-7　港大桥总布置图[6]

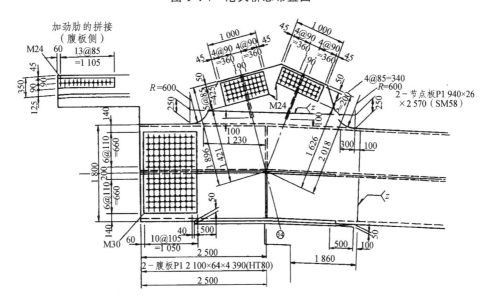

图 1-4-8　港大桥下弦 34 号节点[6]

主桁弦杆采用 M30 高强度螺栓，栓距 105 mm（水平向）和 110 mm（竖向）；斜杆采用

M24 螺栓，栓距分别是 90 mm 和 85 mm。斜杆三面拼接，弦杆四面拼接。

图 1-4-9 的两个节点都处在梁端附近的直线段上，没有折角。弦杆的内宽和外高均为 1 400 mm，矩形。腹板 22 mm×1 400 mm，翼板 20 mm×1 400 mm，纵肋 20 mm×220 mm。节点板内设有 3 块隔板。斜杆与竖杆都是箱形截面，但斜杆端部改为 H 形与节点对拼，竖杆保持箱形四面拼接。两个端节点的所有螺栓都是 M24。

为了防止雨水留存，下弦杆的两侧竖板都不高出上翼缘顶面。于是在棱角处就采用了不开坡口的棱角焊，或开坡口的棱角焊。这两种棱角焊在与节点板圆弧相交处都匀顺过渡。图 1-4-10 详细显示了这三种焊缝的转换过程，反映出节点板圆弧段及其前后的焊缝变化。在杆件上，是外侧棱角焊缝，在节点板内是内侧普通角焊缝。两者需在圆弧处连接，并做到匀顺过渡。图的下方示出了过渡段各截面的焊缝断面形状。实施过程中，这一段焊缝必须特别仔细。表面常常需要打磨才能满足匀顺要求，对于疲劳控制的杆件甚至还需进行锤击。国内厂家对这个部位的焊接常常是定人定岗，以保证质量。

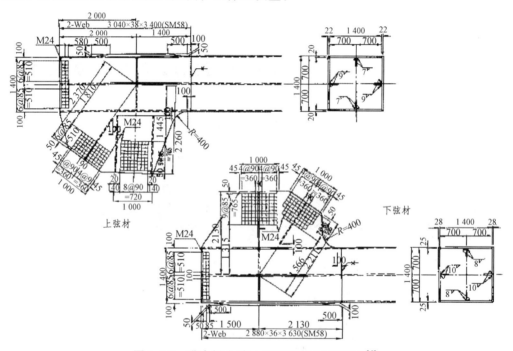

图 1-4-9 港大桥上弦 4 号和下弦 26 号节点[6]

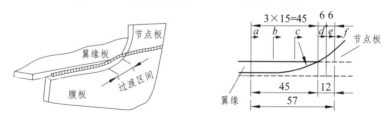

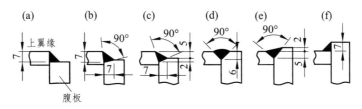

图 1-4-10　港大桥下弦节点过渡段焊接细节[6]

第六节　黑之濑户大桥

日本黑之濑户大桥为 100 m + 300 m + 100 m 连续钢桁梁，节间长度 12.5 m，公路桥，1974 年建成，弦杆、斜杆和竖杆都是箱形截面[7]。

图 1-4-11 显示的是中跨下弦第 4 个节点。此处除箱形大竖杆和大斜杆外，还有一根 H 形辅助小斜杆。斜杆是拉杆，端部改为 H 形但不插入，而是对拼，小斜杆也在节点板边对拼。观察这张图可以发现，对拼可以显著减小节点板尺寸，节点板之间设置隔板来保证节点板的间距。竖杆是压杆，将两端腹板开缺口插入节点板，两面拼接。缺口是很必要的，它一方面可以使杆端的柔性较好，有利于螺栓夹紧，同时也是螺栓施工的手孔。

这是一个很有特点的细节。箱形杆件是内力很大的压杆，插入拼节；H 形杆件是内力较小的拉杆，对拼于节点板边沿。节点整体布置很紧凑，很协调。

下弦杆对拼，拼接缝中间有手孔，但手孔开在侧面，而不是下面。这样做虽然便于操作，但比较容易进水，所以在拼接段较低的隔板边的下翼板上开了排水孔（图 1-4-11）。一般手孔还是开在下面为好。这座桥是因为杆件宽度较小（500 mm），高度较大。在下面开手孔不能操作上翼缘的拼接施工，所以侧面开孔是不得已的事。

手孔前有螺栓 2 排，共 10 个螺栓。这 10 个螺栓所传递的内力应能弥补手孔减弱的强度，使杆件面积在手孔端部截面上不致减弱。此外，所有拼接板都使用了大切角。这样做不仅有利于缓解拼接板端的应力集中，而且增加螺栓排数，使手孔前端保持必要的螺栓数。

上弦节点的腹板螺栓第 1 排至第 4 排，栓数分别为 3、4、5、6。原则上每一排的减孔数（杆件截面面积减弱）都要分别进行检算。以第 2 排为例，因第 1 排已有 3 个螺栓的力传给了拼接板，所以第 2 排可以比第 1 排多减孔。

图 1-4-12 是另一个上弦节点。它详细列出了所有杆件的板件组成，可以详细了解它的结构细节。它的箱形竖杆插入拼接，箱形斜杆端部改为 H 形，因局部稳定需要，端部竖板厚度由 11 mm 加厚到 23 mm。但因竖杆已经插入，斜杆端改为 H 形后也未插入拼接，而是对拼，还可留出位置设置 1 块节点板间的隔板。

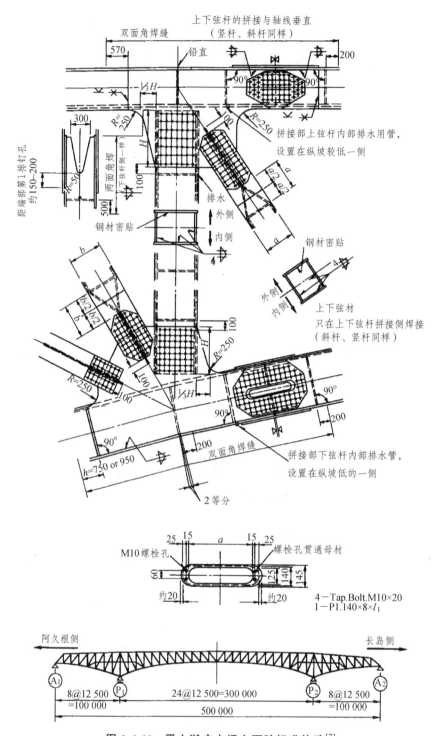

双面角焊缝

上下弦杆的拼接与轴线垂直
（竖杆、斜杆同样）

570

铅直

200

1/3H

300

R=250

R=250

拼接部上弦杆内部排水用管，
设置在纵坡较低一侧

距端部第1排钉孔约150~200

R=50

两面角焊（下弦杆侧一样）

100

H

钢材密贴

500

排水

外侧

内侧

4

钢材密贴

上下弦材
只在上下弦杆拼接侧焊接
（斜杆、竖杆同样）

b/2 b/2

b

R=250

100

R=250

100

100

H

R=250

90°

90°

200

1/3H

90°

90°

200

双面角焊缝

h=750 or 950

拼接部下弦杆内部排水管，
设置在纵坡低的一侧

2等分

25 15 a 15 25

M10螺栓孔

螺栓孔贯通母材

60

125

145

约20

约20

4—Tap.Bolt.M10×20
1—P1.140×8×l_1

阿久根侧

长岛侧

A₁

8@12 500
=100 000

P₁

24@12 500=300 000

P₂

8@12 500
=100 000

A₂

500 000

图 1-4-11　黑之濑户大桥上下弦标准构造[7]

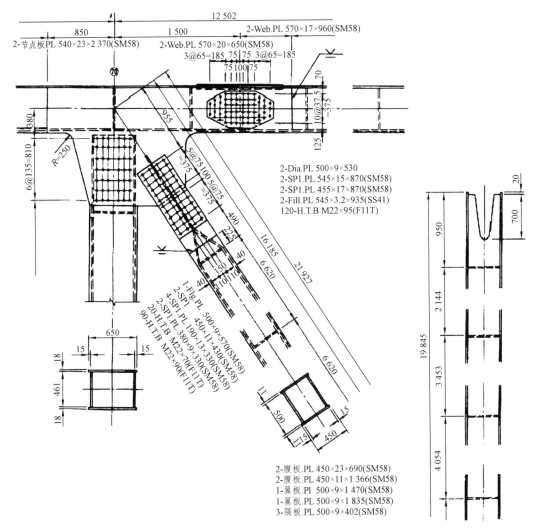

图 1-4-12　黑之濑户大桥上弦[7]

　　这个细节表明，斜杆与节点的连接方式应当灵活掌握。不管是箱形还是 H 形，不管箱形杆件端部改不改为 H 形，都可以插入或对拼。不必局限于某一种拼接方式，根据具体情况灵活处理才是最重要的。

　　图 1-4-13 是辅助杆件的连接细节。中间支点附近主桁腹杆的自由长度都很大，且竖杆是大压杆，杆件的抗压折减会很严重。为此，采用辅助杆件来减少这些受压竖杆主桁面内的自由长度，节省钢料。至于面外，由上图中竖杆上的横梁接头可以清楚看到，这里是连接公路横梁的部位。因为有横梁和整体桥面的作用，所以这些杆件的面外稳定也可以得到保证。由于是辅助杆件，它的作用只是减少压杆计算长度，没有计算内力。但在设计辅助杆件截面时，它的内力通常按被它支撑的压杆内力的 3% 计。辅助杆都是 400 mm 高的 H 形小杆件。竖杆和

斜杆的翼缘板都在连接处伸出了接头板,并设腹板形成 H 形与辅助杆对拼。在两根腹杆内还设置了与辅助杆的腹板对应的隔板。

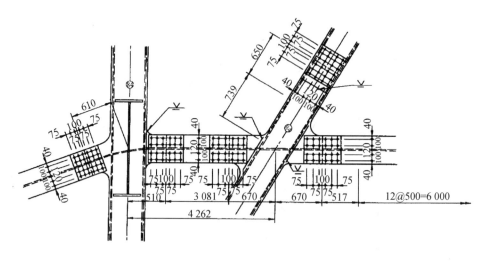

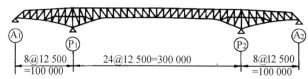

图 1-4-13　黑之濑户大桥辅助杆件连接[7]

图 1-4-14 是大桥的中间支承节点。由于支点处的下弦杆倾斜角度很小,非常不便于与支承板焊接。本图则将弦杆下翼缘焊在支承板的侧面,这是一个特殊情况下的很好的细节。弦杆的上翼缘与竖杆直接接触,竖杆内设有水平支承板承受上翼缘的水平分力。弦杆的竖向分力直接通过竖向板件传给支座。在节点上方还用了一块止水板。它可以防止雨水进入两块节点板之间,同时对承受节点次弯矩也有一定作用。

弦杆接头的竖板上设有狭长手孔满足施工需要。由于杆件内宽很小(大约只有 400 mm),很难在底面开人孔。即便在底面开手孔,因杆件太高,手伸进去不能操作上翼缘螺栓。于是,只能开在侧面。

由于边孔跨度太小,边跨与中跨之比为 1：3,端支点具有很大的负反力。所以端支点设计为抗拉支座(图 1-4-15)。具体是在弦杆与斜杆系统线交点上做一个铰孔,然后用连杆(图中未示)与预埋抗拉构件相连即可。栓孔与销轴强度分别检算,并选用合适的材料。两端抗拉支座都是活动支座,设计细节是如何适应纵向活动需要的,图中没有显示。

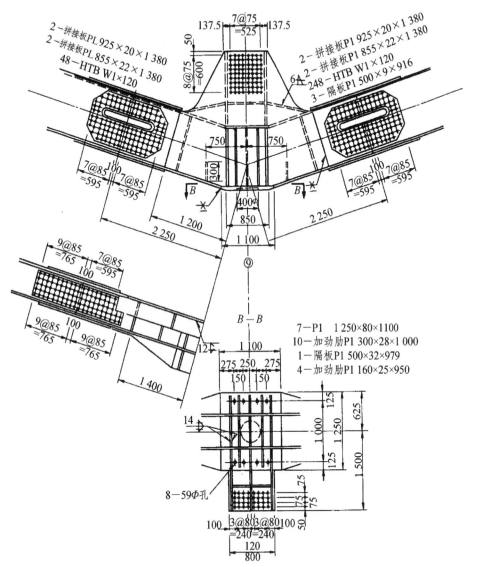

2－拼接板PL 925×20×1 380
2－拼接板PL 855×22×1 380
48－HTB W1×120

2－拼接板P1 925×20×1 380
2－拼接板P1 855×22×1 380
248－HTB W1×120
3－隔板P1 500×9×916

137.5 7@75=525 137.5

50
8@75=600

7@85=595   7@85=595

750 750

300

7@85=595   7@85=595

400
850
1 100

1 200
2 250

2 250

9@85=765   7@85=595
100
9@85=765   9@85=765
100

12
1 400

B－B

7－P1 1 250×80×1100
10－加劲肋P1 300×28×1 000
1－隔板P1 500×32×979
4－加劲肋P1 160×25×950

1 100
275 250 275
150 150

125
1 000 1 250 625
125
1 500

14

8－59Φ孔

100 3@80=240 3@80=240 100
120
800

75
75
75
50

图 1-4-14 黑之濑户大桥中间支承节点[7]

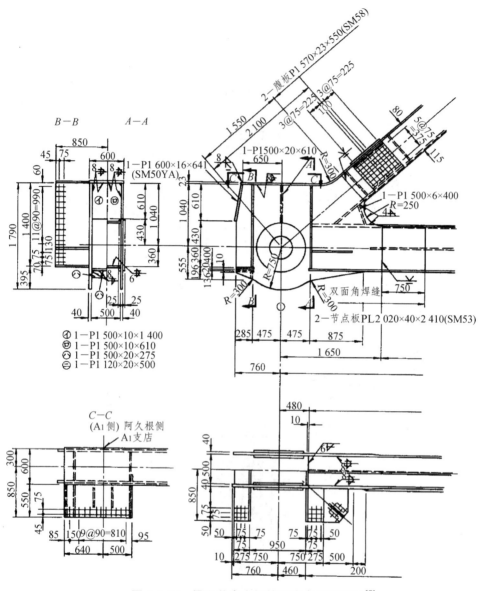

图 1-4-15　黑之濑户大桥的端支点锚固设计[7]

第七节　大岛大桥

日本大岛大桥于 1976 年建成，公路桥，200 m＋325 m＋200 m 连续钢桁梁。中间支点处增加了桁高，但没有用中弦，N形桁式，斜杆在中支点处改变斜杆方向。主桁布置简洁美观，这里选用了 3 张有代表性的钢桁梁节点图。

图 1-4-16 包含了上下弦杆、斜杆、竖杆，以及这些杆件的连接，基本上反映了主桁结构

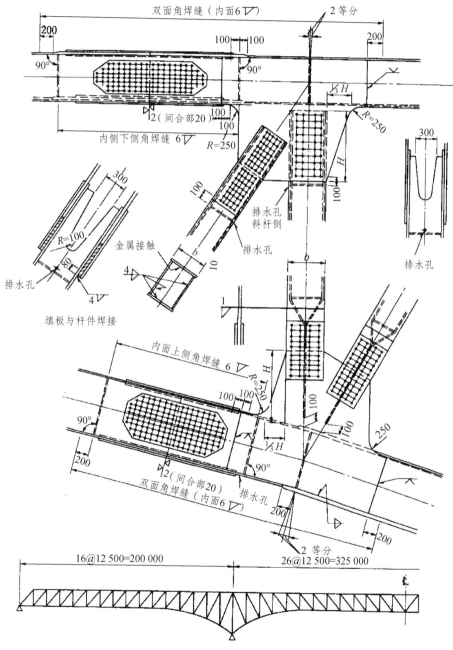

图 1-4-16 大岛大桥上下弦节点标准构造[7]

细节的全貌。上下弦杆的拼接是常用细节，不多说。但需注意弦杆的对接焊缝，包括腹板、翼板都与节点板圆弧端及隔板分别离开了 100 mm。弦杆自身两个面（腹板、翼板）的对接缝也相互错开了 200 mm，这是很规范的做法。

竖杆和腹杆的两端拼接。在这张图上，竖杆和腹杆两端连接的灵活性也同黑之濑户大桥一样表现得非常充分。这两根杆件的下端将箱形腹板内收成为 H 形但并未插入，而是与节点板对拼。这样做可使节点板很小，且便于设隔板。竖杆和腹杆上端仍然保持箱形断面，但不是对拼，而是插入拼接。由于两根杆件都插入，自然也就无法设置隔板了。竖杆上端全部是单摩擦面，螺栓传力强度与下端完全相同。斜杆上端则采用了补强板，节点板内外的螺栓数正好满足形成双摩擦面需要。整个连接布置都显得非常合理。不过上弦节点的两块节点板间没有隔板，制造和运输过程中恐需采取临时固定措施。

斜杆的上下两端形状不同已经是很少见的了，加之上端箱形插入而不对拼，下端 H 形对拼而不插入，根据实际情况进行连接设计是它的主要特点。

除上弦杆外，其他所有杆件都在最合理的位置设了排水孔。这一点对于钢结构的耐久性有重要意义。此外，上下弦杆的拼接在两侧端隔板之间，都增加了 6 mm 内侧角焊缝。显然，这也是为了防止锈蚀。

图 1-4-17 是大岛大桥上弦另一个节点细节。竖、斜腹杆上端都改为 H 形，对拼连接。斜

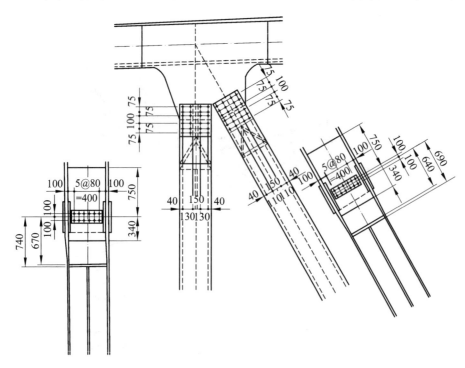

图 1-4-17　大岛大桥上弦节点图[7]

杆太陡，两根中的任何一根插入都会妨碍另一根拼接，所以都不插入。节点内设了两块隔板，且都与杆件的腹板进行了拼接。既是对拼，端头可否不改为 H 形？当然也可以，只是不能设隔板。

上一张图的上弦节点是箱形腹杆插入拼接，这一张图是将箱形改为 H 形端头对拼。节点连接应当遵循的原则，是使节点板尽量减小，降低节点刚度，从而减小节点次应力。在这个原则之下灵活处理各种细节。

图 1-4-18 是这座桥的跨中合拢的特殊细节。一般情况下，是先合拢下弦杆和斜杆的下端连接，然后合拢上弦杆，有 3 个合拢接口。此桥是先将下弦杆与斜杆连接形成三角形，让节点板成为合拢接口，对合拢连接有明显的简化。

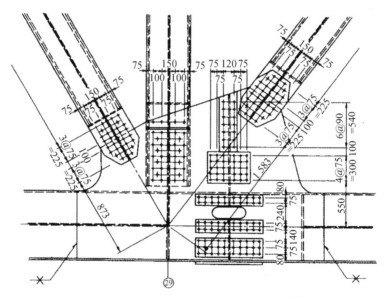

图 1-4-18 大岛大桥跨中合拢节点构造[7]

第八节　天草一号桥

天草一号桥的跨度布置与黑之濑户大桥相同，也是100 m＋300 m＋100 m连续钢桁梁[7]。这里只选用了 1 张比较有代表性的下弦节点图。

在图 1-4-19 中，弦杆和腹杆的截面形状以及它们的连接，都已表示得非常清楚。两根腹杆端部都由箱形改成了 H 形，但较大的一根（左侧）插入拼接，较小一根的内宽由 350 mm加宽到 473 mm 对拼，节点内有相应隔板。与右边弦杆相邻的这根是辅助杆件，它是 H 形截面，它的作用与黑之濑户大桥是一样的，都是为了减少主桁腹杆的自由长度。它的截面是长细比控制。图中看到，此杆件端部外宽 497 mm，比节点板内宽 500 mm 少 3 mm，以便插入节点板内拼接。再经过 600 mm 过渡，将宽度减少到了 374 mm。

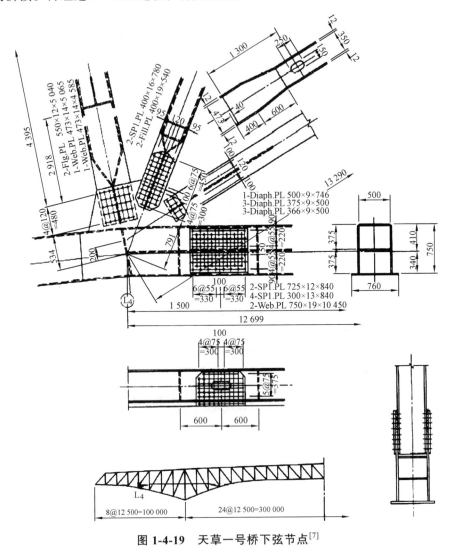

图 1-4-19　天草一号桥下弦节点[7]

第九节　境水道大桥

这座公路桥的跨度布置为 96 m＋240 m＋96 m，节间长度 12 m，边跨与中跨之比为 1：2.5，端支点有不小的负反力（图 1-4-20）。在日本，利用负反力的钢桥非常多。从这些工程实例就可以看到，在三跨连续梁中，很多都将端支座布置为负反力支座。

主桁中间支点加高，上下弦都带有弧度。上弦自端部开始向上倾斜，桁高不断变化以适应弯矩变化的需要[7]。

下弦杆拼接缝两边的端隔板之间增加了内部角焊缝，是为防止渗水锈蚀。

图1-4-20（a）所示箱形大竖杆是受压杆件，它的两端改为H形插入拼接。右侧斜杆是拉杆，也是箱形改为H形插入拼接。立面图显示，此杆因受竖杆影响插入较少，只有7排螺栓。外侧添加补强板，节点外补强螺栓9排，稍多于节点内螺栓数。内外螺栓共16排，是长排螺栓一例。这根斜杆的平面图A—A所示的插入节点的量与立面图不完全一致，仅为示意，不是实际比例。

图1-4-20（b）详细示出了箱形腹杆端部改为H形时的长宽尺寸要求。H形的过渡段长度应等于杆件高度；箱形斜杆的翼缘板留有15 mm "出边"，棱角处都是普通角焊缝；腹板端缩到杆件端以内15 mm ~ 20 mm，以便腹板角焊缝形成绕焊。

杆端的这些细节十分详细，可供参考。

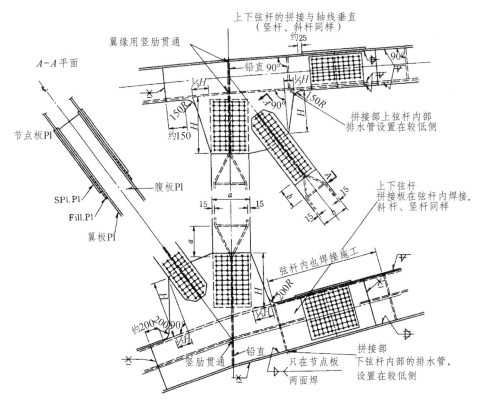

（a）上下节点标准图

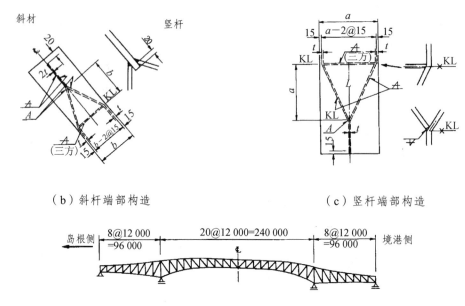

（b）斜杆端部构造　　　　　　　　　（c）竖杆端部构造

图 1-4-20　境水道大桥上下节点与腹杆端部标准构造[7]

第十节　Newburgh-Beacon 大桥

图 1-4-21 表示的是 Newburgh-Beacon 大桥[7]中间支点斜杆处的一个中间节点。由于斜杆方向是主要传力方向，所以斜杆是不中断通过的。小斜杆和竖杆内力都不大，都是插入拼接。节点板的两个大自由边都采用了镶边角钢，较长的一边用了较大的角钢。容许不镶边的节点板自由边长度 L 用 L/t 来判断，容许比值一般为 50~60。钢材强度越高，容许比值越小。详见第三章第四节。

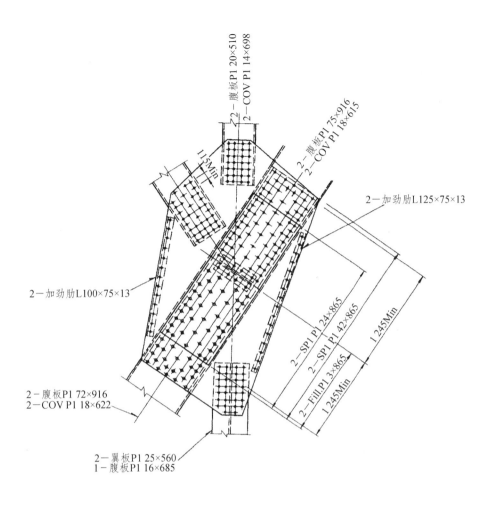

2—腹板P1 20×510
2—COV P1 14×698

2—腹板P1 75×916
2—COV P1 18×615

2—加劲肋L125×75×13

2—加劲肋L100×75×13

2—SP1 24×865
2—SP1 P1 42×865
2—Fill.P1 3×865
1 245Min
1 245Min

2—腹板P1 72×916
2—COV P1 18×622

2—翼板P1 25×560
1—腹板P1 16×685

115Min

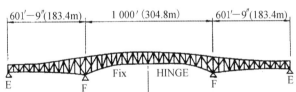

601'−9″(183.4m)　　1 000′(304.8m)　　601'−9″(183.4m)

E　　F　　Fix　　HINGE　　F　　E

图 1-4-21　Newburgh-Beacon 桥腹杆节点构造[7]

第十一节　新桂川桥

这是一座上承式双线铁路桥（图 1-4-22），1968 年建成。正桥钢梁布置为 70 m＋130 m＋

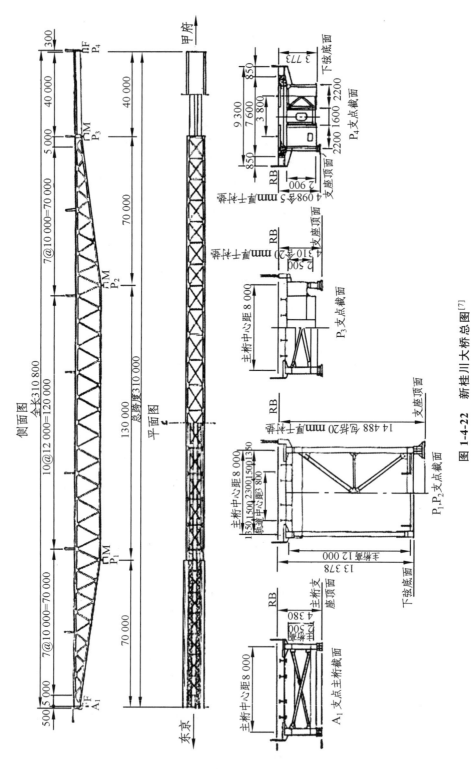

图 1-4-22　新桂川大桥总图[7]

70 m。在当时，这是日本国铁中最大跨度的铁路桥。桁宽 8 m，中跨桁高 12 m，边跨桁高从 12 m 直线过渡到梁端 2.5 m。

为了克服梁端负反力，在桥台 A_1 上采用了锚固抗拉支座，在另一端的 P_4 桥墩上未作抗拉支座，而是将邻跨的 40 m 结合梁支座设于钢梁的端横梁上，用以克服梁端上拔力。

设计是这样选用钢材：在满足板件宽厚比条件下，主桁尽量使用 SM400（极限强度 410 MPa），其余不受疲劳控制的杆件，如中间支点附近、主跨跨中，采用 SM490。铁路纵梁因疲劳控制，全部采用 SM400。对疲劳强度控制的构件，用较低强度钢材是合理选择。

在 1968 年，日本的整体节点技术也还处在发展的初期。由图 1-4-23 可以看出弦杆尺寸沿用了散装节点的做法，控制外宽，外宽 600 mm。由于控制外宽，腹板需要向内变化板厚，从而影响到横隔板和翼缘板的尺寸。在这之后，杆件宽度逐步改为控制内宽，且一直沿用到现在。杆件高度，控制外高没有问题。对于整体桥面，尤其应控制外高。

图 1-4-23 还表明，不仅箱形斜杆两端都是对拼，H 形斜杆也是对拼。而且，箱形斜杆是四面拼接，H 形斜杆是三面拼接，这样拼接传力非常匀顺。因为这是铁路桥，希望拼接传力尽可能减少应力集中，不要因为改变杆端形状降低疲劳强度。手孔设在腹板的拼接缝上。手孔两侧设拼接板。

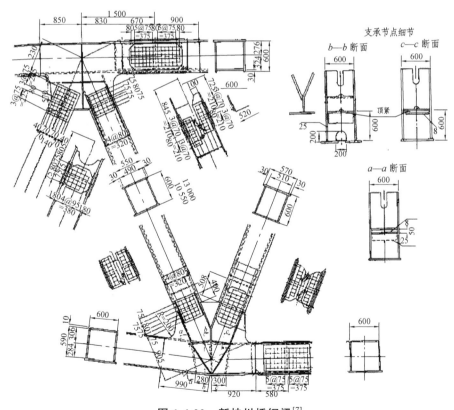

图 1-4-23 新桂川桥钢梁[7]

第十二节 孙口黄河大桥

这是京九铁路跨黄河的一座铁路桥，四联 4×180 m，双线铁路，无竖杆三角形桁，桁宽 10 m，高 13.6 m，节间 12 m，1995 年 4 月通车。为我国首次采用的整体焊接节点。材料：日本 SM490，共 12 824 t。

图 1-4-24 为下弦节点。箱形弦杆，内宽 660 mm，外高 720 mm。斜杆大多数是 H 形，只

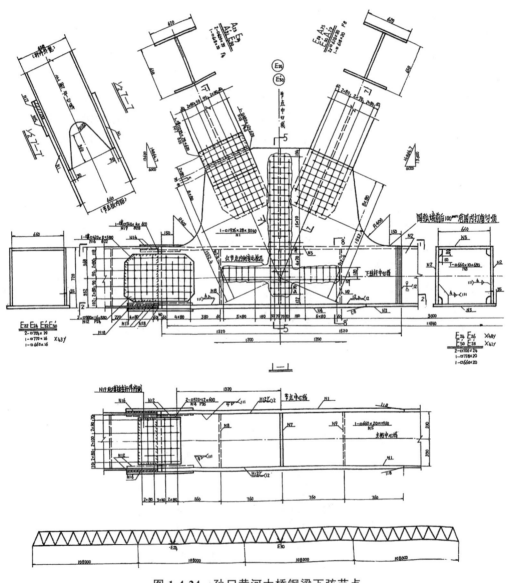

图 1-4-24 孙口黄河大桥钢梁下弦节点

在支点处为箱形。H 形斜杆外宽 658 mm，比弦杆内宽（即节点板内距）少 2 mm，便于插入拼接。箱形斜杆与节点板对拼，杆件内宽也是 660 mm，与节点板内宽对齐。

由于是明桥面，横梁顶面与节点板上边缘齐平，以便设置传递横梁端弯矩的鱼形板。节点板内设有与横梁腹板对应的隔板，鱼形板与隔板顶端焊接。鱼形板不与节点板焊接，以免增加横梁的面外刚度。这样，当横梁参与主桁变形时，端部水平弯矩就不会太大。

在当时的焊接技术条件下，横梁腹板的接头板与节点板的熔透焊接出现了很大困难，经反复试验仍有气孔或夹渣，加上工期紧迫，不得以改为栓接。为了螺栓施工需要，节点板下开了手孔。后经研究认为，此焊缝也不一定必须熔透。当然现在焊接技术进步了，要求熔透也没有多大困难。

弦杆拼接在节点板外，四面等强拼接。下侧人孔宽 260 mm，拼接计算时与无人孔一样对待。但人孔侧拼接板布置受到开孔影响，必须加厚以弥补宽度的不足。

至于上弦节点（图 1-4-25），需要提到的是内侧平联节点板。此板焊于主桁节点板，两端有明显应力集中，是可能发生疲劳破坏的薄弱环节，因此必须打磨匀顺，并进行锤击处理。孙口桥进行的节点模型疲劳试验证明，只要进行了这样的处理，疲劳强度可以满足要求。

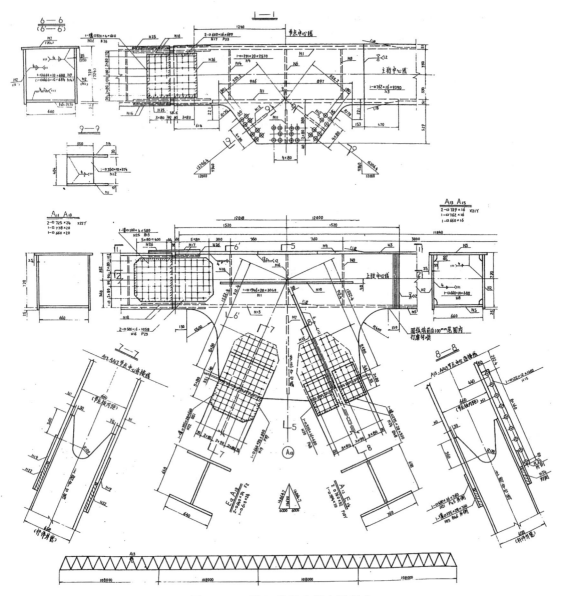

图 1-4-25　孙口黄河大桥上弦节点

第十三节　德国南腾巴赫美因河桥

　　大桥位于平面曲线上，平曲线半径 2 650 m。跨度布置 83.2 m + 208 m + 83.2 m，全焊结构。上承双线铁路，纵坡 12.5‰，1994 年 5 月建成通车（图 1-4-26）。208 m 主跨是当时德国铁路网中最大跨度铁路钢桥[20]。中间支点处梁高 15.26 m，主跨中部高 7.26 m。主桁宽度 6 m，上层混凝土桥面宽 14.3 m。主桁杆件宽度一般为 800 mm。

　　主桁斜杆，上下横梁共同组成抵抗水平力的框架。为增加中间支点处的横向刚度，中间支点斜杆宽度增加到 1 600 mm，未设横向联结系和桥门架。

　　上弦与混凝土桥面板结合，下层平面中间支点附近，也填充了向跨中逐渐减薄的混凝土（图 1-4-26 与图 1-4-29）。上下层混凝土截面的参与显然增加了杆件内力的恒载比重，对减少杆件疲劳应力幅有重要作用。这是结构总体设计思想的一个重要内容，钢梁是全焊结构，提高疲劳强度十分必要。

　　由跨度布置可以看到，端支点有较大上拔力，所以桥台上设有作用于端横梁的 4 对锚固拉杆。具体做法是，端横梁上设 4 个支承板，每个支承板上有 1 根扁担梁，扁担梁两端连接于锚固拉杆（图 1-4-27）。扁担梁靠桥台侧设铰板与桥台连接，所以扁担梁不能纵向移动。但是，端支座是活动支座，必须既能抗拔又能水平移动。办法是将横梁上的支承板与横梁上翼缘不连接，使之随着梁的纵向移动而移动。这样一来，锚拉杆的内力可以保持不变，而端横梁则要承受预期的扭矩。

　　4 对锚固拉杆的预拉力共 1 750 t。考虑到 4 对拉杆受力的不均匀性，留有较大安全储备，其中 1 对拉杆便可承受主力组合 80% 的上拔力。又由于桥梁处于平曲线上，在离心力作用下，支座上拔力并不对称于桥梁中线。所以，4 对锚拉杆也是偏向一侧的（图 1-4-27）。

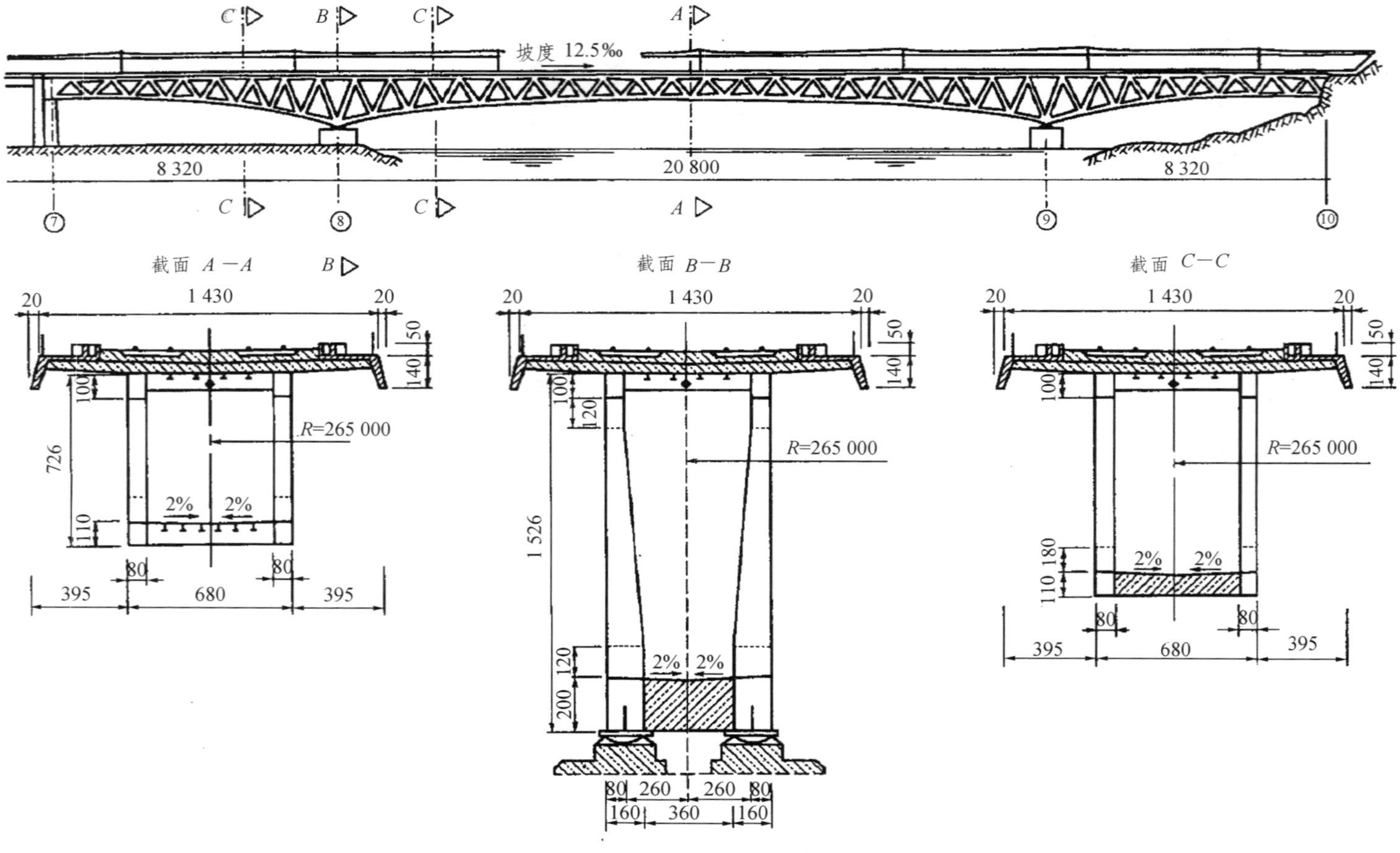

图 1-4-26 南腾巴赫美因河桥总布置图[20]

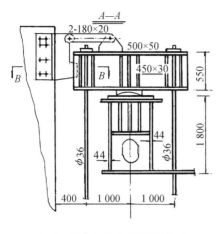

（a）端横梁及扁担梁和拉杆

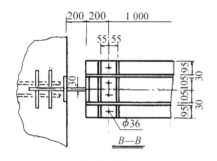

（b）扁担梁平面

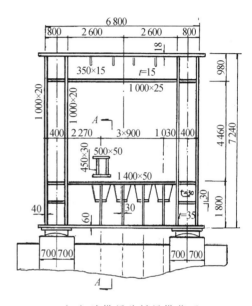

（c）端横梁处桥梁横截面

图 1-4-27　南腾巴赫桥端支点锚固设计

图 1-4-28 是上下弦两个全焊节点构造，是并不多见的细节。这两张图显示出以下一些特点。

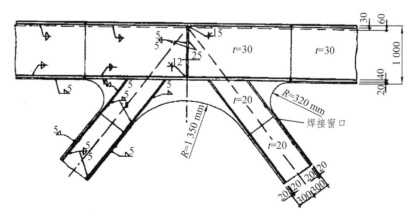

（a）跨中上弦杆节点

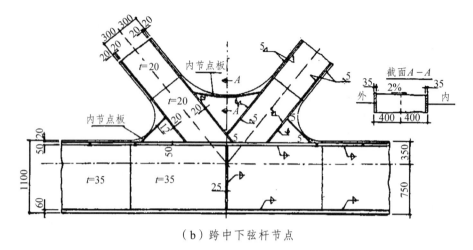

（b）跨中下弦杆节点

图 1-4-28　南腾巴赫桥上下弦节点

上下弦的腹杆与弦杆系统线交点明显偏上。因为上下都有混凝土板联合作用，使得组合弦杆截面的重心偏上。系统线交点应当就在重心上，或者在重心附近。因为下弦的混凝土板并不整跨布置，杆件重心会有变化，下弦系统线难以总是落在重心上。

节点是杆件的交汇点，它的重要作用在于传递和平衡杆件内力。所以，杆件之间的交角需尽量做成圆弧过渡，减少应力集中。弦杆竖板为 30 mm，节点板加厚到 50 mm。结构很简洁，腹杆直接与弦杆的翼缘板接触，并焊接。节点内只在系统线交点上有一块隔板，其他地方都没有。

全焊节点的困难不在于节点本身，而在于它的工地接头。节点是在工厂制造的，焊接件可以翻转到最合适的焊位，环境条件处于可控状态，条件非常好，不应当有大的困难。但钢梁必须有工地接头，接头的焊接在现场安装时进行，焊接条件与工厂有很大区别。在现场，焊接件不能翻转，焊位受到限制，环境条件（风、雨、气温、湿度等）不易控制。焊前两个焊接件必须事先相对固定。如果是在悬拼状态，相对固定不大容易。这座桥的工地接头在临时支架上对位焊接，很容易固定位置，是最理想的。可以说这是全焊钢梁的一个重要条件。

钢梁安装分 3 部分进行。在中间两个水中墩处设临时支架，在支架上安装支点梁段。然后，由支点梁段向两边延伸安装其他钢梁。两个边孔也设有临时支架，以便安装件可置于支架上对位焊接。边跨安装完成后灌注下弦混凝土，作为中孔伸臂安装的平衡重。钢梁由两水中墩各向跨中伸臂 34 m。中间 140 m 梁段事先在岸边的临时支架上安装焊接，然后用两艘组拼在一起的驳船运送到安装位置。运梁驳船事先装有压舱水，将钢梁支承到驳船的膺架上运到安装位置。进入拼装位置下方后排水升高。再由设在伸臂端的 4 个提升千斤顶提升就位，对准接口，固定后焊接。

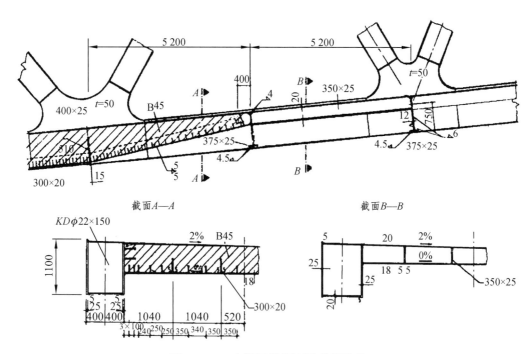

截面A—A 截面B—B

图 1-4-29　南腾巴赫桥下弦截面构造

第十四节　南京大胜关桥

南京大胜关桥是京沪高速铁路和沪蓉铁路专用桥，四线正线铁路，两线城市轻轨。主桥跨度布置为 108 mm+192 m+336 m+336 m+192 m+108 m。结构形式为拱桁组合体系，中间两大孔是桁架拱（图 1-4-30）。

平弦桁高 16 m，拱顶桁高 12 m。桁宽 30 m，3 片主桁，两主桁间距各 15 m。节间长度，除 3 个拱脚前后各 4 个节间为 15 m 外，其余均为 12 m。

钢梁总体结构复杂，全桥结构几何尺寸变化很大，再加上钢桥上的竖曲线设置和起拱设置，使得大部分杆件长度互不相同。

由于主桁内力相差很大，最大内力接近 10 000 t，最小内力不到 1 000 t。如果弦杆宽度同过去一样保持不变的话，将有大量杆件为局部稳定所控制，会造成很大的钢材浪费。为此，大胜关桥采用了 3 种杆件宽度。梁端处宽 600 mm，便于与相邻的连续梁安装连接；中等杆件宽 1 000 mm；大杆件宽 1 400 mm。同时杆件高度也在变化，为 1 200 mm、1 400 mm、1 800 mm 三种。

桥面为正交异性板，与横梁顶面齐平，形成整体桥面。下弦主桁节点变化较大。如图

1-4-31，为了满足横梁高度需要，节点只能向下加高，而不能像明桥面那样向上加高。

图 1-4-30　大胜关大桥

下弦节点还有一个特殊问题，就是节点板穿出上翼缘的细节。日本发表了一篇保坂鐡矢的文章（[日]桥梁与基础，93-8），专门讨论了这个问题。他推荐的细节就是，在上翼缘开矩形孔，节点板从矩形孔穿出。孔的两端采用变坡口焊接，内外两侧采用熔透角焊。大胜关桥用了这个细节，经疲劳试验，可以满足设计要求。

图 1-4-32 是典型的上弦节点。弦杆四面等强拼接。弦杆内的纵肋没有进行拼接，纵肋上的内力经由它所连接的板件传递到拼接板，实现间接拼接。纵肋之所以不直接拼接，是考虑到以下原因：纵肋的厚度需随着被它加劲的板厚变化而变化，如果对拼，板厚差最少为 8 mm（因填板厚度不能小于 4 mm）。这在一定程度上限制了纵肋的板厚变化；纵肋位置容易出现制造误差，一旦误差过大，将会使拼接出现困难；纵肋和板件上的拼接布置容易相互干扰，造成施工不便。

箱形斜杆与节点板对拼，因此节点板内有与斜杆腹板对应的隔板。隔板长度，也就是所需要的传力焊缝长度，需根据腹板强度计算确定。因为一块斜杆的腹板强度是由两条角焊缝来传递的，这两条角焊缝的剪应力总和应大于或等于腹板强度。

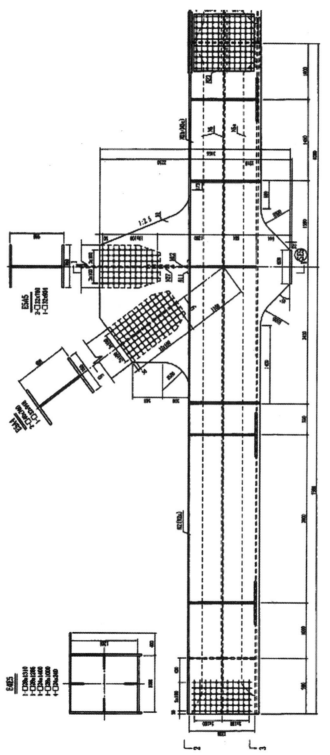

图 1-4-31　南京大胜关桥下弦节点

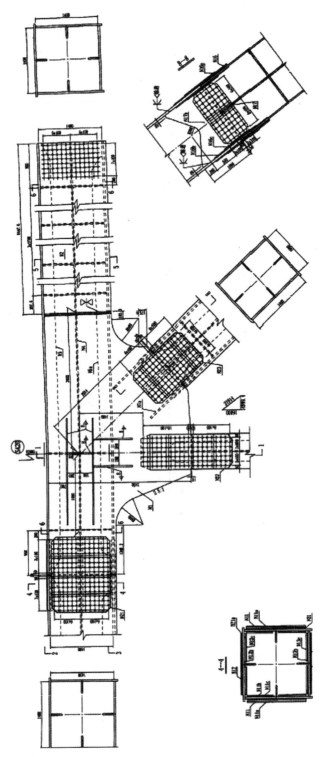

图 1-4-32 南京大胜关桥上弦节点

第十五节　天兴洲长江大桥

大桥位于武汉市长江二桥下游 9.5 km 处，是京广客运专线铁路经武汉时，跨越长江的专用桥。下层四线铁路（两线客运，两线货运），上层 6 车道公路，公路面为正交异性板。公铁合建部分长 2 842.1 m。

主桥为双塔三索面钢桁梁斜拉桥，跨度布置 98 m＋196 m＋504 m＋196 m＋98 m，N 形桁式。主桁总宽 30 m，桁高 15.2 m，节间长度 14 m。弦杆内宽 1 300 mm，高度为 1 300 mm～1 700 mm。主结构钢材 Q370q，最大板厚 50 mm。在大桥横断面上，为了减少铁路横梁弯矩，首次采用了作用于竖杆和横联的斜撑杆。

图 1-4-33 是位于主塔根部附近的大节点。弦杆四面等强拼接，纵肋不拼。箱形斜杆在腹板上开缺口插入拼接。

由于横梁较高（2.7 m），与其对应的内隔板占据了一部分竖杆插入的位置，竖杆只能插入 6 排螺栓。为满足连接强度需要采取了 2 个措施，一是将杆端加宽来增加每排螺栓数，二是采用补强板构成螺栓双面传力。这样，拼接强度就满足了。凡是由于各种原因，使得腹杆插入节点板部分不能满足单摩擦面螺栓布置的，都要使用补强板。而凡是使用了补强板的连接，都要特别注意节点板撕裂强度检算。

图 1-4-34 是上弦节点。上弦节点都需与斜拉索连接，锚管从节点中心通过，这个设计是很合理的安排。对于中桁来说，这样做是唯一正确的选择。

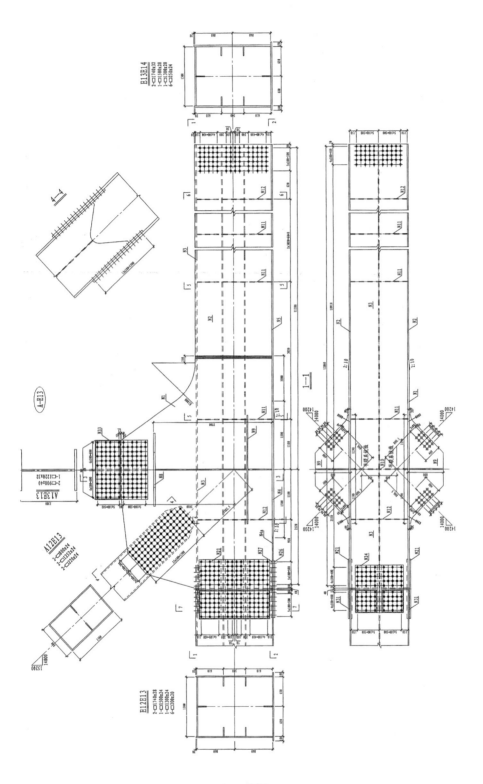

图 1-4-33 天兴洲长江大桥下弦节点图

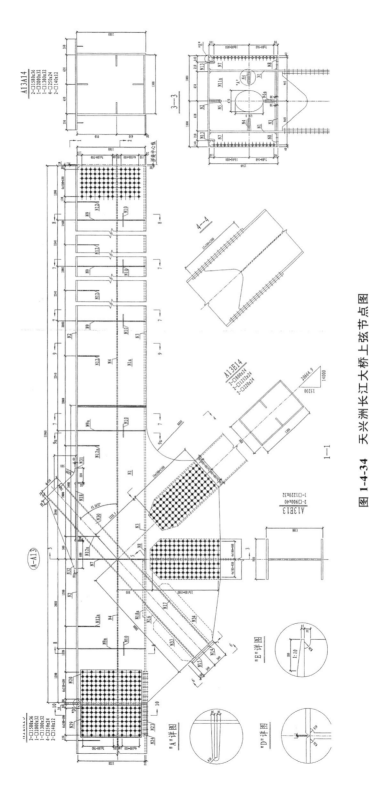

图 1-4-34 天兴洲长江大桥上弦节点图

第十六节 郑州黄河大桥

郑州黄河公铁两用桥是京广铁路客运专线和郑州–新乡城际公路跨越黄河的共用桥梁，上层桥面通行双向六车道一级公路，下层通行双线铁路客运专线。

主桥全长 1 680 m，分两联布置。第一联为 120 m + 5 × 168 m + 120 m 的六塔单索面连续钢桁结合梁斜拉桥，第二联为 5 × 120 mm 的连续钢桁结合梁桥。上层通行六线公路，桥面宽 32.5 m，下层通行双线客运专线，线间距 5 m，公路、铁路桥面宽相差约 17.5 m。主桁横断面为 3 片主桁，边桁斜置（图 1-4-35），桁高 14 m，节间长度 12 m，无竖杆三角形桁式。公路桥面悬臂长 4.25 m。上弦桁宽为 24 m。下弦桁宽 17 m，边桁倾斜 14.036°。边桁杆件均采用平行四边形截面（图 1-4-36），上弦杆高 1 200 mm，宽 940 mm，板厚 20 mm ~ 50 mm。下弦杆高 1 400 mm，宽 940 mm，板厚 16 mm ~ 50 mm。

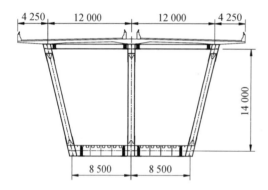

图 1-4-35 横断面布置图（单位：mm）

图 1-4-36 上弦杆

图 1-4-37 和图 1-4-38 分别是这座桥第二联的下弦和上弦节点图。节点板斜向伸出与斜杆拼接。由于是斜桁，斜杆双向倾斜。图 1-4-38 所示为箱形斜杆，它的端面与弦杆的翼缘板处于水平位置，使矩形截面的斜杆在拼接接口成为斜截面，使端口形状成为平行四边形。由此，弦杆相应结构细节就随之发生了许多变化。

斜桁的布置很好地适应了双层行车功能的需要。下弦桁宽减少到 2 × 8.5 m，使铁路横梁很容易就满足了设计刚度。大桥横断面构造布置简洁适用，是一个很有创意的设计。

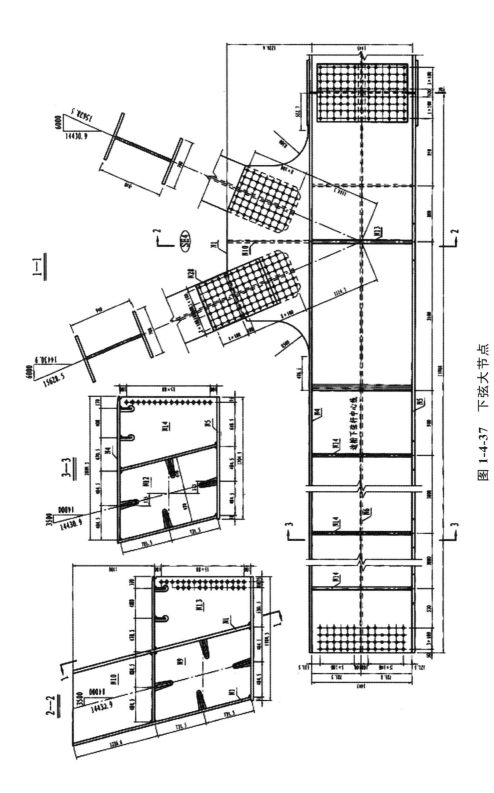

图 1-4-37 下弦大节点

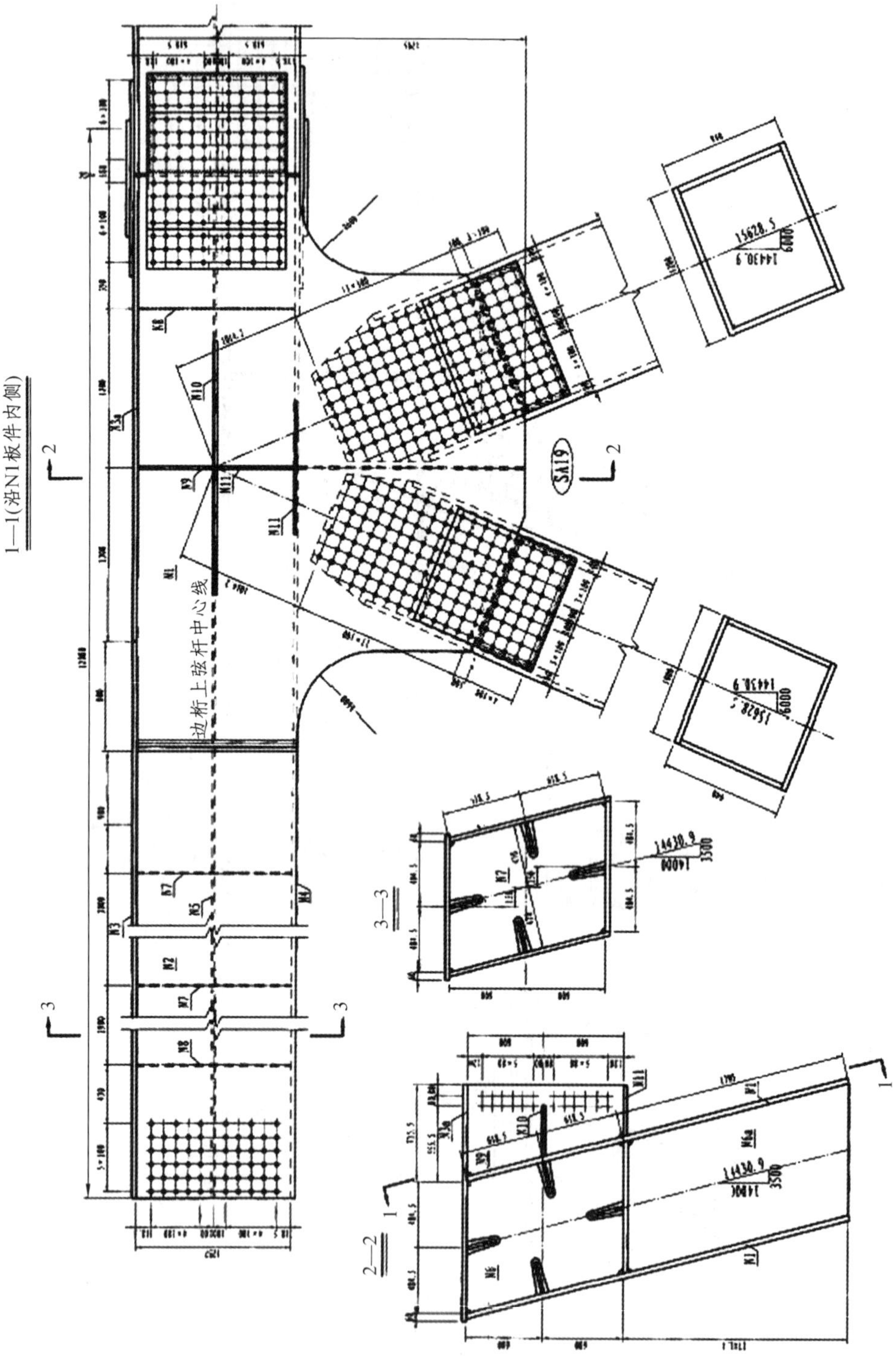

图 1-4-38 上弦大节点

第五章
桥面系

第一节　铁路纵横梁

一、铁路纵梁

铁路纵梁与横梁是铁路桥面系的主要构件。

纵梁应尽可能用鱼形板连接做成连续梁，但弯矩、剪力和反力按简支梁简化计算。我国规范规定，跨中弯矩不打折扣，也不区分端纵梁与中间纵梁。计算跨度为横梁中心距。

横梁弯矩也按简支梁计算，跨度为主桁中心距。

疲劳加载频率比主桁大很多。每通过一个轮对就是一次疲劳加载，故构件的疲劳计算应予特别重视。疲劳强度检算主要部位是下翼缘、腹板竖向加劲肋下端、横梁端部连接和纵梁鱼形板。

纵梁计算除考虑直接荷载内力外，还应计算它随同主桁变形所引起的轴向力。

列车横向摇摆力直接作用于轨底，以一个水平移动，并可反向的 100 kN 水平力，按最不利作用位置检算纵梁的平面联结系。摇摆力经过横梁作用于主桁。从静力角度讲，摇摆力对主桁的影响微乎其微。车辆在轨道上运行是蛇形运动，各轮对产生的作用于轨顶的摇摆力方向是随机的，相邻轮对很难发生向同一边摇摆的可能性。根据实际观测，车辆运行时有以下两个特点：同一车辆的前后轮对和两节车厢的相邻轮对，向同一侧摇摆的几率非常小；各个车辆的轮对摇摆方向完全是随机的，没有规律。所以规范规定，对于多线铁路桥，只需计算一线摇摆力。关于这一点，英国[3]、日本[4]、美国（AREA，1968—1971）很早就有这样的规定。

对于明桥面，当纵梁连续长度超过 80 m 时，应在适当位置设置伸缩纵梁，以减弱桥面参与主桁共同变形影响。纵梁断开，处于同一节间的平面联结系斜撑却并没有断开，此处的平联斜撑承受更大的（主桁变形引起）内力，平联的连接部位容易被拉裂，这样的实例已经并不少见。比较简单的解决办法是，安装时此处的平联螺栓暂不终拧，等落梁后再终拧。这样做，可以消除斜撑随同主桁变形所产生的恒载内力。

为保证纵梁上翼缘面外稳定，铁路纵梁应设横向联结系，间距 4 m 左右。横联的上下横撑需与纵梁的翼板连接。上横撑连接于上翼缘板之下，并在翼缘板与横撑节点板间设垫板 1

块，板厚不应小于 16 mm，以防枕木下挠时接触到纵梁的平联。下横撑必须连接于下翼缘板，不可连接纵梁腹板上。

二、铁路横梁

1. 计算和连接

铁路横梁应尽可能与主桁成直角布置，以简化结构细节。

横梁的计算跨度为主桁中心距，它的跨中弯矩按简支梁计算不打折扣。横梁的支点弯矩计算应考虑其两端主桁杆件的弹性变形，可按框架计算端弯矩。一般认为，当横梁与主桁成直角时，此弯矩值约为按固端梁计算所得弯矩值的 15%[4]。

横梁与主桁的连接应尽可能采用能传递弯矩的鱼形板。当主桁有竖杆妨碍无法设置鱼形板时，对整体节点应将横梁接头的翼板适当加宽，以降低弯应力；对散装节点，则应按规定增加连接螺栓数。就已经建成并运营多年的情况看，按规范增加螺栓数是可靠的。

支承横梁应设置起顶细节，以便连同支承节点在必要时将钢梁顶起，为支座维修提供方便条件。

2. 横梁刚度

横梁刚度是构成安全行车和旅客舒适感的重要环节，文献[3]、[4]等对此都有规定。文献[4]对端横梁和中间横梁的要求非常明确。对新干线，速度较快，限制纵横梁交点处的挠度为 2 mm（端横梁）和 3 mm（中间横梁）。车速在 160 km/h 以下时，可分别放宽到 3 mm 和 4 mm。横梁挠度计算活载是：双线铁路按单线加载，且不计冲击力。

三、纵横梁连接

纵横梁之间的连接我国规范也未区分中间纵梁与端纵梁，支点负弯矩按简支梁跨中弯矩 M_0 的 0.6 倍计。区分中间纵梁与端纵梁的弯矩计算可参见日本规范[4]。此规范的规定是：端纵梁的跨中弯矩按简支梁弯矩的 0.8 倍；中间纵梁跨中弯矩取 0.7 倍；支点负弯矩都取 0.7 倍。可供参考。端纵梁与中间纵梁的两端约束不同：端纵梁仅一端为连续状态，另一端为简支状态；中间纵梁为两端连续。所以内力计算区分中间纵梁与端纵梁，使端纵梁的跨中弯矩大于中间纵梁的跨中弯矩，定性是正确的。

纵梁腹板与横梁腹板的连接只考虑传递简支反力。有鱼形板时，反力应增加 10%。无鱼形板时：连接于纵梁腹板角钢肢，按简支反力计算螺栓数增加 20%；连接于横梁腹板者，增加 40%。不过，无鱼形板设计最好不要采用。纵梁的支点应尽可能设鱼形板承受，否则即使增加螺栓数也不一定可靠。

大多数情况下纵横梁并不等高，且两者的上翼缘齐平，纵梁的下翼缘位于横梁腹板中部。在此情况下，结构细节必须要能使纵梁支点弯矩匀顺传递。常用的做法是，在纵梁下加工字形牛腿，使之与横梁下翼缘齐平，再用鱼形板与下翼缘相连。关于这个细节，武汉长江大桥是很好的范例（图 1-5-4），也可参见图 1-5-5。对于端纵梁尤其需要这样做。最为不好的做法，就是将上述牛腿终止于横梁的腹板上。这样的细节十有八九是会在横梁腹板上开裂的。如果端纵梁也这样做的话，开裂的速度更快。

四、制动联结系

为了将直接作用于轨顶的列车牵引力或制动力传给主桁，需要设置制动联结系，将纵梁连接于平联，通过平联斜撑将上述水平力传给主桁节点。

制动联结系的位置，当未设伸缩纵梁时，应设于跨中；当设有伸缩纵梁时，应设于两伸缩纵梁之间，或设于伸缩纵梁与梁端之间。

五、铁路明桥面跟随主桁变形

铁路明桥面大都设在下弦。即便设在上弦，纵横梁同样也有跟随主桁变形的问题。

主桁在荷载作用下发生挠曲，挠曲变形在主桁杆件中的反映就是伸长或缩短（忽略杆端弯曲）。由纵横梁组成的明桥面与弦杆处在同一平面，并通过横梁与主桁节点连接。所以，弦杆的伸长或缩短必然带动纵横梁跟着变形。

如图 1-5-1，弦杆伸长 Δx，横梁端也跟着移动 Δx。横梁因受到纵梁约束而产生水平弯曲，横梁翼板产生水平弯矩，纵梁产生轴向力。横梁的水平弯曲方向，即可如图 1-5-1 所示的向内弯曲，也可向外弯曲。桥面变形在一定程度上会减少主桁挠度，所以对于主桁杆件都有减少内力作用（"减载"）。只是主桁减载可不予计算。但对于桥面纵横梁来说，这个变形必须予以计算（见钢桥设计规范附录 C）。

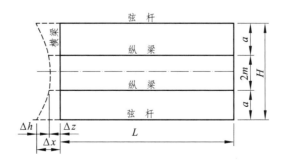

图 1-5-1　桥面变形计算图示

桥面纵横梁的变形是逐个节间叠加的。如果桥面系所在平面的弦杆内力连续同符号（正或负），最远端横梁将产生严重水平弯曲，其翼缘边沿甚至可能屈服。一般当连续长度超过80 m时，需设伸缩纵梁，释放桥面变形和内力。

由于同样的理由，平面联结系的斜撑杆和横撑杆也会产生共同变形所产生的内力。此项内力单独计算时视为主力，容许应力不提高，与风力组合计算时可提高 20%。在设置伸缩纵梁的节间，平面联结系斜撑没有断开，处理建议已如前述。

第二节　公路纵横梁

在铁路钢桁梁建设中，常有公铁合建情况，如武汉、南京、九江长江大桥等。铁路在下层，公路在上层。这几座桥的公路横梁由一片支承于横联的工字梁构成。公路纵梁置于横梁之上，且每四个节间的四根纵梁在支点处用鱼形板连接，形成四孔连续梁。正中间的横梁顶固定，两边的横梁顶都可滑动。因此，公路纵梁每四个节间有一个断缝。

这样做的初衷是使公路纵横梁不要参与主桁共同受力。实际上，随着桥梁使用年限的增加，公路纵梁因锈蚀等原因已难以滑动，还是会产生一些共同受力影响。

另一方面，如果细节处理不当，断缝处纵梁下的公路横梁腹板容易出现病害。由于断缝处是四孔连续纵梁的端孔，纵梁端转角较大，致使纵梁在横梁上的支承点不能压在横梁的腹板附近，而是作用在横梁的翼缘板边上。这样一来，纵梁的荷载反力就在横梁上形成扭矩。这个扭矩就在横梁腹板加劲肋下端产生横向力。随着车轮的移动，此横向力是前后反向重复发生的。如果这里的腹板加劲肋终止于腹板中部的话，加劲肋端部便容易开裂（图 1-5-2）。已发现这样的工程病害和相同性质的工程病害不少，这是应当引起注意的。如果将横梁腹板加劲肋延伸至下翼缘板并焊接，问题便可解决。横梁下翼缘板按疲劳控制设计即可。

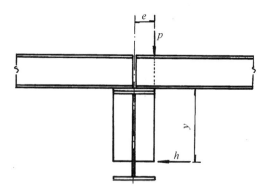

图 1-5-2　公路纵梁断缝处的作用力示意

第三节　整体桥面

钢箱梁所用的整体钢桥面，逐步在钢板梁和钢桁梁中得到使用。这种桥面不仅起着同明桥面一样的作用，而且还兼做平面联结系，同时还参与分担主桁部分弦杆内力。

另一方面，在纵横梁体系中，当钢梁连续长度很长时，横梁在主桁变形影响下将产生很大横向弯曲，需设多处伸缩纵梁才能缓解。若多处设伸缩纵梁，桥面的整体性难免受到影响，这种情况对高速铁路并不理想。如果改用整体桥面，横梁的水平弯曲问题就迎刃而解了。整体桥面的这一优势为发展大跨度钢梁创造了有利条件。

采用整体桥面也会带来一些新的问题。

首先是桥面参与主桁共同受力问题。

对于桁梁结构的整体桥面板来说，共同受力问题就不像钢箱梁那样简单了。桁梁弦杆传递到桥面板的纵向力，是依靠弦杆竖板与桥面板隅角处的剪力流来完成的。在节点外，弦杆边的剪力流与桥面板的剪力流相平衡（数字相等，方向相反）；在节点内及节点附近，弦杆边的剪力流增加了斜腹杆的水平分力影响。这就使节点附近的剪力传递规律发生严重干扰[14]。与支点集中力干扰剪力流的情况类似，使节点附近的有效宽度变小。每一个节点都会发生这样的干扰，使桥面板参与主桁受力的有效宽度不能按照现行规定计算。同时，节间内的小横梁直接作用于弦杆时，弦杆还承受着横向集中力。所以文献[14]认为，可以将弦杆与桥面看成是支承于主桁节点的连续梁，然后按规范计算它的有效宽度。按照这个简化的处理办法，对于像大胜关大桥这样的节间长 12 m、桁宽 15 m 的桥来说，有效宽度当然就很有限了。根据这样的认识，文献[4]采取了简单而明确的方式，对于下承式梁，列车荷载（包括冲击）所引起的轴力的 90%由下弦杆承受，10%由桥面板承受，但是由恒载所引起的轴力全部由下弦杆承受。为什么完全不考虑桥面板分担恒载的作用呢？因为钢梁安装时主桁先装，桥面板后装，主桁已经承受了一期恒载。这样的处理方式可能有些保守，会有些材料浪费。设计工作中简化处理一些复杂的问题也是常见手段。

然而，随着整体桥面的大量使用以及下弦整体箱形的出现，整体受力问题变得越发重要起来，有必要进一步开展研究。对于特别大型的钢桥，这种（桥面基本不参与主桁受力的）处理方式使杆件断面设计出现了很大困难。下一节还要比较具体地谈到这个问题。

其次是弦杆偏心问题，前面已经讲过了。由于采用整体桥面，偏心就更严重了。想要使所有弦杆重心对准系统线中心进行拼接，更加不可能。仍然要进行偏心连接，同时计算偏心弯矩。

第四节 整体桥面上的应力

已经说过，主桁杆件的伸长或缩短，在桥面纵横梁平面内，会引起纵梁的生长和缩短，并引起横梁的平面外（顺桥向）弯曲。纵梁受拉时横梁向内弯曲；纵梁受压时横梁向外弯曲（见图 1-5-1）。

采用整体桥面之后，桥面板与弦杆连接成为一个整体。此时，桥面板上的顺桥向拉压应力来自于弦杆边的剪力流。此剪力流本应向桥面传递，由于受到斜杆水平力的干扰，剪力流在桥面板上的分布规律受到影响。最近的计算研究已经取得初步成果，采用适当的计算模型，桥面应力的剪滞规律还是有可能得到的。计算结论的实验验证虽然很需要，但困难不小，主要是模型和实验规模恐怕会很大。因此在很大程度上需要依靠计算研究。

计算方法有多种选择。比如，在桥梁整体桁架的每一个"节点上"（而不是桥面上）加等值荷载，荷载数值大体相当于主力组合即可。由此得出所有杆件的杆力。然后，取出数个下弦（和桥面）组成的节段，输入所有已经得到的杆件内力和整体计算所用的节点荷载，由此即可算出桥面应力的分布规律。需要特别注意，荷载只能直接加在主桁节点上，不能加到桥面上去。因为加到桥面上的荷载所产生的局部应力会与主桁传过去的应力叠加，使剪滞规律受到严重干扰，看不到剪滞的分布规律。桥面局部应力以后可以另行计算，再叠加上去。

横梁上翼缘与桥面板连成为一个整体，横梁面外弯曲不能产生。需要注意，桥面板与弦杆必须连为一体的，如果没有连为一体，情况就不同了。因为弦杆内力向桥面转移的量值（杆件边沿剪力），与桥面板是全部连接还是局部连接是没有关系的，全部连接与部分连接，不能改变主桁向桥面传力的数量。因此，全部连接时剪应力就会小，部分连接时剪应力就会大。

第五节 工程实例

一、武汉长江大桥铁路横梁

横梁为铆接结构，高 2 074 mm。上下翼缘都是 $2-\angle 20 \times 200 \times 200$ mm 加一块 16×440 mm 的板，腹板厚度 16 mm（图 1-5-3）。纵梁在弦杆中心线以上，平联在弦杆中心线以下。由于有主桁竖杆，横梁端部没有设鱼形板，也没有设隔撑或角钢。但是按规定，与横梁腹板相连的铆钉和与节点板相连的铆钉都增加了相应的数量。此桥运营已有 50 多年，上述连接完好无损。主要是因为合理增加了连接强度，且角钢的连接肢有一定的柔性，对梁端弯矩有一定缓解。

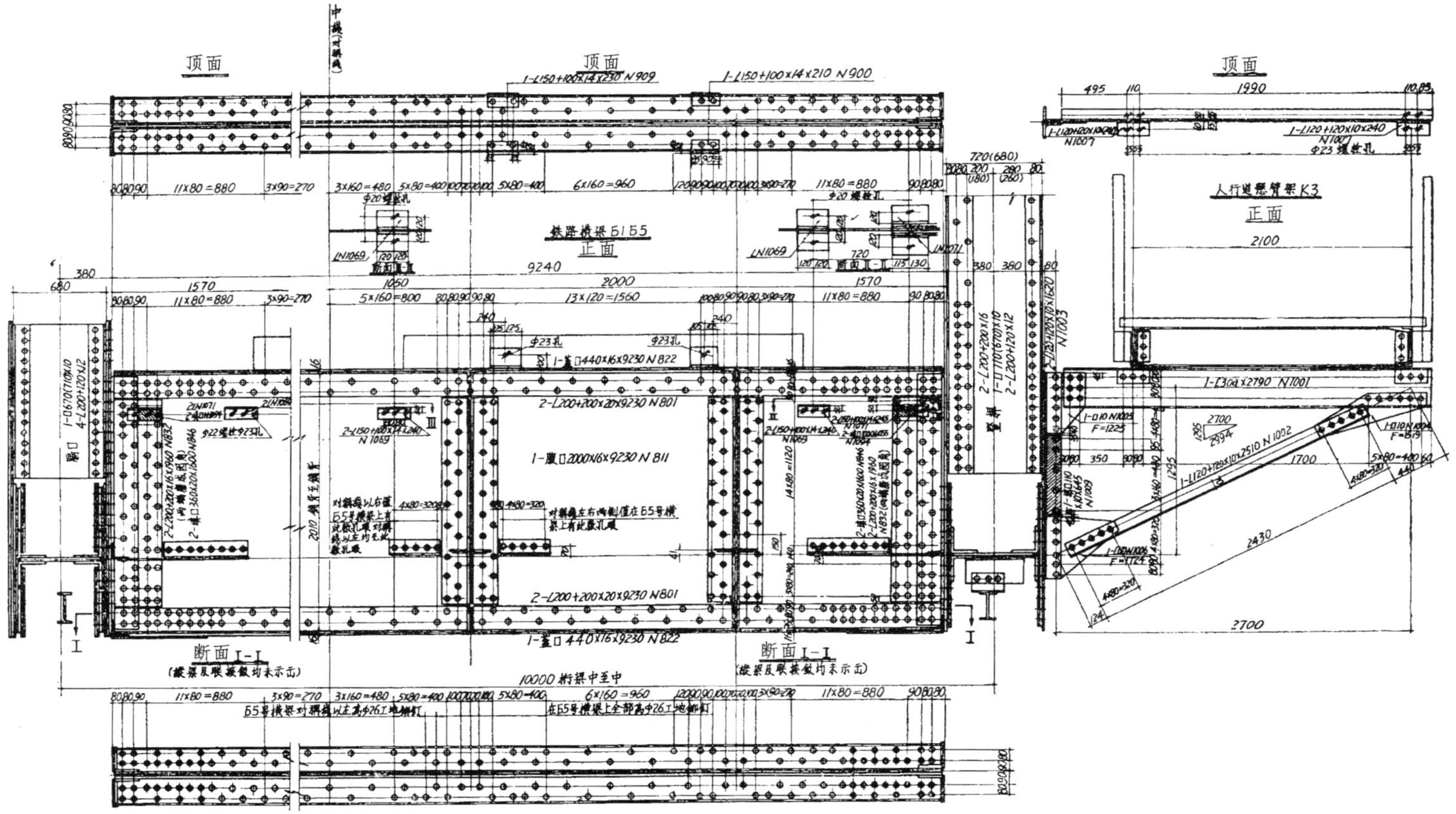

图 1-5-3 武汉长江大桥铁路横梁图[12]

二、武汉长江大桥铁路纵梁

纵梁跨度 8 000 mm，高 1 420 mm。两片一组，间距 2 000 mm。两片间的横联设在纵梁正中间，平联设在上平面。纵梁的上翼缘由 2 个角钢（2−∠14×100×100 mm）和 1 块盖在上面的板（10×260 mm）构成。下翼缘是 2 块角钢（2−∠14×100×150 mm），腹板 10 mm×1 400 mm，全部铆接而成（图 1-5-4）。纵梁的横向联结系与上下翼缘相连，上横撑节点板之上有垫板 1 块。

需要特别注意的是纵横梁的连接细节。纵梁比横梁矮 654 mm，为了不使纵梁的下翼缘弯应力作用于横梁腹板，在纵梁端头下面设了工字形"板凳"。"板凳"之下用一块鱼形板将两边的板凳和横梁下翼缘连在一起。特别是端纵梁，用"板凳"实现与横梁下翼缘的连接更加重要。实践多次证明，这种连接细节非常可靠。焊接结构也一样，也必须这样与下翼缘连接。

还有一种情况，即将纵梁搁置在横梁上面，伸缩缝也在横梁顶面。此时，在纵梁伸缩缝的搁置点的横梁腹板上必须设置加劲肋。此加劲肋的下端不能终止于横梁腹板的中部，而应接触到横梁的下翼缘板，并进行连接。当然，这个连接细节应对横梁下翼缘进行疲劳强度检算，并把疲劳强度控制在容许范围以内。

"板凳"的设置方法有不同形式。图 1-5-5[13]所示的这四张图，共同之处是全都使用了"板凳"，亦即必须将纵梁梁端的弯应力传到横梁的翼缘板上去，而不能传到横梁的腹板上。图 1-5-5（a）和（c）是一样的，也是常用形式。两者的差别是"板凳"的结构不同。"板凳"与纵梁下翼缘的连接螺栓数按纵梁梁端弯矩形成的鱼形板力偶计算即可。图 1-5-5（b）是将纵梁接头外移，横梁在此处的上翼缘板需局部向外加宽（注意不是在旁边焊接加宽）。下翼缘则是另外焊上去的接头板。图 1-5-5（d）与（b）类似，只是因为纵梁需要低于横梁顶面才做成这个样子。

三、武汉长江大桥制动联结系

武汉桥为双线铁路，四片纵梁。制动联结系将四片纵梁与下平联连为一体（图 1-5-6），制动力经纵梁传给制动架，最后传给主桁节点。制动架与平联都在纵梁之下，且处于同一平面。但其顶面与纵梁下翼缘底面是离开一定距离的，以免纵梁挠曲时压到平联杆件上。只在设制动架时，才在纵梁下面加钢板连接。

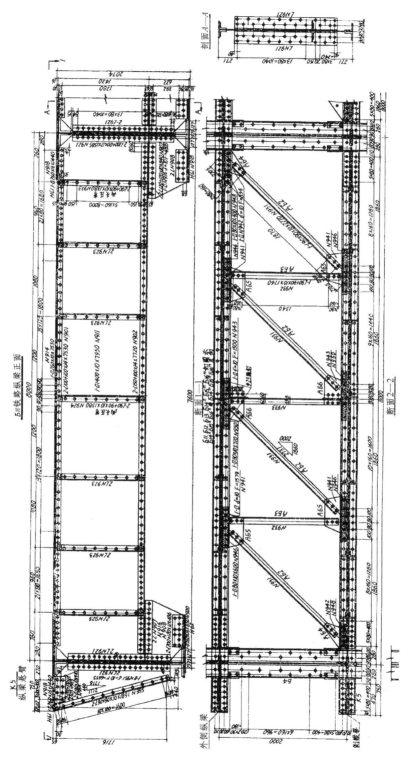

图 1-5-4　武汉长江大桥铁路纵梁图[12]

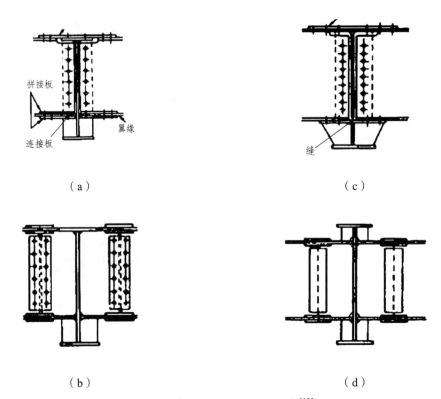

（a）

拼接板

连接板

翼缘

（c）

缝

（b）

（d）

图 1-5-5　典型的纵横梁连接示意[13]

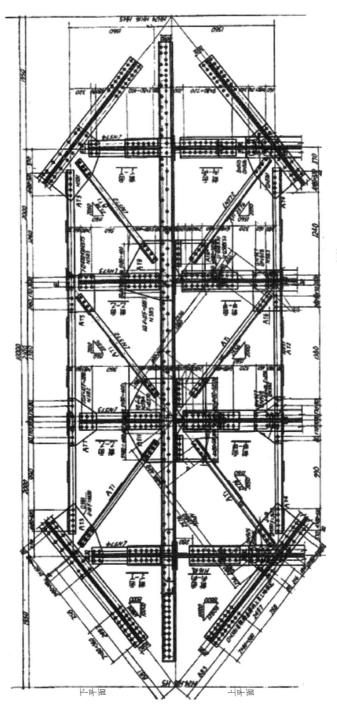

图 1-5-6 武汉长江大桥制动联结系图[12]

第六章
联结系

第一节 横向联结系

横向联结系是连接主桁，制约主桁水平偏移的专设构件。有双线或多线活载时可起到均衡竖向力的作用。一般每两个节间需设置至少一副横联。对上承式桁梁，每个节点都应设置横联。对于下承式梁，荷载作用位置在结构重心的下方，情况会好得多。当主桁没有竖杆时，横联只能沿斜杆设置。在这种情况下，可以间隔一两根斜杆设一副横联，也可在上弦节点处设人字形隔撑。对单线铁路桥，横联不需精确计算，杆件按刚度设计即可。对双线铁路桥，可按两横联间的偏载，即活载分配于两主桁的竖向力之差，近似计算杆件内力。横联杆件的类型不必多，尽量少一些为好。

横向联结系的处理此前都是简化办法，很少仔细研究，国内外具体做法都不完全一样。我国与美日等国的做法基本相同，德国却很少见到使用横联的，像前面提到的南腾巴赫桥钢梁就没有横联。现在还在使用的山东泺口黄河桥钢梁（德国人建于辛亥革命期间）也没有横联，值得研究。

第二节 桥门架

桥门架是上平联的水平支点，主桁上半部分的水平风力以匀布力作用于上平联，上平联（桁梁）的支点即桥门架。作用于桥门架上端节点的集中力即平联的支点反力 W。按 W 计算桥门杆件内力即可。

桥门架的计算：假定桥门架（图 1-6-1）在风力作用下横向移动，图中的 O 点是肢腿反弯点，反弯点 O 的位置：

$$l_0 = \frac{c(c+2l)}{2(2c+l)} \qquad\qquad (1\text{-}6\text{-}1)$$

式中　l_0——弯矩零点至支承节点中心距离;

l——桥门架斜腿全长;

c——支承节点中心至斜撑下端节点中心距。

假设桥门架下端固定,利用 l_0 可计算斜腿下端弯矩和各杆件内力。斜腿的纵向力也应予计算,即:

$$T = \frac{W(l - l_0)}{B} \tag{1-6-2}$$

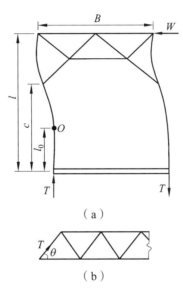

（a）

（b）

图 1-6-1　桥门架计算简图

迎风侧的 T 为拉力,避风侧为压力。T 的竖向分力作用于支座,水平分力:

$$s = T\cos\theta \tag{1-6-3}$$

叠加于下弦杆。

第三节　平面纵向联结系

一般情况下,桁梁应设置上下平面纵向联结系,但整体桥面所在的部位可不另外设置平联。

平联所承受的力有 3 种:一是参与主桁变形所产生的共同作用力;二是由水平风力所产生的杆件内力;三是在制动架所在的节间,将制动力传给主桁。

在伸臂安装过程中,两侧受压下弦杆连同下平联形成组合抗压构件,共同承受伸臂荷产生的压力,确保主桁的面外稳定。

平联杆件截面除需考虑内力外，还要满足刚度要求。当主桁宽度较大时，平联杆件会明显向下挠曲，杆件应具有必要的抗弯刚度。

第四节　工程实例

在工程结构中，横向联结系和桥门架的形式很多，这里所选的是几个有代表性的例子。

一、境水道大桥桥门

这是一个典型的板式桥门架，完全没有零碎杆件，非常简洁美观。在不影响行车净空的条件下，桥门架的肢腿应尽量往下伸，以便更多的增加竖杆刚度。图 1-6-2 显示，肢腿已下伸 5 000 mm，但与净空线还保持着很大距离。竖直肢与水平肢间的圆弧半径仅 850 cm。

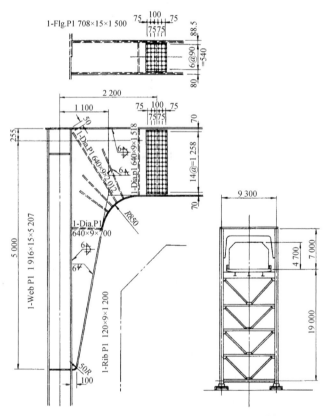

图 1-6-2　境水道大桥中间支点处桥门[7]

桥门为双腹板（箱形），分为 3 件。靠边的一件与主桁竖腹板连为一体，在工厂制成单件。这一件内部有 6 块隔板，因内宽只有约 600 mm，日后又难以进入养护，所以让拼接缝边的隔板形成内部密封，不需后期养护。桥门的隔角圆弧半径不宜过大，过大的圆弧会使桥门显得臃笨。

二、Newburgh-Beacon 大桥横联[7]

图 1-6-3 是桁架式横联。一般情况下，下横撑是水平的。这种横联将下横撑做成曲线，不仅外形比较美观，而且与竖杆的连接位置下移，有利于对竖杆的加劲，增强横联刚度。

上下横撑为箱形，腹杆为 H 形。由于杆件宽度大，达到 823 mm，所以横撑的翼缘板和斜撑的腹板都采用了纵向加劲肋。上横撑截面两边高度不同，是为了适应主桁上弦线形变化。

所有杆件都是分件制造，安装时进行高强度螺栓连接。所以，横撑杆和主桁腹杆上都设有便于螺栓施工的人孔。这种安排对主桁腹杆制造最为方便，精度最容易保证。

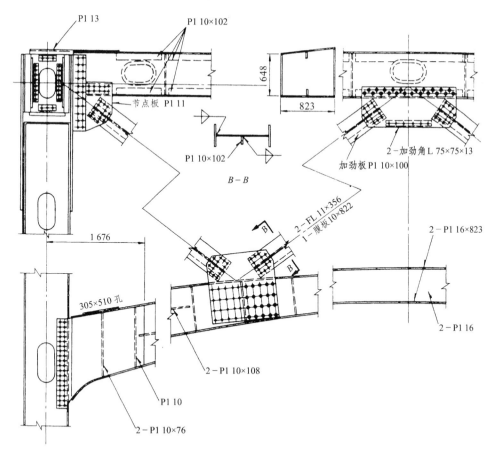

图 1-6-3　Newburgh-Beacon 桥横联[7]

三、孙口黄河大桥横联和桥门架

孙口黄河大桥采用板式横联（图1-6-4）是为了与整体节点相协调。由于没有竖杆，横联只能沿斜杆方向布置。横断面的上部是正工字形，下部是斜工字形，高600 mm。每两个节间布置一副单向倾斜的横联。横联与境水道大桥一样，也分为三部分，但分法有所不同（见图）。它是只将肢腿的下半部与主桁斜杆一起制造，肢腿的上半部只焊了一块连接板。正工字和斜工字组成的中间横撑是制造难度较大的构件，主要是杆件的中线收缩较大。由于事先采用了预防措施，最后安装都还较方便。安装时只将横撑吊装到位连接，肢腿部分与事先设在斜杆上的连接板栓接。隅角处设有加劲肋，以保证腹板稳定。

为增加桥门架刚度，在满足行车净空条件下，将高度加高到1 800 mm，板件厚度也相应有所增加，其他与横联基本相同（图1-6-5）。

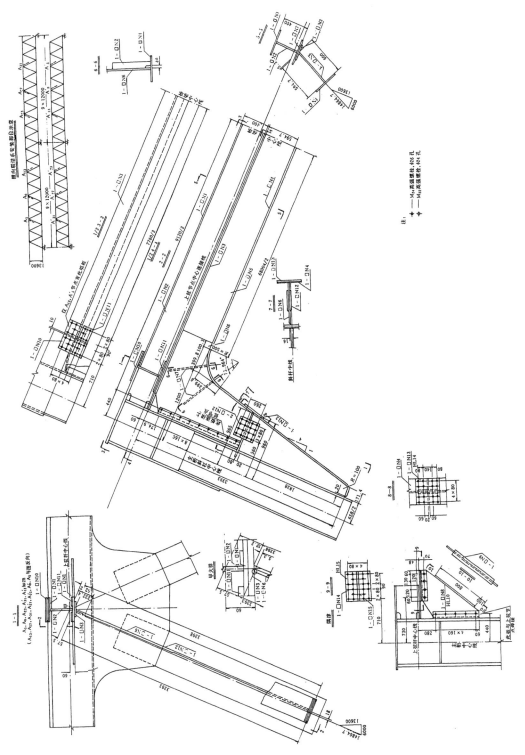

图 1-6-4　孙口黄河大桥横联图

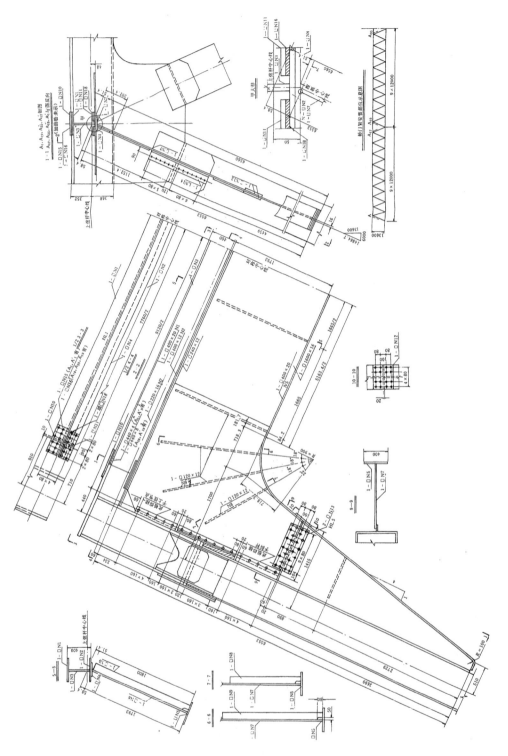

图 1-6-5 孙口黄河大桥桥门架图

第七章
焊接设计

现代钢结构工厂制造的连接方式是焊接，没有焊接也就没有现代钢结构。所以，焊接设计是钢结构设计非常重要的组成部分，钢结构设计者不能不予以高度重视。

焊接的内容非常丰富，桥梁钢结构工作者的精力不容许很深入的涉足焊接。但是，与钢结构构件设计有关的基本焊接知识则必须予以了解。合理使用焊缝，决定焊缝尺寸，对焊缝力学性能的要求等，都需要了解焊接知识。

钢桥焊接包括对接焊、角接焊。角接焊又分普通角焊、坡口角焊、熔透角焊和棱角焊，以下分别进行讨论。为了讨论方便，需要先介绍一些简要的焊接基本知识。

第一节　焊接基本知识

一、焊接过程

桥梁钢板焊接，是在两块金属的接触面，通过焊丝和钢板间气体介质的放电过程形成热源进行加热，使焊丝和金属在大约 1 800 ℃ 的高温下熔化，金属原子在接触面进行扩散和再结晶，形成新的金属键，使两块金属板形成整体。焊接过程还伴随着复杂的物理和化学冶金变化，这些变化直接影响着焊缝金属的成分、组织和力学性能。焊接试验就是寻求科学掌控这些变化的材料和工艺，形成符合要求的焊缝。

二、焊接方法和材料

焊接方法很多，钢桥构件常用焊接方法有埋弧自动焊、二氧化碳气体（或其他惰性气体）保护焊、药芯焊丝气体保护焊及手工焊等。

不同的焊接方法有不同的适用范围。埋弧自动焊因焊丝较粗，直径 $\phi 4\,mm \sim \phi 5\,mm$，焊接效率高，是工厂大量采用的方法。气体保护焊焊丝很细，多为 $\phi 1\,mm$，常用于焊缝打底（就是焊第一道）。细焊丝打底是一个焊接技术进步。首先是坡口不必开成 U 形（开 U 形的目的是使粗焊丝能够伸到坡口底面），这就减少了焊缝金属填充量，减少了焊接工时。同时，所需线能量很小，不会对基材的塑性和韧性有大的损失。根部夹渣的可能性也很小。

手工焊只用于定位焊和某些不能使用自动焊的部位。

不同的焊接方法和被焊基材有不同的焊接材料。对于 Q345q 和 Q370q，常用埋弧焊丝为 H08MnA 或 H08Mn2Si，配用焊剂 HJ350 或 SJ101；点固焊焊条为 J507 和 J506Fe。所有这些焊接材料都有国家标准，可供查阅。

三、焊接熔池和焊缝三区

在焊接热源作用下，焊丝（焊条）及被焊金属局部熔化，形成熔池。熔池深度包括焊缝金属和底部被熔化的母材。结构工作者习惯上将熔池底部（及周边）母材熔化的深度叫做"熔深"，或"咬合"深度。"熔深"直接与焊接线能量有关，线能量越大，"熔深"越大。

在进行埋弧自动焊时，熔池随着电弧平稳、匀速的移动而移动，最终形成焊缝。

埋弧自动焊焊丝端头埋在焊剂中，且离开钢板一定距离。这个距离是在工艺评定时选定的，在整个焊接过程中，焊丝端与钢板间的距离保持不变。因为焊丝是不断熔化的，为要保持上述距离，电流、电压、自动焊机走行速度（车速）、焊机的送丝速度（条速）必须要有非常稳定的配合，其中任何一个因素的变化都会导致焊缝缺陷——熔深大小不一，焊缝成形不良，等等。

对于较厚的板，常常要进行多道焊才能形成焊缝。多道焊的焊道之间，有时需要控制温度——在进行下一道焊接之前，使上一道焊接的温度（层间温度）控制在所需范围内。过低或过高的层间温度都会影响焊缝力学性能。

观察焊缝横断面（见图 1-7-4），可将此断面分为三区：即焊缝金属区、熔合区（熔合线）和热影响区。当焊接材料和工艺不同时，三区的力学性能也不同，所以焊缝力学性能必须包括这三区。在考察焊缝强度、冲击韧性、延伸率等力学性能时，应对这三区分别进行试验考察。

图 1-7-4 中的焊缝金属是由熔化的焊丝（或焊条）和局部熔化的母材组成。母材成分在焊缝金属中所占比例叫做熔合比，熔合比的大小与焊接热输量有关。焊缝与母材相邻的部位便是熔合区（温度约 1 500 ℃）。熔合区的范围很窄，但其化学成分和组织性能很不均匀，对焊接接头的强度、冲击韧性有很大影响，是必须予以重视的。熔合区以外就是热影响区（温度约 1 100 ℃），由于过热，此区域的晶体严重长大，冲击韧性会明显降低。一般降低 30% 左右是常有的事，所以此处也是容易出现裂纹的区域。

四、线能量

线能量即单位长度焊缝所消耗的热能。焊接热能取决于电弧电压 U(V)、电流 I(A)、焊接

速度 V 和热效率系数 η。

线能量为：

$$E = \frac{\eta U I}{V} (\text{kJ/cm}) \tag{1-7-1}$$

线能量 E 的量纲取 kJ/cm，焊接速度 V 的量纲取 cm/min，系数 η 约为 60。例如，点固焊电流 160 A，电压 24 V，焊速 15 cm/min，$E = 15.36$ kJ/cm。手工焊线能量在 20 kJ/cm 左右。埋弧自动焊 $V = 20$ cm/min～25 cm/min，$I = 680$ A～710 A，$U = 28$ V～31 V，线能量一般 35 kJ/cm～40 kJ/cm。

大的线能量可以提高焊接速度，加快制造进度。但是，过大的线能量会降低焊缝的冲击韧性。工效与性能是相互矛盾的，工艺试验就要找到这个平衡点，既能满足力学性能要求，又不致影响制造速度。

五、焊接裂纹

焊接裂纹是焊缝最为严重的缺陷，在焊接实施过程中无论出现何种裂纹都必须首先查明原因。就裂纹性质而言，可分为热裂纹和冷裂纹。

1. 热裂纹

焊缝冷却是焊缝金属由液态向固态的变化过程。随着温度下降，焊缝边沿金属最先凝固，并向中部逐渐推进。在这个过程中，同时出现焊缝收缩。而先期凝固的金属会约束焊缝收缩，产生拉力。如果焊缝中的硫磷含量较多，它们与铁的化合物就会在晶体之间形成薄弱层。在上述拉力作用下出现裂纹，即热裂纹。热裂纹常出现在焊缝中部，沿长度方向分布。严重的热裂纹能够深入焊缝内部。

防止产生热裂纹的措施：首先是限制焊缝金属的磷硫含量，最好能将磷硫分别控制在 0.02% 以下。碳元素的含量必须适当，不能过高。焊接材料的碳含量都必须合理控制（焊条和焊丝的含碳量总是低于母材）。

2. 冷裂纹

冷裂纹是出现在熔合线附近（焊趾、焊道下、焊缝根部）的裂纹，焊后数小时或数十小时之后陆续产生。因此，也称冷裂纹为延迟裂纹。

产生冷裂纹的原因可简述如下。

焊接过程是快速加热，又快速冷却的过程。如果没有预热措施，冷却速度非常快，钢板容易"淬硬"（硬度升高，延性下降），导致开裂。其中，焊缝从 800 ℃ 降到 500 ℃ 的时间（t_{8-5}）是关键时段。这个时间段的时间超过某个临界值，便容易出现冷裂纹。有些学者经过大量试验，得出了针对某些钢的 t_{8-5} 的经验公式是很有意义的，它可以对是否需要预热，预热多少温度提供定量依据。

"淬硬"的严重程度还取决于钢的化学成分和氢含量。其中，碳含量和氢含量是影响最为严重的两个元素。氢元素是焊接过程中溶进液态焊缝金属中去的，冷却时难以完全溢出而留存于焊缝。它不仅可以引起焊缝中的气孔、氢白点和氢脆，还可引起冷裂纹。烘干焊条，预热，可促使氢元素逸出。反应化学成分（包括氢）对冷裂影响的"裂纹敏感指数"有重要参考价值，可查阅有关资料，不赘述。

裂纹典型形态参见图 1-7-5。

六、清 根

两块厚板进行坡口对接焊，或熔透角焊时，坡口两边都要进行多道焊。在一边进行了一道或数道焊接后，需进行另一边焊接。在进行另一边焊接前，先要清除焊缝根部的焊渣等残留物，即清根。单边坡口焊接时，没有坡口的那一边也要清根，然后进行一道封焊。

第二节　焊缝力学性能基本要求

设计要求的焊缝力学性能主要是五大项：极限强度 σ_b、屈服强度 σ_y、延伸率 δ_5、冲击韧性 C_v 及冷弯 180°不裂。

设计文件提出焊缝力学性能要求是非常必要的，因为这是制造厂进行一切焊接工艺试验的依据。

一、强度和延伸率

σ_b、σ_y、δ_5 都不应低于基材，但过高的强度也是不可取的，详见本章第六节。

二、冲击韧性 C_v

C_v 按桥梁地理位置的最低温度及荷载特点，结合母材性能提出设计要求。目前多半采用比较简单的做法。BS5400 和欧洲钢结构设计规范的最新版都对此做了更为合理的阐述。这在选材部分已经讲过了。

三、焊缝三区强度

焊缝强度包括"焊缝三区"（焊缝金属、熔合线、热影响区），不能只注意焊缝金属而忽略熔合线和热影响区。对接焊缝强度最终评定，是取对接的板式试件（不是圆棒）进行多组拉伸试验，以不断于焊缝为原则。

第三节　实际情况

通常情况下，即便是性能优良的结构钢，经过焊接，它的塑性和韧性都会下降，强度会提高。这样的变化虽然带有规律性，难以根本改变，但程度应当有所限制。

母材经过焊接，焊缝（包括焊缝金属、熔合线、热影响区）的塑性和韧性下降，一般下降 $30\% \sim 40\%$ 是比较常见的。而有时下降幅度会超过50%。尤其是当基材韧性很好时（例如冲击韧性 200 J 以上），这种情况会更严重。在这种情况下，应当具体问题具体分析。因为下降之后的韧性可能出现两方面的情况：一是仍然能够满足设计要求；二是不能满足设计要求。对于后一种情况，当然不能接受，必须改善焊接工艺，提高冲击韧性。对于前一种情况，从设计角度看，不一定作更高要求。但从焊接角度看，应当找出塑韧性大幅下降的原因，把焊接工艺搞得更好一点。否则，优良的基材韧性被焊接损失一大半就很不合理了。

另一个变化就是焊缝强度会比母材高很多，特别是屈服强度与极限强度的比值上升，影响到结构的安全储备，这是大家都不愿意看到的。

所以前一节提出的力学性能要求，在生产实践中存在不少问题和矛盾。这些问题和矛盾也只有在确保力学性能的前提下，优选良好的焊接材料和焊接工艺来解决。

第四节　影响焊缝力学性能的主要因素

概括地说影响因素就是两条：一是焊接材料；二是焊接工艺。

一、焊接材料影响

必须根据母材的化学成分和力学性能选择合适的焊接材料，包括焊丝、焊剂、手工焊条等。符合国家标准的、市售的、与各种不同母材配套的焊接材料有很多。根据配套的规律和经验，很容易选择一种或数种配套焊材。选择的焊材都应进行力学性能实验和必要的认证。

二、焊接工艺影响

确保焊缝力学性能是一切焊接工艺实验的依据。焊接工艺包括定位焊工艺（预热工艺等）、埋弧焊（包括对接焊、角焊、棱角焊）、气体保护焊。工艺内容包括预热，选择电流、电压、焊机走行速度、送丝速度等。

在焊接工艺中，线能量对力学性能的影响起着很重要的作用。

三、线能量影响

线能量是电流、电压和焊速的综合指标，见式（1-7-1）。

不同的线能量对焊缝各区性能会有不同影响。前面提到，大的线能量可以明显提高焊接工作效率，但过高线能量可能使热影响区和熔合线的冲击韧性明显下降。所以，限制焊接线能量总是经常需要的。

在选择线能量时，为了方便生产，应当要容许线能量有一个较大的波动范围。因为电流、电压总是会有波动的，线能量也就要波动。如果不容许波动或容许的波动范围很小，不仅会严重影响生产效率，还会影响焊缝力学性能。现在已经知道，某些热处理和控轧的高强度钢就比较容易出现这样的问题，工艺性很不好。这种情况不仅增加钢梁生产成本，还会严重影响桥梁建设工期。这是选材时必须予以注意的。

这里举出一个实际例子。

图 1-7-1 表示的是不同线能量对焊缝金属及熔合线冲击韧性影响的实验曲线。母材 16Mnq，24 mm 板，横向对接焊（焊丝 H08MnA，焊剂 SJ101）。左图（a）表示的是焊缝金属韧性与线能量的关系。当线能量为 37 kJ/cm 以下时，– 25 °C 和 – 45 °C 的冲击韧性都非常好。右图（b）表示的是熔合线韧性与线能量的关系。随着线能量的增加，冲击韧性急剧下降。图 1-7-1 表明，如果将标准定到 – 45 °C，$C_v \geqslant 40$ J 的话，线能量就不能超过 40 kJ/cm。影响焊缝力学性能的因素还有很多，不一一列举。

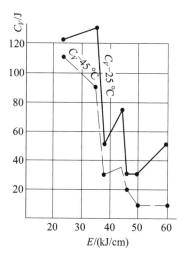

（a）对焊缝金属冲击韧性影响

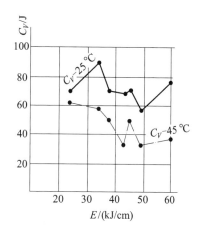

（b）对熔合线冲击韧性影响

图 1-7-1　线能量对焊缝冲击韧性的影响

第五节　母材焊接性与制造工艺评定

母材焊接性是针对母材的，制造工艺评定是针对制造工艺的，两者不能相互代替。对于已经熟悉的母材，焊接性试验可以不做。工艺评定一般不能免除，因为对于不同的钢桥，结构焊接细节组成形式，钢板厚度搭配等总是不会完全相同的。

一、母材焊接性试验

1. 焊接性试验的主要意图

焊接性试验的主要意图在于，所选用的钢材是不是可焊，钢材在焊接加工时是否裂纹敏感，焊缝的力学性能是否满足结构受力需要。

在考虑钢材力学性能的同时，必须充分重视它的焊接性（也称可焊性）。道理很简单，性能再好的钢只要焊接性不好那就不能使用，即使勉强用了也会在制造过程中产生许多麻烦——费工、费时、费钱，没有发展前途。例如 15MnVN 钢，基材的各项性能都很好，但是因为钢材化学成分的关系，焊接难度大。难以避免的线能量小幅波动，都会对焊缝力学性能产生不良影响。所以这种钢后来也就无法继续使用。

下列情况必须进行焊接性试验。首先是国内新开发的钢材。冶金部门在开发新钢种的同时，必须考虑它的焊接性并进行试验。而且所选用的焊接材料（包括各种焊丝、焊剂、焊条等）最好是市场上可以买到，已有国家标准的定型产品，不得已时才重新开发。其次是进口的钢材。进口钢材应同时重视焊接性，首先是要求供货方提供焊接性资料，然后要进行试验。一般不必在进口钢材的同时配套进口焊接材料。通常用国产焊接材料就可以解决问题。例如，日本和韩国的 SM490 钢不仅焊接性非常好，而且可以使用国产焊接材料进行配套焊接。这种情况是非常理想的。

2. 焊接性评价的主要条件

焊接性评价从设计和施工角度讲，最主要的是两条：一是经过焊接之后，与母材相比，焊缝（包括焊缝金属、熔合线、热影响区）的力学性能不要变化太大。这主要是指焊缝的塑性和冲击韧性不要下降太多，强度不要过多地高于母材。

二是焊接工艺不要太复杂。像常用的 16Mnq 桥梁钢，焊接生产不需焊前预热和焊后保温，焊接规范（电流、电压、线能量）的幅度也有比较大的活动余地，而不是控制得很紧。这一点不仅是方便了工厂制造，而且对确保制造质量也很有好处。

3. 影响焊接性的主要因素

主要影响因素是：母材化学成分和轧制工艺。

母材对焊接性的影响可以用碳当量公式来粗略表示。碳当量公式很多，而且对于不同类型的钢种有不同的碳当量公式。下面列出一个我国桥梁用结构钢的碳当量公式：

$$C_{eq} = C + \frac{Mn}{6} + \frac{Si}{24} + \frac{Ni}{40} + \frac{Cr}{5} + \frac{Mo}{4} + \frac{V}{14} \quad (\%) \qquad (1\text{-}7\text{-}2)$$

对于桥梁结构钢而言，根据经验，碳当量最好是在 0.44 以下，C_{eq} 越大焊接越困难。C_{eq} 超过 0.44 也不是不能焊，但可能需采取预热、缓冷、保温、层温控制等更多的工艺措施。

单纯以碳当量来估计焊接性是片面的，还需考虑扩散氢、拘束度和热循环条件等因素。

在轧制工艺方面，热轧状态的钢板容易焊接；控制轧制、调质、热处理钢板焊接时，掌控比较复杂。所以钢板交货条件以热轧状态为好。

4. 焊接性试验主要方法

焊缝的抗裂能力（抗裂性）必须通过试验认定。这种试验有多种方法，举两个常用的例子。

斜 Y 形坡口焊接试验是一个考验焊缝金属抗裂能力的试验方法（图 1-7-2）。对接钢板开成斜 Y 形坡口，坡口两端事先焊好，使两块钢板的相对位置被固定。然后在中间焊一道试验焊缝，试验焊缝收缩时钢板不会移动，要求焊缝不开裂。

刚性固定对接试验（图 1-7-3）：两块受试钢板的三个非坡口边事先焊接固定在一块钢板上，坡口间留 3 mm 间隙，然后焊接试验焊缝。焊缝冷却收缩时，受试钢板同样不能移动，要求焊缝不开裂。

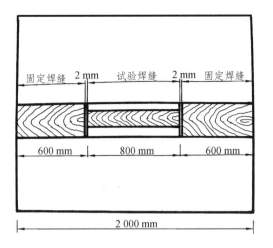

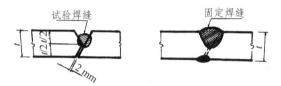

图 1-7-2　抗裂试验

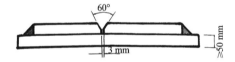

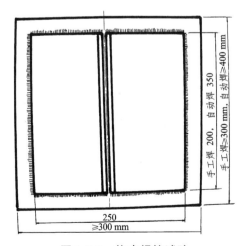

图 1-7-3　拘束焊接试验

这两个试验办法足以说明，实验条件是很严格的。通过这样的实验之后，在严重的约束条件下施焊——例如大块件桥面板在桥上的工地对接焊——焊缝一般不会开裂。

二、焊接工艺评定及其主要内容

原则上对每一座钢桥都需分别进行焊接工艺评定。

首先是因为不同的钢桥有不同的焊接接头组成——对接、角接的不同板厚和不同板厚组合，而不同板厚和不同板厚组合就肯定会有不同的焊接工艺。

其次是不同的桥梁就可能有不同的地区温度和不同的荷载特点，从而就可能有焊缝的不同力学性能要求（设计要求）。基于以上两点，焊接工艺评定一般是必须要做的。

按照焊缝力学性能要求和设计文件，对各种不同板件组合的接头分别进行焊接试验，确定手工焊、定位焊、自动焊等的焊接材料和焊接工艺。

第六节　对　接　焊

一、所有纵横方向的对接焊都是熔透焊

中厚板对接一般都必须开坡口，较厚板在必要时的角接也可能开坡口，坡口形状和各种几何尺寸都必须在工艺评定时选定。焊道数是重要的工艺内容，它涉及板厚、焊丝直径和线能量等，确定后不能随意改动。对于双面坡口，在进行另一面的首道焊前，应当清除焊缝根部焊渣等残留物，然后进行首道焊接。

图 1-7-4 是单面坡口对接焊，示出了焊缝三区。

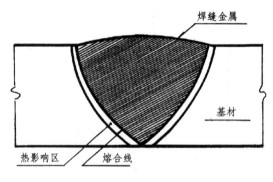

图 1-7-4　对接接头示意

（1）焊缝金属区，即焊缝金属与母材的完全熔合区，施焊温度约 1 800 ℃。其力学性能取决于焊接材料和焊接工艺两方面的合理选择。

（2）熔合线，即焊缝金属与母材的不完全熔合区，温度为 1 100 ℃～1 500 ℃。力学性能主要取决于焊接工艺。

（3）热影响区，即非熔合区。力学性能取决于焊接时的热循环条件，主要是热输入量、加热速度和冷却速度。其中的不完全重结晶区晶粒粗大，是力学性能的薄弱环节。对于低碳钢埋弧自动焊，40 kJ/cm 左右的线能量，热影响区宽度一般 2 mm～4 mm。但其最薄弱部位可能只在熔合线以外 1 mm 范围内的某个位置。具体位置要取出焊缝横断面磨片观测确定。

二、定位焊

定位焊是组装过程中固定板件相对位置的临时焊接方式，是手工断续焊。因为定位焊焊缝塑性非常好，不会开裂。定位焊的焊高宜少不宜多，以便在进行第一道正式焊接时将其熔化掉。

三、焊缝与母材的强度匹配，接头拉伸试验

焊缝与母材的强度匹配，有低匹配、等匹配和高匹配之分。以往的研究说明，对桥梁结构而言，等匹配较好；低匹配是有赖于焊缝的变形强化，不合适；高匹配虽然焊缝强度高，但综合性能（主要是焊缝各区的塑韧性、抗裂性和金属组织）不好。一般情况下，即使是等匹配，焊缝强度也会高于母材。

四、关于限制焊缝强度的理由

限制焊缝强度是基于下面的事实。冲击韧性实际就是冲击功，是应力与应变的乘积。基材经过焊接之后，焊缝的强度会提高，塑性会下降。塑性下降固然会导致冲击功下降，但强度的提高又对冲击功进行了补偿。如果焊缝强度过高，冲击功的大部分是强度因素的话，尽管焊缝的冲击韧性并不低，那也并不能说明它具有好的抗裂能力。

冲击韧性由三部分组成，即弹性功、塑性功和撕裂功。其中的弹性功就主要是强度因素，对抗裂没有多大作用。只有塑性功和撕裂功才对抗裂起作用。所以，焊缝韧性值里的弹性功不能占很大比例。就是说，过高的焊缝强度并不是好事。

西南交通大学对孙口黄河桥的试验结论是，就实际（而不是名义）强度而言，焊缝极限强度不要高于母材 20% 为最好。西南交通大学建议的孙口黄河桥焊缝屈服强度限制是：角焊缝只能比基材大 120 MPa，对接焊缝只能比基材大 100 MPa，屈强比不应大于 0.8。

五、焊缝质量检查与标准，返修次数限制

现行钢桥制造规范将焊缝分为两级，拉杆横向对接为Ⅰ级，压杆横向对接、纵向对接及主要角焊缝为Ⅱ级。它们各自对应着不同的探伤标准、质量标准及返修限制。

对接焊缝的内部质量检查，制造规则规定的检查方法是超声波和射线。这两种方法都属无损检测。同时应明确，超声波探伤是主要手段，射线探伤是抽查。对特别重要的Ⅰ级对接焊缝，应按焊缝数量的 10%（不少于 1 条）做射线探伤。焊缝两端各探 250 mm ~ 300 mm。焊缝长度大于 1.2 m 时，中间加探 200 mm ~ 300 mm。

射线探伤即拍片，在片子上观察缺陷，片子可以存档。但因射线对人体有危害，不应大量使用。

对接与角接焊缝的外观质量主要用肉眼观察，辅以小型工具。各种焊缝的典型焊接裂纹示于图 1-7-5，供参考。焊缝的质量标准，制造规则中有详细规定，不赘述。

发现超标缺陷之后就要按规定进行返修，但同一部位不能反复多次返修，多次返修会造成基材性能下降，故规定返修次数不得超过 3 次。

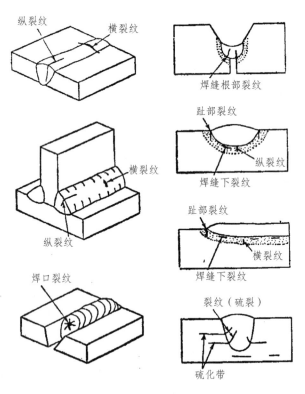

图 1-7-5　焊接裂纹的典型形态

六、表面打磨

与应力方向垂直的横向焊缝都必须顺应力方向打磨匀顺，否则将明显降低疲劳强度。纵向焊缝是否打磨视具体情况而定。

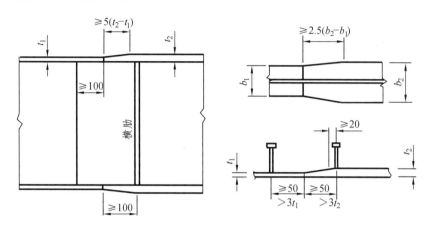

图 1-7-6　焊缝位置安排

七、不同方向的焊缝，焊缝与其他应力集中点都要相互错开

钢桥结构中，常会遇到焊缝密集问题。此时，必须注意各种焊缝相互错开。图 1-7-6 所示的焊缝错开间距要求是最低要求，务请注意。左图示出的是：不等厚对接的斜坡长度需大于或等于左右两板件厚度差的 5 倍；横肋与翼板对接焊缝间的距离，腹板对接焊缝与翼板对接焊缝间的距离都不应小于 100 mm。右上图所示为不等宽对接焊，较宽板两边斜坡长度不应小于宽度差的 2.5 倍。右下图所示为：抗剪栓钉与板的对接焊缝间的距离需大于 50 mm，并大于所在板厚的 3 倍；板件有斜坡时，斜坡顶部与栓钉中心间距不应小于 20 mm。

第七节　角　接　焊

一、普通角焊缝

这是用得最多的一种焊缝。钢桁梁大多数箱形和 H 形杆件的纵向角焊缝，都属于这一类。一般的焊缝正边尺寸 s 为[6]：

$$s = \sqrt{2t_2} \leqslant t_1 \quad (\text{mm}) \tag{1-7-3}$$

或

$$s = \sqrt{2t_2} + 3 \sim 5 \leqslant t_1 \quad (\text{mm}) \tag{1-7-4}$$

式中 t_1——较薄板厚度（mm）；

       t_2——较厚板厚度（mm）。

表 1-7-1 和表 1-7-2 是日本两座大桥[13]的钢梁弦杆实际所用角焊缝正边尺寸。

表 1-7-1　大岛大桥弦杆角焊缝尺寸   mm

腹板板厚	受拉构件	受压构件
$t < 18$	6	6
$18 \leqslant t < 24$	7	8
$24 \leqslant t < 32$	8	10
$32 \leqslant t < 40$	9	12
$40 \leqslant t < 50$	10	14

表 1-7-2　Auburn 桥弦杆角焊缝尺寸   mm

腹板板厚	正边尺寸
$t \leqslant 12.7$	4.8
$12.7 < t \leqslant 19.1$	6.4
$19.1 < t \leqslant 38.1$	8
$38.1 < t \leqslant 60.3$	9.6
$60.3 < t$	12.7

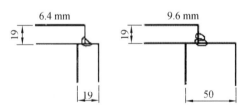

从这两座桥弦杆的实用焊缝尺寸可以看到，由于弦杆基本上已经四面等强拼节，角焊缝

并不承受，或只承受很小的剪应力，所以焊缝尺寸都不大。大岛大桥区分了拉杆和压杆，压杆的焊缝尺寸较大。这是考虑了板件边沿约束以满足局部稳定需要。

对于普通角焊缝，还必须考虑焊缝的熔深。从实际情况来看，角焊缝的有效传力与熔深（焊缝根部到焊缝表面的距离 a）有极大关系。可以想见，没有足够的熔深，传力是没有保证的。影响熔深的主要是焊接线能量（已如前述）。手工焊熔深最小，CO_2 气保焊其次，埋弧焊最深。

有资料表明[15]，设包含焊缝喉厚的熔深为 h，名义喉厚为 a，焊接方法与熔深的关系是（图 1-7-7）：

（1）手工焊　　　　$h/a = 1.05$
（2）CO_2 气保焊　　$h/a = 1.35$
（3）埋弧焊　　　　$h/a = 1.55$

这些数据只能说明焊接工艺与熔深的相对关系，国内常用气体保护焊和埋弧焊都达不到这么大的熔深。

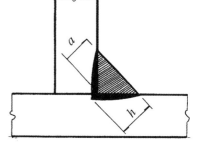

图 1-7-7　普通角焊缝熔深

二、坡口角焊缝

图 1-7-8 是双面坡口焊，不是坡口熔透。对于较厚的板，常常由于传力需要，要开坡口。坡口深度由计算决定。确定填满坡口后的焊缝正边尺寸（图 1-7-8 中的 h），可以从两个方面来考虑。

实际施焊时，这种焊缝都是船形位置（特别困难的情况除外）。焊完之后，焊缝两边的正边尺寸是基本相等的。所以焊缝正边高与另一边的坡口高相等就可以了。另一方面，超出尺寸 h 也是有限度的。如果两侧的有效坡口深度（图中的 s）之和已经等于被焊接板厚度（图中的 t_1），这就足够了。如果再增加正边尺寸，也没有意义。果真传力需要时，应首先选择熔透，而不是加大正边尺寸。

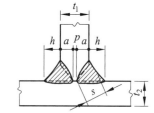

图 1-7-8　坡口焊缝示意

三、熔透角焊缝

当焊缝长度受限，而需要全部板厚参与传递剪力时，便要采用熔透角焊缝。这种焊缝的质量如同对接焊缝，尤其是不容许根部缺陷，实施比较困难，不应轻易采用。当传力不需要的时候是有害无益的。因为焊缝金属越多，焊接应力、焊接变形及对基材的伤害都会更加严重。从目前所看到的设计文件来看，采用过大焊缝的现象比较普遍，值得引起注意。一般而言，箱形梁（和板梁）腹板与翼缘板间的角焊缝应为普通角焊缝，不需要坡口，更不需要熔透。

四、棱角焊缝

图 1-7-9 是箱形杆件棱角处，一块板或两块板单面开坡口的焊缝。这里先谈谈港大桥和本四桥的情况，然后回到日本规范。

港大桥修建较早，对棱角焊缝坡口深度做过研究[6]。港大桥将一根弦杆带一个节点的构件分为三部分。即：节点板一侧的拼接缝到节点板内侧圆弧端部分；杆件部分；端隔板到另一端拼接缝部分。这三部分的焊接要求不同。

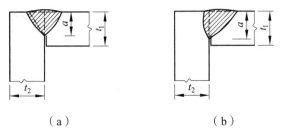

（a） （b）

图 1-7-9　棱角焊缝示意图

港大桥的棱角焊坡口为半 V 形，坡口深 $\sqrt{2t}+5$ mm（计算取 $\sqrt{2t}+3$ mm）。t 是翼板厚度，坡口深全长不变。节点范围和另一端的拼接范围，内侧加普通角焊，焊高 $\sqrt{2t}$(mm)。中间杆件部分如果是压杆，考虑局部稳定的边缘约束作用，内侧加 7 mm 角焊。斜杆和竖杆普通角焊的焊高不小于 $\sqrt{2t}$(mm)。对于很厚的板，最大用到 12 mm，这是一道焊缝能够焊出的最大尺寸，没有采用多道焊。

港大桥不采用多道角焊缝是值得注意的，多道角焊缝的表面成形是不会很好的。

本四桥的规定（修订本）是这样[11]的，要求棱角焊缝满足：

$$t_1 \geqslant a \geqslant \sqrt{2t_2} \tag{1-7-5a}$$

$$\geqslant 0.25t_f \tag{1-7-5b}$$

式中　a——坡口深度（mm）；

$\quad\quad t_1$——较薄板厚度（mm）；

$\quad\quad t_2$——较厚板厚度（mm）；

$\quad\quad t_f$——翼缘板厚度（mm）。

在节点内，斜腹杆的水平力须经由焊缝向翼缘板传递，要求焊缝的坡口深度满足式（1-7-5b）。此熔深需到达圆弧端点以外 1/2 弦杆高度。

本四桥还规定了角焊缝正边尺寸（针对不是棱角焊缝的情况），即式（1-7-6）。

以上是港大桥和本四桥的主要情况。

但在 2000 年的铁路桥规范中，没有对棱角焊坡口深度作规定，只规定了角焊缝的正边尺

寸 s(mm)，即：

$$\sqrt{2t_2} \leqslant s \leqslant t_1 \qquad (1\text{-}7\text{-}6)$$

t_1、t_2 意义同前。同时要求 s 不得小于 6 mm。

国内的实践中，有这样几个问题。

（1）在杆件和节点内，没有采用内侧角焊缝，只在端隔板以外采用内侧角焊缝。杆件内侧角焊缝的作用是防止有初曲的板件在受压时向外凸屈。由于板件经过整平，初曲量很小，而且杆件内的横隔板会约束这种凸屈。同时，内侧施焊因受横隔板妨碍，只能手工焊。

（2）对于较薄（例如 16 mm）的翼板，坡口深度不宜太深，最好使坡口钝边尺寸不要少于 7 mm，以保证施焊时不至于焊漏，产生液态焊缝金属流挂。因为一旦产生流挂，那就是箱体的内部缺陷，而且没有办法修复。

（3）棱角焊的坡口形式，过去大都采用 U 形，这种形状的坡口使 5 mm 的焊条和焊丝容易伸到坡口底部。但 U 形坡口截面较大，需要填充较多的焊缝金属。而 V 形坡口底部较尖，只有细焊丝才能伸到底部。现在因常常采用细焊丝打底，所以 V 形坡口经常采用。

五、角焊缝质量检查

角焊缝质量也分表面和内部，内部质量检查只用超声波，不用射线。一方面是没有必要，同时也很难贴片。

第八节　角焊缝的有效传力长度

角焊缝的有效传力长度，国内外的规范不统一，实际使用比较混乱，有必要作比较详细的讨论。

一、国内外规范

（1）美国国家标准 桥梁焊接规范（1996）[ANSI\AASHTO\AWS D1.5-96]第 2.3.2.1 条："角焊缝的有效长度为全尺寸角焊缝的总长，包括绕焊部分。如果焊缝在整个长度中为全尺寸，则焊缝的起弧和熄弧弧坑不必从有效长度中折减。"

（2）英国 BS 5400（1978～82 版）钢桥、混凝土桥及结合桥，第三篇，第 14.6.3.8 条，对角焊缝有效长度的叙述是："轴向受力构件的拼接和其端部连接的纵向焊缝，其有效长度均应

按 $\eta \times l$ 计算。"

式中　　$\eta = 1.1 - (0.05\xi - 0.04)l$，但不大于 1.0；

　　　　l——焊缝长度，但不大于 8 m；

　　　　ξ——焊缝纵向剪应力最大值与平均值之比，ξ 的值若不用弹性分析确定，则可取为 2。

（3）日本铁路结构物设计标准及解说，第 11.2.3 条，焊缝的有效长度："计算焊缝的应力时焊缝的有效长度取具有设计焊缝厚度的焊缝长度。"解说："计算焊缝应力时焊缝的有效长度，应从焊接全长中扣除始焊处焊接不完全的部分和终端弧坑部分，……"

（4）中国铁路桥桥梁钢结构设计规范（TB 1000.2—2005，J461—2005）第 6.2.4 条："……在承受轴向力的连接中，顺受力方向的角焊缝的最大计算长度不得大于焊角尺寸的 50 倍，并不宜小于焊角尺寸的 15 倍，且不应大于构件连接范围的长度。"

我国规范的后一句是对前一句的进一步限制。这一条是来自前苏联的规范，但原规范并无后一句。关键是这一规定对于大型杆件实施起来很困难，甚至无法实施。例如 H 形斜杆，当腹板较厚时，因上述规定焊缝传力长度太短，常常满足不了设计需要。九江桥的 H 形杆件腹板厚度为 56 mm 就是一个例子，按规范规定的传力长度不到 1 m，满足不了传力需要。

二、过去的研究

1. 南京大胜关桥

南京大胜关桥取一根最大的 H 形竖杆进行角焊缝计算分析。此竖杆的翼缘板 48 mm×960 mm；腹板 40 mm×1 302 mm，腹板上的两块纵肋是 28 mm×200 mm。腹板面积占总面积的 40%。竖杆插入节点板，仅翼缘板与节点板用高强度螺栓拼接，腹板不直接拼接，其强度需经由角焊缝传向翼缘板。这是需要经由角焊缝传力的典型情况。杆件两端角焊缝上存在着很大剪应力，而在拼接范围之外，焊缝剪应力逐渐减小，杆件和焊缝上的正应力应当是均匀的。

计算结果正是这样，见下面的"南京大胜关桥 H 形杆件角焊缝应力分布图"（图 1-7-10）。此杆下端拼接长度 1 100 mm，上端 1 500 mm。设计角焊缝正边尺寸为 $h = \sqrt{2 \times 48} = 10$ mm，有效焊缝高度 7 mm，两条焊缝共 14 mm，实际上本计算只用了 12.65 mm（即正边尺寸 9 mm，图 1-7-10，上图）。

计算结果表明，拼接范围外正应力很快趋于均匀，为 93 MPa。拼接范围内焊缝剪应力出现峰值，分别为 53 MPa 和 57 MPa，拼接长度较短的一端峰值较高，但均远远小于容许剪应力。

为了了解加大焊缝正边尺寸的效果，又取正边尺寸 20 mm 作对比计算。结果，剪应力峰值降为 34 MPa 和 37 MPa，虽然比容许应力更小，但是没有必要（加大焊缝）。正应力变化很小（图 1-7-10，下图）。

这就说明，用公式（1-7-6）决定角焊缝正边尺寸是完全可行的。当然，在某些特殊情况下，经过计算，也可在此基础上适当增加（3 mm ~ 5 mm）。

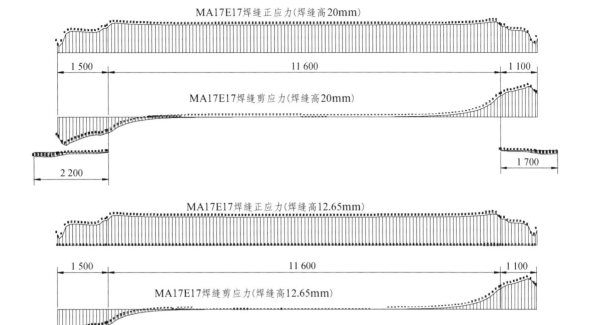

MA17E17焊缝正应力(焊缝高20mm)

1 500　　　　11 600　　　　1 100

MA17E17焊缝剪应力(焊缝高20mm)

2 200　　　　1 700

MA17E17焊缝正应力(焊缝高12.65mm)

1 500　　　　11 600　　　　1 100

MA17E17焊缝剪应力(焊缝高12.65mm)

2 200　　　　1 700

图 1-7-10　南京大胜关桥最大 H 形斜杆角焊缝应力计算

2. 九江长江大桥

在九江长江大桥设计期间，针对该桥最大 H 形杆件的角焊缝做过有限元分析。计算的杆件是这样：竖板高 1 100 mm，腹板宽 608 mm，板厚都是 56 mm。

计算模型分为 6 种，即：

（1）单层拼接，拼接段长 1 800 mm，不考虑螺栓减孔，角焊缝与腹板同厚（01 号曲线）。

（2）单层拼接，拼接段长 1 800 mm，模拟头三排螺栓不打满，角焊缝与腹板同厚（08 号曲线）。

（3）假定角焊缝正边高 $\sqrt{2t}+3$，即 14 mm，有效厚 10 mm（03 号曲线）。

（4）对拼，拼接段长 1 800 mm，腹板端开缺口，角焊缝与腹板同厚（05 号曲线）。

（5）对拼，两块拼接板错接，拼接段长 1 800 mm，角焊缝正边高 14 mm（04 号曲线）。

（6）对拼，拼接段长 1 000 mm，角焊缝与腹板同厚（07 号曲线）。

计算以上 6 种工况，得到 6 条沿杆轴方向的焊缝剪应力 τ_{xy} 曲线，如图 1-7-11。为检查计算的准确性，对所有 6 条 τ_{xy} 曲线下的面积分别求和得每种情况下的总剪力值，此总剪力值应等于半块腹板强度。半块腹板（含焊缝）强度为 396 t，对应剪应力总和在 386 t 和 390 t 之间，相差不超过 2.5%，计算结果可信。

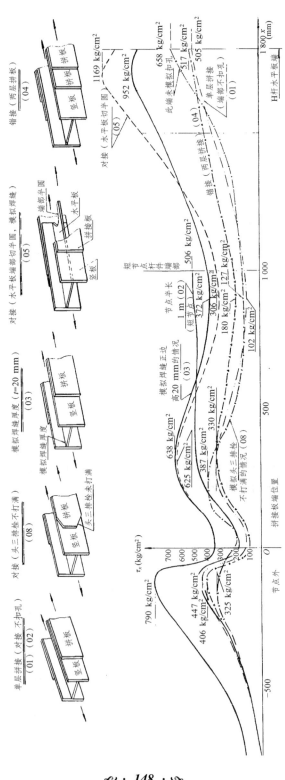

图 1-7-11 九江长江大桥 H 形弦杆角焊缝剪应力计算

结果显示：

（1）拼接板端部以外 100 mm 至 150 mm 处有明显应力集中。

（2）拼接段内 τ_{xy} 成马鞍形分布，但 1 000 mm 长的短接头马鞍形不明显。

（3）有效焊缝厚度较小时，剪应力较高。

（4）焊缝正边高 14 mm 时最大剪应力 116.9 MPa。

（5）焊缝有效厚与腹板同厚时（表示熔透角焊缝），最大剪应力 65.8 MPa。

所有剪应力峰值都不超过容许剪应力。

这些情况说明，H 形杆件角焊缝不必开坡口，用 $\sqrt{2t}+3$ 就完全满足要求了。

三、分　析

从前面的规范规定可以看出，关于有效长度规定的差别相当之大。文献[4]和[10]规定可以按焊缝全长计算，达数米或十多米，有效长度可以少限制甚至不限制；我国规范只能算 450 mm ~ 700 mm（正边高 9 mm ~ 14 mm），不到 1 m，限制得很严。比较折中的是英国规范，可算到 4.96 m。

我国的规定是最值得研究的，它严重偏于保守，脱离实际。

焊缝剪应力传递规律是客观存在，都认可此剪应力的分布是两头高中间低的马鞍形，但反映到规范条文中差别太大。

前苏联规范认为，有效长度只能取两端剪应力的峰值部分，并认为此峰值部分的长度大约是焊缝正边高度的 50 倍。其他各国规范的规定则比 50 倍焊缝正边高度大很多。

各种规范的差别和我们自己的研究使我们得到以下认识：虽然此角焊缝两端的剪应力峰值很高，但并不超过容许剪应力，应当是可以接受的。即使是"某一点"的峰值应力超过了容许应力，因焊缝金属有较强的变形能力，会通过应力重分布来缓解峰值应力。所以认为有效长度可以算得更长，就像其他各国的规定那样。

四、国内外工程实例

1．孙口黄河大桥

（1）箱形斜杆，腹板厚 28 mm，翼板厚 20 mm，棱角焊缝坡口深 12 mm。

（2）H 形斜杆，竖板厚 36 mm，水平板厚 24 mm，焊缝正边尺寸 12 mm。当水平板厚 20 mm 时，正边尺寸 10 mm，都不开坡口。

（3）箱形弦杆，腹板 32 mm，翼板 24 mm，棱角焊坡口深度 12 mm。

以上都没有执行关于 50 倍正边高度的规定，1995 年通车，一切完好。

2. 日本港大桥

（1）箱形弦杆，一般截面尺寸1 400 mm×1 400 mm，最大为1 400 mm×2 200 mm。

（2）材质 HT70 和 HT80。最大板厚，拉杆 48 mm，压杆 75 mm。

（3）棱角焊缝，半 V 形坡口，坡口深 $\sqrt{2t}+5$(mm)。在节点部位内侧加焊角焊 $\sqrt{2t}$。

（4）竖杆和斜杆的角焊缝不开坡口，正边尺寸为 $\sqrt{2t}$ 以上，一般为 8 mm、10 mm、12 mm 三种。

此桥通车已 30 多年，并无不良。

第九节　焊接应力与焊缝收缩

有焊缝存在就有焊接应力，也就有焊接收缩变形。

一、焊接应力

在焊接过程中，焊缝金属为温度高达约 1 800 ℃ 的液态，液态金属在膨胀时不受约束。但当焊缝金属冷却收缩时，就会受到周边固态金属的约束，不能进行充分的收缩变形。由此，就产生了焊缝收缩变形和焊接应力。

对接焊焊接应力的一般形态可示意为图 1-7-12。图 1-7-12（a）表示两块较宽、长度超过宽度 2 倍的钢板对接焊，（b）和（c）表示焊后焊接应力分布的大致形状。（b）是顺焊缝方向

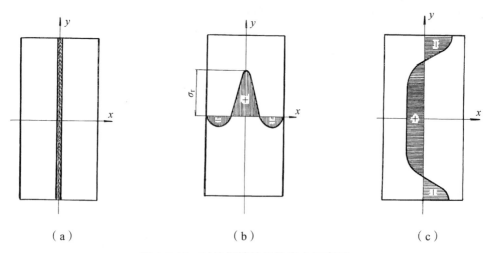

| （a） | （b） | （c） |

图 1-7-12　对接焊缝的焊接应力示意图

的应力分布（不同板宽的压应力区形状不同）；（c）是横焊缝方向的应力分布。顺焊缝方向的焊接正应力 σ_r 常能达到或超过屈服极限；横向焊接应力则要小得多。与此相应的焊缝收缩量是，顺焊缝方向的小，横焊缝方向的大。

焊接应力的大小取决于两个因素：一是焊接构件约束程度（焊接行业称"拘束度"）的大小。焊接板件足够宽，又比较长，拘束度就会很大，焊接应力就会很高。二是热输入量（即线能量），单位焊缝长度的热输入量越大（大线能量），焊接应力越高。

拘束度影响可参见图 1-7-13 所示的实例（兰州铁道学院实测）。这是两个不同宽度对接钢板的焊接应力测试结果，目的就是了解宽度对焊接应力的影响，是九江桥期间所做的试验。

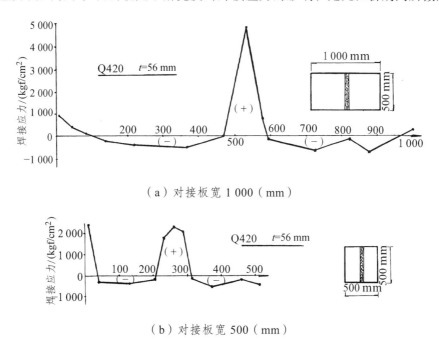

（a）对接板宽 1 000（mm）

（b）对接板宽 500（mm）

图 1-7-13　板宽对焊接应力的影响

所用钢材 Q420，厚 56 mm。焊后宽度分别为 1 000 mm 和 500 mm，长度都是 500 mm。用普通埋弧自动焊焊完以后，两焊缝上的纵向应力显示出明显区别。宽 1 000 mm 板的拉应力达到 500 MPa；宽 500 mm 板的拉应力只有 250 MPa。

焊接应力与收缩变形是相反相存的，变形大则应力小，变形小则应力大。因为焊接应力是靠约束产生的，当然应该是这种变化规律。

残余应力是自平衡应力，与外力没有关系。顺焊缝方向，由于焊缝受到两边杆件的强大约束，难以发生收缩变形，焊缝金属必定存在很大的拉应力，两侧必定是压应力，压应力之和与拉应力之和相等。

对于整体钢桥面板，吊装上桥之后，由于桥面板之下的纵梁、纵肋、横隔板已与桥面板连接成整体，经过纵横两个方向的工地焊接，焊接应力分布比图 1-7-12 所示要复杂得多。但是可以肯定，由于桥面板块件尺寸很大，约束极强，平面内的焊接收缩变形几乎不能发生，所以纵横两个方向的焊缝附近必有非常高的焊接拉应力。改变纵横焊缝的焊接顺序也难以使焊接应力降低。

孙口黄河桥的焊接整体节点，曾对一个全尺寸的节点做过多个截面焊接残余应力测试。为了对节点内的焊接应力有一个量的概念，特将各断面测量的最大值列在下面。节点钢材是日本和韩国产 SM490，屈服强度 340 MPa，极限强度 490 MPa，焊接工艺为实际投产工艺。由大连铁道学院在宝鸡桥梁厂检测。

各测试断面最大值：

横梁腹板（接头板）与主桁节点板的角焊缝 453.5 MPa。

平联节点板角焊缝 381.3 MPa。

主桁节点板与下翼缘角焊缝 412.8 MPa。

弦杆竖板不等厚对接焊缝 372.9 MPa。

节点板与上翼缘棱角焊缝 430.1 MPa。

节点板内隔板角焊缝 456.6 MPa。

从这个实测结果可以看到，最大焊接拉应力都已经超过了屈服点。那么，是否有必要消除焊接应力呢？没有必要，桥面板上的焊接应力也是这样。

国内外大型焊接钢梁从不做消除应力工作。消除焊接应力会使结构产生难于控制，也无法恢复的变形，导致结构报废。焊接应力随着反复加载与卸载，其峰值会逐渐缓解。实践也已经反复证明，不消除焊接应力并无问题。

二、焊缝收缩与估算

收缩变形伴随着焊接同时发生，对接焊的变形如图 1-7-14。

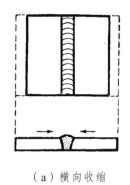 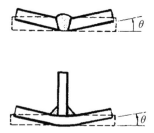

（a）横向收缩　　　　　　　（b）纵向收缩　　　　　　　（c）角变形

图 1-7-14　对接焊缝收缩变形示意[16]

收缩变形涉及多个因素，很难准确计算。但是很多学者还是为此做过许多探索，提出了一些近似计算的经验公式。文献[2]介绍了这些成果。为了配合对焊接应力的理解，也为了对焊接变形有个量的概念，这里介绍几个收缩变形计算的近似公式。

参见图 1-7-12。当焊接板件没有约束时，对接焊缝的横向（x 向）收缩量 Δl：

$$\Delta l = 0.5(\sqrt{t} - 1.16) \quad （mm）\tag{1-7-7}$$

式中 t —— 板厚（mm）。

对接焊缝的纵向（y 向）收缩，近似式为：

$$\Delta l = \frac{3.048 I l}{10\,000 t} \quad (mm)\tag{1-7-8}$$

式中 I —— 电流（A），可取 680~720；

l —— 焊缝长度（mm）；

t —— 板厚（mm）。

角焊缝纵向收缩：

$$\Delta l = \frac{A_w}{A_p} \times 25 \quad (mm)\tag{1-7-9}$$

式中 A_w —— 焊缝截面积；

A_p —— 钢板截面积。

上述各式没有全面反映影响收缩量大小的因素（热输入量、焊接速度、拘束度）。得到的计算数字难以准确，只能作为定性参考。

第八章
高强度螺栓连接

第一节　螺栓材料

我国在 20 世纪 60 年代中期开始研制试验高强度螺栓，首次试用的大桥是成昆线迎水河桥。螺栓材料为 40 硼（40B），规格 M22。但是，40 硼钢的淬透性不是很好，性能不稳定。而且制造时只能热镦，不能冷镦，严重制约了生产。

为解决冷镦问题，接着又研制了 20MnTiB 钢，获得成功。1980 年铁道部科技司批准使用，实现了用冷镦工艺生产 M24 以下高强度螺栓的工艺要求。

但由于 20MnTiB 钢淬透性仍然不是很好，不能适应更大直径螺栓的淬透性要求。随着钢梁跨度的不断增加，杆件内力和杆件截面尺寸不断加大，采用大直径螺栓成为必然趋势。1975 年铁道部科技司下达了大直径螺栓研制任务，铁道科学研究院承担此项工作，钢厂、螺栓厂配合研制。当时初选材料有 40VB、40MnMoRe、40CrMnMoB 三种。大量力学性能和生产工艺试验表明，40MnMoRe 和 40CrMnMoB 的冷镦性能都不好，螺栓头不易成形，而且出现裂纹。

随后便降低 40VB 的碳含量，改为 35VB。试验证明其综合性能良好，可以生产 M30 及其以下的高强度螺栓。最主要的是它具有良好的冷镦性能和淬透性能，而且韧性也很好。它的实际力学性能为（870 ℃ 淬火，450 ℃ 回火）：屈服强度不低于 900 MPa；极限强度不低于 1 000 MPa（按强度级别划分为 F10）；δ_5 达 14%。化学成分（%）：

- C——0.31 ~ 0.37；
- Si——0.17 ~ 0.37；
- Mn——0.5 ~ 0.9；
- P≤0.04；
- S≤0.04；
- V——0.05 ~ 0.012；
- B——0.001 ~ 0.004。

上述情况表明，M24 以下的高强度螺栓材料可以有两种选择，即 20MnTiB 和 35VB。而 M27、M30 这样的大直径螺栓只有一种选择，即 35VB。

在重型机械和风能行业，前几年又开发了更大直径的高强度螺栓，如 M36、M39、M42、M45 等（GB/T 5782）。根据直径大小，材料可选用 35VB 和 42CrMoA。

关于螺栓强度使用问题。国内外所使用的高强度螺栓成品强度级别有 F8、F10、F11 三种。因为 F11 的强度更高，塑性更差，更容易发生延迟断裂。日本钢桥早年曾经使用过 F11，但从 1979 年起已基本停止使用，到 1983 年（昭和 58 年）规范修订时就删去了。螺栓设计预紧力，对于 F8 可以用到屈服强度的 85%；对于 F10 和 F11 可用到 75%[11]。由于泊松系数影响，活载引起的螺栓轴力变化一般为 3%～5%，对螺栓本身的疲劳影响甚微。我国的 35VB、M30 螺栓设计预紧力 36 t，只用到屈服强度的 56.6%，使用比例比 M22 和 M24 都小（M22 用到 72.1%；M24 用到 58.9%）。最好能够以实验为依据，统一考虑 M22、M24 和 M30 的安全度。

第二节　多排螺栓问题

多排栓是关注已久的问题。

一、螺栓受力与应变差

螺栓的承载力大小直接与芯板和拼接板的应变差相关，应变差越大，螺栓受力越大。头排螺栓处因拼接板刚开始受力，应变差最大，所以长接头的头排栓滑移是必然的。但是滑移之后螺栓的承载力会重新调整——前排螺栓超载峰值下降，中部螺栓受力增加，这是我们所希望的。

二、关于螺栓滑移

在正常设计内力下，6 排以上的螺栓，头排栓大致都是在滑移之后的状态下工作，但滑移之后承载力并未消失。下面的一些试验资料说明了滑移变形过程。

1988 年，大桥局桥梁科学研究院做过 6 排和 13 排抗拉对比试验[25]。由于在拉力作用下，拼接段内的芯板和拼接板同时发生拉伸变形。当拉力逐渐增加时，一方面前面的螺栓会先后产生滑移，同时芯板和拼接板也会拉长。除拼接段的中部以外，芯板和拼接板在同一断面的拉伸变形量都不相同。在前排，芯板的拉伸变形会大于拼接板的拉伸变形。但在芯板被拉伸的同时，拼接板也随同芯板拉长，这个事实就对螺栓滑移时前排螺栓螺杆抵靠孔壁的危险得到了缓解。更重要的是，由于芯板与拼接板的应变差和螺栓的夹持作用的存在，拼接段内的变形在卸载时也不会消失。芯板和拼接板的部分拉伸变形保留在拼接段内。13 排栓试验结果，直到拉伸至极限状态，头排栓的栓杆也没有接触孔壁，螺栓还是处于摩擦受力状态。但各排螺栓内力得到了调整。所以试验得出的结论是："在受拉状态下，6 排与 13 排对平均单栓极限承载力无区别。"

6 排和 13 排栓接头拉伸试验说明，拼接段的拉长所产生的总拉长量，是随着排数的增加而增加的。例如上述 6 排和 13 排的试验，13 排螺栓的总拉长量为 0.29 mm，而 6 排的总拉长量为 0.13 mm，总变形量与排数基本成比例。

2008 年，桥梁科学研究院又对 22 排高强度螺栓接头，分别进行了抗拉和抗压试验[17]。拉、压试件相同，各做了 3 个。螺栓规格 M22，芯板宽 180 mm，厚 100 mm，拼接板宽 160 mm，厚 60 mm。经理论分析和试验结果认为，不管是受拉还是受压，22 排螺栓的承载力仍然不需要折减。这个结果虽然多少有点出乎预料，但是本次研究结果就是这样。

根据这个试验结论至少可以这样说，多排螺栓并不是想象的那么严重。几次实验都证明，过去所预料的多排螺栓受拉时"解扣"（从头排栓开始依次剪断）现象并没有发生。从这个角度讲，这个试验不仅初步解决了生产实际问题，而且也在一定程度上缓解了人们对多排螺栓的担忧。不过，值得研究的问题还是有的。

原本认为，多排螺栓在受压时，由于泊松系数影响板件会略有加厚，导致螺栓预紧力增加，滑移不容易发生。前排螺栓受到预紧力增加和承载力高的双重影响，可能发生断裂，结果却都没有发生。估计由于芯板宽厚两个方向的尺寸太接近（宽厚比 1.8），泊松影响可以沿着两个方向发生，从而减缓了沿厚度方向的变化。如果宽厚比能够达到 5 以上，情况就会有所不同。

至于 22 排螺栓受拉也没有发生头排栓靠紧孔壁的现象，还是因为芯板与拼接板都在同时拉长，如前面 13 排栓那样。

以上所述是关于多排螺栓一些近期的试验情况和认识。但试验还不充分，还有一些问题需要进一步解决。因此，螺栓排数仍然要限制使用，原则上还是应当坚持排数越少越好的意见。

高强度螺栓接头受压试验，至少在国内是首次，很有意义。

还要补充一句，多排栓最有害的情况不一定是静力，而是疲劳强度下降。头排栓在疲劳荷载下摩擦力不会消失，因而不会反复错动，所以疲劳强度下降不会很大，但必须检算。

三、国内外规范和实例

（1）我国建设部钢结构设计规范（GB50017）规定，当拼接缝一侧最远两螺栓距离 l 大于 15 倍螺栓孔径 d_0 时，承载力按下式折减：

$$\beta = 1.1 - l/(150d_0) \geqslant 0.7 \qquad\qquad (1\text{-}8\text{-}1)$$

（2）日本平成 12 年（2000 年）桥规第 11.1 条，对排数未作明确规定，但要求"顺应力方向排列的螺栓应尽量少"。少到多少排，条文里没有说。但在该条的解释中建议"以 10 排以下为宜"。

解释还认为，排数较多时螺栓受力会不均匀，但这"不会引起太大的问题"。与日本过去的规范相比，这个规定有松动，具有很大的灵活性。事实上，日本港大桥最多用到 14 排，8 排～12 排的情况很多。所以真正要限制那么严，实施中会遇到很大困难。

（3）英国 BS5400 第 14.5.5 条，当拼接长度 L（两头排栓间的距离）大于栓径 d 的 15 倍时，螺栓的承载力要按下式折减。折减系数：

$$k = 1 - \left(\frac{L - 15d}{200d} \right) \qquad\qquad (1\text{-}8\text{-}2)$$

式（1-8-1）和（1-8-2）用折减的办法来限制排数实际上只是一种手段，单纯折减实施会有困难。因为所需螺栓传力总数并不会因为折减而减少，单纯对螺栓承载力进行折减，只会使螺栓总数越折减越多。所以在这种情况下，有效办法应当是增加杆件高宽尺寸，从而增加每排螺栓数，并采用较大直径螺栓。

（4）AASHTO 规定，有摩擦型和剪切型两种高强度螺栓，没有明确叙述长排螺栓的排数限制。但是认为"当荷载加大到超过结合面的摩擦力水平时，就发生滑移，但断裂破坏是不会发生的"（见该规范第 6.13.2.1.1 的解释）。这里，也没有把这个问题看得很严重。

综上所述，螺栓排数应是宜少不宜多；可以使用有试验依据的多排栓，多排栓要检算疲劳。

第三节　抗拉连接

在钢桥中，高强度螺栓有时需要承受拉力。例如用螺栓连接的牛腿、没有鱼形板的横梁端部连接等。

图 1-8-1 所示是一个受拉的 T 形接头，是典型的受拉连接。

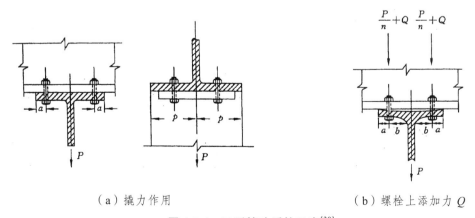

（a）撬力作用　　　　　　　　　（b）螺栓上添加力 Q

图 1-8-1　T 形接头受拉示意[30]

受拉连接的螺栓事先也施加了规定的预紧力 P_0，螺栓承受拉力时，单个螺栓承受的拉力必须控制在预紧力 P_0 之内。

当螺栓施加预紧力之后，钢板被压紧，处于压缩变形状态。当施加于螺栓头的拉力不超过预紧力时，被螺栓夹紧的钢板就不会分离。所施加的拉力只不过是减少了钢板之间的压紧力和压缩变形。此时，螺栓和钢板仍然是一个整体，螺栓的轴力不会增加，处于安全的受力状态。这是螺栓受拉的第一阶段，也是设计使用的正常阶段。

当拉力不断增加，达到超过预紧力的程度时，钢板分离。施加于螺栓头的拉力全部作用于螺栓杆，并与预紧力叠加。此时，螺栓处于不安全的受力阶段，也是设计不可使用的阶段。

大多数情况下，螺栓头上的拉力是通过被它夹持的钢板（例如 T 形接头，图 1-8-1）施加上去的。所以钢板必须要有很好的刚度，以保证不产生太大的变形，避免产生过大的撬拔力。一般都应当使用较厚的板，并在钢板上设置加劲板来进一步增加刚度。像钢箱梁安装时的临时吊点，就是设置加劲板的实际例子。

抗拉设计有以下情况需要注意。被螺栓压紧的钢板受拉时有不可避免的变形，应考虑由此产生的撬拔力，见图 1-8-1（b）。撬拔力应当计算，并计入螺栓承受的拉力之中；当受拉接头的螺栓数量较多，而且是多点同时受力时，就必须注意螺栓受力不均匀。因此，钢结构设计规范（GB50017）规定，单个螺栓承受的拉力（含撬拔力）不应超过 $0.8P_0$。高强度螺栓本身由于各种原因，有延迟断裂现象，重要的抗拉设计应注意适当增加螺栓。

撬拔力可按下式[10]计算：

$$Q_u = \left[\frac{3b}{8a} - \frac{t^3}{328\ 000} \right] P_u \qquad (1\text{-}8\text{-}3)$$

式中　　P_u——每个螺栓所承受的拉力（N）；

　　　　Q_u——每个螺栓所承受的撬拔力（N），负值时取为零；

　　　　a——螺栓中心至板边距离（见图 1-8-1）（mm）；

　　　　b——螺栓中心至竖肢边缘距离（见图 1-8-1）（mm）；

　　　　t——最薄的连接部件厚度（mm）。

在疲劳受力情况下，要特别注意检算疲劳抗力。在这种情况下，最好能够改变细节，避免采用螺栓抗拉疲劳设计。

第四节　同时承受拉力和抗滑力的螺栓

拉剪组合受力的情况不多，但还是有。上面所说的横梁和牛腿就是这种情况。

摩擦型高强度螺栓在承受抗滑力时又同时承受拉力，抗滑力无疑会受拉力影响下降。经由板件加在螺栓上的拉力直接减少了板层间的预压力，螺栓抗滑移能力会降低，抗滑承载力自然会减少。

抗拉、抗剪承载力可用相关公式计算确定，下面列出两个计算公式供比较使用。

相关公式（建设部钢结构规范 GB50017）为：

$$\frac{N_{s}}{N_{s}^{b}}+\frac{N_{t}}{N_{t}^{b}} \leqslant 1 \tag{1-8-4}$$

式中　N_s，N_t——单个螺栓承受的拉力和抗滑力；

　　　N_s^b，N_t^b——单个螺栓的设计预紧力和抗滑力。

美国钢结构学会（AISC）建筑钢结构设计规范（LRFD）对摩擦型螺栓连接拉剪组合作用时，抗滑承载力需乘以折减系数：

$$1-\frac{N}{1.13 P_0 n} \tag{1-8-5}$$

式中　N——接头全部拉力设计值（N）；

　　　P_0——螺栓预紧力（N）；

　　　n——螺栓数。

比较这两个公式可知，式（1-8-4）对抗滑力折减较多。

铁路纵横梁（不采用鱼形板）的梁端连接，螺栓群不仅承受抗滑力，中性轴以上的螺栓还要承受拉力（包括撬拔力），是组合受力的实例。钢桥设计规范对这种情况已有明确规定，即增加螺栓数。横梁梁端加 20%，纵梁梁端加 40%。铁路纵横梁的这种处理方式已经使用多年。

对于这种组合受力情况，有文献[18]认为，中性轴两边因弯矩所引起的拉力和压力数字相等，方向相反，板间压力没有变化，不会引起抗剪承载力降低，主张不一定需要折减抗剪承载力。这个看法与上述纵横梁的处理方式似乎不同。其实，文献[18]所指的情况与上述情况实际上并不一样。文献[18]是指弯曲引起的拉、压力作用于螺栓上，纵横梁拉压力是作用在被螺栓夹住的钢板上，两者是有区别的。试讨论如下。

影响抗滑移承载力的主要因素是板间压紧力，而板间压紧力来自于螺栓预紧力。如果弯矩引起的拉力和压力直接作用于螺栓头，作用于螺栓头的拉力（此时没有撬拔力）减少板间压紧力，压力增加板间压紧力。但增加和减少的板间压紧力相等，抗滑移承载力应当没有变化，所以抗剪承载力不会降低。文献所指即此。但是，如果拉力和压力是作用在被螺栓夹住的板上，情况会不同。一方面作用于板上的拉力（此时产生撬拔力）可以减少板间压紧力，使抗滑能力降低；另一方面，压力却不能使板间压紧力增加，因而不能增加抗滑力。因为压力作用于板上，一方面板的压紧力增加，板的压缩变形也会跟着增加。板的压缩变形增加，会引起螺栓预紧力减少，导致压紧力减少，这一增一减是相互抵消的。所以，梁端弯矩引起的拉力减少了接头的抗滑移承载力；梁端弯矩引起的压力却不能增加抗滑移承载力。在这种情况下，螺栓群的抗剪承载力会下降，像上面所说的铁路纵横梁那样，梁端弯矩引起的拉力和压力都是直接作用在被压紧的板上，需要增加螺栓数来进行补偿。

第五节　板厚公差影响

板厚公差影响分静载与动载两方面。

斜杆插入节点板连接的空隙与公差问题已在前面谈过。对于弦杆，拼接缝左右的板厚公差同样是不可避免的。原因是：① 竖板厚度有不可避免的公差，也有国家标准可查。这个公差就会造成拼接缝前后竖板的厚度差异。② 竖板间的水平板，工厂在加工时，会有宽度误差，此误差会造成杆件宽度的差异。板厚公差与杆件宽度公差的组合是随机的，因此也就很可能产生拼接缝两侧的板不能对齐的现象。即使在杆件宽度和竖板名义厚度相等的情况下也是如此。在这种情况下，拼接板也就存在着像腹杆那样部分螺栓夹不紧的情况。只不过，斜杆的拼接缝隙是明明白白摆在那里的，所以引起不少关注。弦杆的拼接缝厚度差是隐藏在那里的，问题不很突出。过去的散装节点也会有这样的拼装公差。

在大多数情况下，这个拼装公差并不大，只在 ±1 mm 左右。所以到目前为止，还没有发现影响到结构安全。但是，如果上述拼接公差过大，那就要进行处理了。2 mm 左右应进行端部边缘磨修，使之尽可能匀顺。如果达到 3 mm 或更多，便要插入填板。考虑到这种拼接公差存在的普遍性，可使螺栓数量适当留点余量。有的设计者就注意在拼接缝两侧各加一排螺栓，但没有统一规定。

以上是静载影响。

板厚公差对疲劳强度的影响，桥梁科学研究院曾在孙口黄河桥期间（1993 年）做过试验，主要情况是这样的：

试件设计了 3 种芯板厚度公差，即零公差、1 mm 公差和 2 mm 公差三种。每种公差的试件 2 组，每组 12 件，共 6 组 72 件。每种公差的 2 组试件的加载，分别用 2 个应力比（0 和 −1）进行试验。试验结果表明，零公差试件多数断在芯板上，疲劳强度最高。有 1 mm 和 2 mm 公差的试件全都断在拼接板上，疲劳强度下降。公差越大下降越多。由此可见，芯板厚度公差对疲劳强度造成了显著影响。所以在实际结构设计中，对于疲劳控制的杆件必须计算容许疲劳应力。更为重要的是，制造时应尽量满足设计公差要求。长期钢梁制造经验证明，只要加强管理，满足设计容许公差是完全可以做到的，技术上并不存在问题。加强管理，使公差满足要求，这总比出现问题后进行事后处理要好得多。

有事例说明，安装过程中节点板内距与腹杆之间出现了数毫米的缝隙，工厂和工地在处理时非常不情愿。坦率地说，果真不处理的话，那就是将隐患留在结构上了。于情于理都是不可接受的。

第六节 高强度螺栓施工

高强度螺栓施工是钢梁安装工作的重要组成部分。这个工作由 3 部分组成,即螺栓成品的验收和管理、螺栓施拧工具、施拧工艺和检查。

一、成品验收和管理

制造厂以批量为单位向工地提供成品,随附产品质量出厂检验报告(含扭矩系数)和质量合格证。工地随即对螺栓外形尺寸、表面缺陷、力学性能、扭矩系数等进行逐个检查。然后按规定(防潮、防尘、通风)入库管理。

入库后,需将螺栓成套配好。每一套为 1 个螺栓杆,2 个垫圈,1 个螺母。然后,按不同规格分别存放。

二、施拧工具

普遍使用的是电动扳手。检查螺栓预紧力是否合格时,常用带扭矩表盘的定扭扳手。这两种扳手都要事先进行精度标定,标定误差不能超过3%。标定后,须对每一件扳手进行编号登记。标定部门为各地的国家计量单位。

经过标定和编号的扳手在使用过程中,还要进行跟踪登记,检查每一个扳手的施工合格率。

三、施拧工艺

螺栓施拧分初拧与终拧。杆件到位后用冲钉控制杆件接头位置,对螺栓进行初拧,并继续向前安装,跟随在后的工班逐步用螺栓更换冲钉,并从栓群中部开始进行螺栓终拧。经过终拧的栓群就可以进行施工质量检查了。

初拧扭矩应达到终拧扭矩的 50%,实施时需制订具体控制方法。对于直径较小的 M22 和 M24,用一定臂长(0.5 m 左右)的扳手,人工拧紧是以往常用的方法。但对 M30 等大螺栓,需使用机械来达到初拧要求。

螺栓施工合格率检查是对每个栓群分别抽查。大节点一般随机抽查 5%,且不少于 5 个。不合格数各工地略有不同,一般规定为不得超过抽查数的 20%。否则应继续检查,直至累计总数 80% 合格。

四、扭矩系数

用扭矩法施工时，螺栓的预紧力按扭矩控制。施工扭矩按以下经验公式：

$$M = kND \qquad (1\text{-}8\text{-}6)$$

式中　M ——施工扭矩；

　　　k ——扭矩系数；

　　　N ——螺栓设计预紧力；

　　　D ——螺栓直径。

公式右边的 N 和 D 都是常数，k 则是一个试验数据。应当特别强调的是，k 值是不断变化的。同一个厂家不同批次的螺栓，k 值也可能不同，更不要说不同厂家的产品了。所以，k 值必须在工地对每一批进场螺栓进行试验，然后按数理统计的方法取值。k 值的大小与螺栓和垫圈的表面粗糙度、温度、湿度等因素有关。常见的 k 值大体为 0.11 ~ 0.14。强调一下，施工时不可不经试验随意在此范围内取值使用，必须试验取值。

五、预紧力松弛

高强度螺栓终拧之后会发生预紧力损失，损失的数值与螺栓所夹持的钢板层数有关。举一个例子，单个 M24 螺栓，广西融水大桥的试验结果是：

二层板 1.3 t；三层板 1.5 t；四层板 1.8 t；五层板 2.3 t；六层板 2.8 t。

对于损失的预紧力，按平均值进行补偿。

20 世纪 60 年代—70 年代的栓焊梁都做过这种试验，平均补偿的预紧力各桥不尽相同。融水大桥 2.5 t；枝城大桥 1.5 t；朝阳大桥为预紧力的 10%。

六、延迟断裂

螺栓终拧之后，个别螺栓会发生断裂。因为这种现象需经过一段时间（数月或数年）之后才发生，所以称为延迟（或滞后）断裂。

20 世纪 70 年代是螺栓使用的早期阶段。根据那时对浪江桥等有限的统计资料，断裂螺栓数一般占总栓数的 0.45‰ ~ 1.7‰。也有个别桥未发生断裂的，湘桂线雉容桥和模鱼鲊桥就是如此。

断裂的螺栓都比较短。例如湘桂线浪江桥，全桥使用 60 mm ~ 105 mm 螺栓，断裂螺栓都在 80 mm 以下，其他的桥也是这样。因为螺栓越短，总伸长量越少，断裂比较容易发生。

就螺栓材料而言，强度越高越容易发生断裂。高强度螺栓制造时经过淬火，材质变硬，塑性和韧性显著下降。同时，螺栓总是难免存在着细微的缺口和微裂纹。在预紧力作用下，这些缺口或裂纹尖端会发生很高的应力集中。由于螺栓缺乏塑性变形能力，裂纹容易扩展，发生断裂。当然，施工超拧和环境因素（空气中的水分使裂纹发生锈蚀等），也对断裂起到了推动作用。

很少的螺栓断裂不会影响结构安全，结合检修补上即可。

第九章
支　座

钢桁梁支座分为两类：一类是铸钢支座，它包括弧形支座、摇轴支座、辊轴支座；另一类是盆式支座，它包括板式橡胶支座、盆式橡胶支座和球形支座。这两类支座各有许多适用于各种不同情况的型号。这些型号大多数都可以在定型设计或产品说明书中查到。因此，本节只对大型钢桁梁支座进行讨论。大型钢桁梁支座含铸钢支座和盆式支座。

第一节　铸钢支座

在 20 世纪 90 年代之前，这种支座使用非常广泛。武汉、南京、枝城、九江长江大桥等，都是使用的这种支座。这种支座的优点是刚度大，能够很好地传递上部结构的支点竖向力、纵向水平力和横向水平力，能够很好地适应纵向移动和转动；缺点是铸钢用量大，单价高，造价昂贵。同时，支座空间尺寸大，全桥总体布置必须事先合理安排；活动支座的养护工作比较多一些。

一、固定支座

先谈谈构造。固定支座的构造很简洁，由上摆、下摆、锚固螺栓及锚栓衬套组成（图 1-9-1）。上摆顶面直接与钢梁节点的座板连接，下摆底面通过锚栓与支承垫石连为一体（垫石顶有约 4 cm 的砂浆）。上下摆的接触面为铰轴，上摆下面做成卡口，便于传递纵向水平力；下摆顶面有圆弧，方便铰轴转动。为防止上下摆横向错动，并传递横向水平力，上下摆接触面正中间设有两个对应的凹槽（下凹槽底部设圆弧），槽内嵌入摆卡。摆卡高度需略小于上下凹槽的总高度，其下面也有与下摆顶相同的圆弧。

锚栓（图中未示）下端有个大饼状圆头，以增加抗拔力。又因为锚栓灌浆在钢梁安装调整就位之后才能进行，所以锚栓与锚孔间需留有空隙。灌浆完成后再装上衬套和螺帽就可以了。

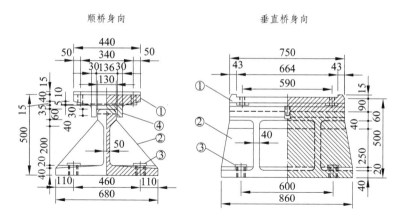

顺桥身向   垂直桥身向

图 1-9-1　固定支座

①—上摆；②—下摆；③—衬套；④—摆卡

受力分析要点参见图 1-9-2。在主力作用下，支座和墩帽混凝土强度分析有 3 种工况：工况一为最大支反力；工况二为最大支反力加制动力；工况三为最小支反力加制动力。

根据这些工况，分别计算出支座顶面和底面的面积力分布，然后再计算支座各部强度和底面混凝土强度。

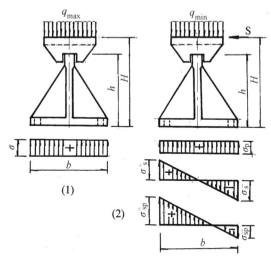

图 1-9-2　支座计算图示

二、活动支座

活动支座（图 1-9-3）的构成，上下摆及摆卡等与固定支座相似。下摆之下设辊轴，辊轴之下为座板。辊轴的个数和直径取决于支反力与最大纵向移动量。为了减少座板的顺桥向尺寸,辊轴两边需削去一部分。削去的量,以满足支座最大纵向移动量为前提。即使纵向移动到最大值,辊轴的上下接触点必须仍在圆弧上,且有一定余量。

此外,为了保证辊轴发生最大纵向位移时不相互碰撞,且仍留有 15 mm 间隙,可按下式确定辊轴的中心距:

$$x = \frac{b+15}{\cos\alpha} \tag{1-9-1}$$

式中　x——辊轴中心距;

　　　b——辊轴宽度;

　　　α——辊轴最大转角。

上摆的受力分析与固定支座相同。支反力平均作用于每个辊轴,成为沿支座宽度方向分布的线集中力。用每个辊轴的线集中力检算下摆和座板强度。辊轴与座板,辊轴与上摆的接触为圆柱体与板的线接触,应力计算方法从略。请参见(〔美〕A.P.博雷西等著,汪一麟等译,高等材料力学,科学出版社,1987)。固定支座上下摆为两圆柱体线接触,应力计算参考文献同上。

活动支座也需检算水平力,水平力之值为支座竖向反力(主力,不计冲击力)与摩擦系数的乘积。之所以活动支座也要计算水平力,是考虑到辊轴在恒载作用下有转动不灵活的可能。而活载上桥后有振动,辊轴不会不转动。所以早年(1959)设计活动支座计算水平力时,是可以不计活载水平力的。

三、落梁时活动支座下摆位置调整

众所周知,钢梁长度与温度有关。通常采用的设计温度为 + 20 ℃,钢梁的理论长度即为此温度下的长度。在理论长度下,钢梁支承节点中心正好对准活动支座下摆中心。安装落梁时,当桥址处当时的温度不是这个温度时,活动支座下摆位置就需根据当时的实际温度进行调整,使钢梁支承节点中心与下摆中心偏离。偏移的方向和距离,根据实际落梁温度计算确定。依循的原则就是,当 + 20 ℃ 时,钢梁支承节点中心正好对准下摆中心。

偏移量计算只考虑活载偏移。因为落梁时恒载偏移已经完成,所以偏移量计算不应包括恒载。

四、材料估算

初步设计时铸钢支座的材料可按支点设计反力估算。表 1-9-1 是已经建成的几座钢桥支座材料用量。由表可见,每吨支反力对应的铸钢为 7.4 t ~ 8.5 t,一般不超过 8 kg/t。

表 1-9-1　几座钢桥支座材料用量

桥　名	跨度布置/m	荷载情况	每吨支座反力所用铸钢重量/（kg/t）
武汉长江大桥	3×128 m 连续	双线公铁两用	7.8
南京长江大桥	3×160 m 连续	双线公铁两用	7.4
枝城长江大桥	4×160 m 连续	双线公铁两用	7.8
大渡河铁路桥	144 m 简支	单　线	7.6
雅砻江铁路桥	176 m 简支	双　线	8.4
金沙江铁路桥	192 m 简支	单　线	8.5
焦枝线铁路桥	3×80 m 连续	单线公铁两用	6.3

五、工程实例

图 1-9-3 是武汉大桥的中间固定支座和中间活动支座[12]。因为反力较大（约 4 000 t），活动支座用了 7 个辊轴，总高度 2 160 mm。对于更大跨度的钢梁，支反力会更大。随着反力加大，支座的上下摆和辊轴尺寸都要加大，支座会更高。

固定支座因为没有辊轴，高度一般比活动支座小。武汉桥的固定支座与活动支座一样高，这样做可以使全桥墩顶标高一致，视觉比较好。由图 1-9-3 可以看到，两种支座不仅高度相同，下摆底板尺寸也完全相同，长宽都是 2 400 mm×2 400 mm。所以，这样处理是简化了设计，只是需要稍微多用一点钢料。

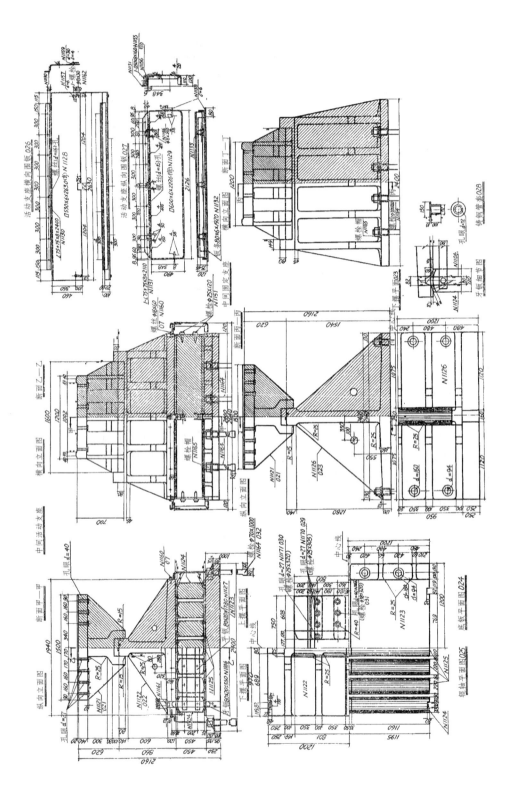

图 1-9-3　武汉长江大桥钢梁中间活动支座和固定支座[12]

第二节　盆式支座

盆式支座是近 40 年发展起来的新型支座，它具有明显的优点，已如前述。这类支座含板式橡胶支座、盆式橡胶支座和球形支座。此外，还有派生出来的抗震支座等。

盆式橡胶支座和球形支座都可以用于大型钢桁梁，简单介绍如下。

盆式橡胶支座是利用密封于钢盆中的橡胶块承受支反力（三向受力）。因橡胶具有很好的弹性，能够适应支点转动。上下支座板间有不锈钢板和聚四氟乙烯板，可很好地适应梁体纵向移动。

球形支座是在盆式橡胶支座的基础上发展起来的。它取消橡胶块，置入球形衬板。球面上也有聚四氟乙烯板，能更好地适应支点转动。

各种类型的支座都先后由专业设计部门或研究部门设计，由各生产厂进行试制和试验，然后定型。现在，这些支座都有非常详细的产品说明书。根据反力、位移量、固定、单向活动、双向活动要求，便可很方便地在产品说明书中找到合适的支座。目前已经定型生产的，承受最大支反力的支座为：盆式橡胶支座 6 000 t（60 MN），容许最大位移 ±300 mm；球形支座 3 000 t（30 MN），容许最大位移 ±150 mm。

对于特大型桥梁，支座反力和位移远远超过上述数字（例如大胜关长江大桥 16 700 t），已有的产品完全不能适应。此时可有两种选择：一是自行设计铸钢支座；二是委托支座制造厂研制。这两种选择都可以，视具体情况而定。

第十章
工厂制造

第一节　制造工艺设计与工装

对于每一座大型桥梁，工厂都要做工艺设计与工艺装备配置工作。钢桥制造厂有许多通用设备，可以适应一般钢梁的多数组件制造。但对大型钢梁或新型结构，通用设备就不能完全适应了，所以需要补充工装设计和制造。对于特殊结构，还要通用首件制造来检验工装的合理性。

举例来说，在制造孙口黄河桥钢梁整体节点时，工厂研制了一个可以旋转的节点整体钻孔胎型，能适应所有上下节点四面钻孔。不仅使用方便，精度很好，还明显提高了生产效率。

第二节　制造工艺规则

大型钢桥都有许多构造和焊接方面的特点，制造厂必须采取相应措施使构件的制造质量达到设计要求。所以，大型钢桥常常需要制订专用制造规则。

制造规则需全面反映部颁的通用条件、本设计的各项特殊要求及工艺评定成果。规则的主要内容不外乎这样几个方面：基材、焊接材料、涂装材料验收；零部件和构件尺寸误差控制；焊接材料、工艺和焊缝力学性能；制孔、组装、校正工艺等。设计所要求的基材和焊缝力学性能都需反映在规则中。

基材性能早已在订货条件中明确，无须重复。此时应当强调的是工厂验收。首先需明确验收批量，一般应按钢厂出场文件，不同的板厚和批次都要分批验收，这是最后的很关键的材料质量控制。对于进口材料尤其需要这样做，不能仅仅依靠海关检验，工厂检验更为重要。因海关验收批量有限，很可能发生漏检。这种事情过去就不只一次出现过，孙口桥所进口的日本和韩国钢板都有过这种情况。海关验收通过，但其中部分材料工厂检验还是不合格。外商复检后立即进行了更换。

焊缝力学性能则不然。设计方所提的技术条件主要是焊缝性能，焊缝性能则必须反映到制造规则中去。焊缝性能主要包括（以孙口黄河桥为例）：

（1）屈服强度不得低于基材。

（2）焊缝金属、熔合线、热影响区的冲击韧性（在最低设计温度下）不低于48 J。

（3）各部位冲击韧性脆性转变温度应在−45℃以下。

（4）点固焊不得开裂。

（5）时效冲击韧性不得小于35 J/cm²（U形缺口，横向取样）。

H形和箱形杆件组装顺序，工厂有专用设备和操作方法。组成杆件的板件加工完成后即可进行杆件组装。H形杆件组装有专用卡具，三块板卡紧后点固焊，然后吊出来正式焊接。箱形杆件组装以图 1-10-1 为例，不管是上翼缘或是下翼缘，总是将较宽的翼缘板放在事先严格校平并有很大刚度的平台上，画出隔板所在位置；放置隔板并点焊；组装两块竖板，点焊，并完成与隔板的三面焊接；组装另一块翼缘板，点焊。最后将杆件吊到胎架上完成所有角焊缝。

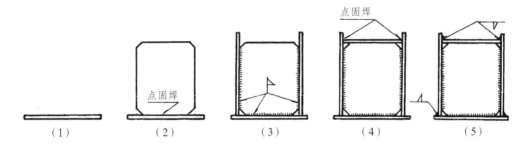

图 1-10-1　箱形杆件组装顺序

注：（1）较宽翼缘板置于平台；（2）按设计位置放置隔板，点固焊；
（3）组装竖板，先点焊，后进行隔板三面焊接；（4）组装另一翼缘板，点焊。

第三节　试　拼　装

主桁、平联、横联分别进行平面试装。检验各部件几何尺寸和相互关系的正确性，检验拱度，检验不同试孔器的过孔率，并根据过孔率决定冲钉直径。试拼装可以整孔进行，也可选取几个节间进行。以下是孙口黄河桥整体节点钢桁梁试装的实例，供参考。

孙口黄河桥为双线铁路桥，四联 4×108 m 钢桁梁，共 16 孔。制造过程中对第一孔和第十孔（先后间隔约半年）分别进行了平面试拼装。试装时，分主桁、桥面系（含下平联）、上平联、桥门架和横联五部分进行。每次试装 6 个节间，长 72 m。

1993 年 10 月 3 日开始制造，11 月 25 日第一次试装，12 月 2 日装完。1994 年 7 月进行了第二次试装。第二次试装是为了掌握经半数钢梁制造，工艺装备精度是否有变化。两次试装结果如表 1-10-1、表 1-10-2 和表 1-10-3。

表 1-10-1 是制造偏差统计结果。所有偏差都远远小于容许值，合格率 100%，说明孙口桥钢梁的制造精度很好。紧接着的安装的确非常顺利，进一步说明试装结果是可信的。

表 1-10-2、1-10-3 反映的是栓孔过孔率统计资料。此桥钢梁主桁所用高强度螺栓为 M24，栓孔直径 $\phi26$。两次试装过孔率为 $\phi25.25$ 试孔器 95.33% ~ 96.51%，$\phi25$ 试孔器 100%。更详细的统计结果见表 1-10-3。表 1-10-3 说明，总共 607 个栓孔：$\phi26$ 通过 380 个，过孔率 62.6%；$\phi26$ ~ $\phi26.4$ 合计通过 502 个，过孔率 82.7%；其余 17.3% 为小于 $\phi26$ 的孔。根据这些数据可知，$\phi26$ 的冲钉可通过绝大多数孔，且能保证栓孔重合。因此确定安装所用冲钉直径为 $\phi25.95_{-0.00}^{+0.05}$。

关于冲钉：冲钉在钢梁安装中起着非常重要的作用，它是使钢梁构件到达设计位置（准确定位）的有效工具。它的中部是圆柱体，两端是锥体，冲钉直径是指圆柱体部分。圆柱体的长度应超过最大板层总厚度。由于每一座钢梁的孔径、板层厚、过孔率都不尽相同，冲钉就必须专桥专用，不可能这座桥用了还到另一座桥去用。

表 1-10-1 主桁第一次/第二次试装结果表

序号	项 目	容许偏差/mm	说 明	检验项点数	合格项点数	合格率/%	数据分析			单项质量评价
							X	X_{max}	X_{min}	
1	桁 高	±2		6	6	100	− 0.15	0.52	− 0.48	合格
				9	9	100	− 1.07	0	− 2	
2	对角线	±3	主桁弦杆与斜杆中心线交点距离	12	12	100	− 0.02	0.65	− 0.85	合格
				4	4	100	− 0.3	− 0.05	− 1.05	
3	节间长	±2		11	11	100	− 1.1	1.05	− 2	合格
				9	9	100	− 0.12	1.38	− 1.98	
4	拱 度	±3		5	5	100	0.78	2.6	− 0.8	合格
				4	4	100	− 0.7	0.2	− 2.5	
5	试装全长	上弦±6；下弦±7.2；上弦±5；下弦±6	第一次试装全长 72 m，第二次试装 60 m	2	2	100	− 0.57	1.75	− 2.88	合格
				2	2	100	− 0.52	− 0.28	− 0.76	

表 1-10-2　主桁第一次/第二次试装钉孔过孔率

孔径/mm	检测孔数	$\phi25.25$ mm 试孔器		$\phi25.0$ mm 试孔器	
		过孔数	过孔率	过孔数	过孔率
26	4 541	4 329	95.33%	4 541	100.00%
	2 435	2 350	96.51%	2 435	100.00%

表 1-10-3　主桁栓孔过孔率

通过的栓数与孔径/mm	$380\phi26$	$71\phi26.1$	$24\phi26.2$	$7\phi26.3$	$20\phi26.4$	$46\phi25.6$	$59\phi25.8$
过孔率/%	62.9	11.6	9.8	9.8	9.8	9.8	9.8

当前存在着不经试装过孔检查，随意确定冲钉直径的现象，这是不能容许的。

第十一章
安　装

在初步设计阶段就要进行周密的规划。包括钢梁进场路线、码头、总体安装方案、具体安装步骤及相应计算等。

第一节　总体安装规划

不同的桥有不同的安装方案，但是有许多共同点，这里只能就这些共同点进行说明。

一、连续梁伸臂安装技术

普通连续钢桁梁常用的安装方法是伸臂安装。这种方法的主要优点是不需要从水中运送杆件，避免了对航运的干扰。同时，也避开了当桥下是浅滩，无法从水中运送杆件的困难。

二、连续梁伸臂安装的技术进步

自武汉长江大桥以来，大型钢桁梁几乎都是采用伸臂安装，所以具有非常丰富的经验，机具设备也很齐全。因此优先考虑伸臂安装是切合实际的。整体节点也不例外。同时，这种安装方法也在不断发展进步。

最初，伸臂安装的辅助结构是墩旁托架和临时墩。用墩旁托架可以减少伸臂长度，降低安装应力。需要注意，钢梁伸臂到托架顶时，托架与钢梁伸臂前端只接触，不起顶受力。再继续向前安装，托架才参与受力。亦即，托架只承受，也只需要承受接触之后安装上去的钢梁（多为一个节间）重量。此法在南京桥首次使用。临时墩的作用与墩旁托架一样，也是为了减少伸臂长度。但临时墩会更有效，当然代价也大得多。

后来发展使用的就是临时吊索架。就是像斜拉桥那样，用斜拉索来辅助伸臂。这种方法不仅可以使钢梁伸臂更长，而且可有效地将安装应力控制在容许范围之内。同时，钢梁在风力作用下发生偏移时，斜拉索的横向水平分力总是指向桥中线，这对增加伸臂安装钢梁的横向抗风稳定性有明显作用，以往的实践经验已经充分说明了这一点。此法在枝城长江大桥首次使用。之后，又进一步发展成为两层和三层吊索架。南京大胜关大桥三层吊索架的使用，又启发了新的安装思路。这就是通过承台上的预埋件及塔架构件与钢梁的可靠连接，将塔架做成一个能够抗弯的，类似于斜拉桥主塔的临时结构，利用斜拉桥技术来安装钢梁。这样一来，伸臂安装将可适应更大跨度。有希望就此克服特大跨度钢梁受到安装方法制约的困难。

对于这样的临时钢塔架，有几个问题是需要引起注意的。首先是承台上的预埋件。塔架立柱直接作用于这些预埋件，所以预埋件的平面位置必须尽可能准确，且应承受预计的抗拔力。预埋件的平面位置应留有一定的调整量，以适应立柱平面位置偏差。

其次是塔架与钢梁的连接处，要容许钢梁在平面上微调，使钢梁准确对中；相应钢梁杆件需进行安装应力计算，必要时加大杆件截面。

关于塔架内力计算：首先是在最大平衡伸臂状态下塔架的总体受力，这是首要的。其次是在最大伸臂状态下，不平衡力（例如一个节间主桁杆件重）引起的塔架内力。塔架杆件设计需留足够安全储备，以适应风力引起的振动及计算误差影响。

同时，与斜拉索相连的钢梁节点要用至少 1.2 倍斜拉索内力检算安装应力，此项应力的容许值可适当提高。之所以要用至少 1.2 倍索力检算安装应力，是考虑到：索力可能不均匀；索力与梁体空间位置不吻合，需要超张拉。

此外，斜拉索、塔架、与钢梁相连的节点和杆件，都要考虑容许超张拉。因为计划张拉的索力和梁的空间位置大都不会完全吻合，而在合拢的时候，伸臂端部的空间位置必须准确到位。此时，如果索力已经到达设计值，而端部标高仍不能到达设计位置，那就必须考虑超张拉。假如并未考虑超张拉的可能性，那就非常被动了。超张拉值一般取设计值的 20% 是够用的。

三、安装块件的大型化

这就是大块件安装和节段安装。大块件安装就是将主桁、平联、横联、桥门、桥面系事先连接成平面块件，然后成块起吊安装。这样做除要求吊机加大起吊能力外，其他困难并不大。节段安装则需要有条件。这个条件就是起吊的节段应能直接搁置于固定支点上，然后再进行连接。如果没有这样的条件，需要利用吊机提升，在悬空状态进行多点对位连接，困难会相当大。

四、连续梁安装起点，提升站和平衡重

大多数情况下，起始工点即钢梁端部的第一个墩位。此墩的前面是正桥，后面是引桥。首先要解决的是钢梁的头一、两个节间怎样安装。办法是在正桥方向设临时墩，或者在引桥方向装几个节间钢梁做平衡重，然后伸臂安装。平衡重钢梁是借用正桥钢梁，在适当的时候拆到前面去安装即可。另外，此处需设置将钢梁杆件提升到桥面的提升站，以便从桥面向前运送杆件。提升站、运料道、存梁场是一个整体，应结合在一起进行安排。

五、斜拉桥钢桁梁安装

斜拉桥钢桁梁安装与连续梁有很大区别，它的安装起点是在塔下。塔下梁段的安装一般都是利用水上吊机来完成。钢梁向前伸臂安装时逐根张拉斜拉索，用于承受伸臂荷载，这是斜拉桥安装的突出优点。

第二节 安装计算、安装临时荷载

安装计算主要是针对关键工序进行，最大伸臂状态就是关键工序。但是，为了配合安装应力和变形的监控，也要增加一些中间工序的计算。计算的主要目的，一是为了控制安装应力，二是为了控制变形。安装主力作用下容许应力可提高 20%。伸臂端的最大挠度最好能控制在伸臂长度的 1% 左右。

安装荷载包括钢梁本身重量和临时荷载两部分。

钢梁本身重量是主要部分，据实计算。但在安装状态下，有些恒载是不计的，因为在伸臂状态下这些重量还没有到桥上去，例如检查设备、栏杆、风水管路等。

临时荷载项目较多，必须逐项准确计入。这包括梁上吊机（含底盘）、牵引车、运梁平车、吊机走道、拼装脚手、栓合脚手、上下弦人行道、下弦运料道、安全网等。以下是几座大桥的安装临时荷载，可供参考。

1. 南京长江大桥

3×160 m 双线铁路钢桁梁，菱形（米字）桁。桁高 16 m，宽 14 m，节间 8 m。一桁的临时荷载见表 1-11-1。

表 1-11-1 南京长江大桥临时荷载表

序号	临时荷载名称	临时荷载重量	备注
1	35 t 架梁吊机	70 t	
2	吊机轨道	0.29 t/m	前端 32 m
3	上弦工作人员走道	0.20 t/m	全伸臂孔
4	上弦拼铆脚手	1.6 t/个	前端 5 个节点
5	1/2 桁高出的大节点脚手	1.0 t/个	最前面 1 个
6	1/2 桁高出的大节点脚手	3.0 t/个	后 2 个
7	下弦运料道及人员走道	0.26 t/m	全伸臂孔
8	安全网	0.10 t/m	全伸臂孔
9	下弦脚手架 5 个	1.6 t/个	前端 5 个节点
10	牵引车及平车		另　计

2. 长垣东明黄河大桥

单线铁路，九孔 $(96+4\times108+3\times108)$ m。菱形桁，高 16 m，宽 5.758 m，节间 12 m。其临时荷载见表 1.11.2。

表 1-11-2 长垣东明黄河大桥临时荷载表

序号	临时荷载名称	临时荷载重量	备注
1	20t 架梁吊机	47.9 t	含底盘
2	附属设备尾部吊机	12 t	倒换吊机轨道用
3	牵引车	15 t	
4	运梁平车	8 t	
5	吊机走道	150 kg/m 一桁	12 m
6	前端拼装脚手	0.3 t/个	
7	栓合脚手	0.8 t/个	
8	上弦走道	0.12 t/m 一桁	
9	下弦运料道	0.135 t/m	

3. 孙口黄河大桥

四联 4×108 m 双线铁路桥。临时荷载见表 1-11-3。

表 1-11-3 孙口黄河大桥临时荷载表

序号	临时荷载名称	临时荷载重量	备注
1	20t 架梁吊机	35 t	含底盘
2	吊机走道	0.15 t/m	
3	前端拼装脚手	0.8 t/个	2 个
4	栓合脚手	1.2 t/个	11 个
5	下弦走道、运料道	0.45 t/m	
6	运梁平车	4 t	
7	牵引车	7.5 t	
8	上弦走道	0.25 t/m	

第三节 冲钉数量与拱度保证

安装时，每个孔群的冲钉数量需要达到栓孔数的 50%，这是保证杆件相对位置正确，实现预设拱度的重要手段。第十章第三节详细说明了经过试装确定冲钉直径的过程。目前，有的钢桥安装时仅仅根据螺栓孔名义尺寸，并取用小于名义尺寸的冲钉直径的做法是不妥的。这样做的目的只是希望冲钉可以轻松地打进去，致使有些冲钉根本就是松的。冲钉是松的，螺栓孔就不能重合，杆件就到不了设计位置。这样一来，拱度当然就很难保证了。

第四节 伸臂安装的中间合拢问题

一、中间合拢条件

对于三孔和三孔以上的连续梁，一般中孔跨度较大，单伸臂不能完成安装，中间合拢就是很好的选择。宜宾金沙江桥首先采用了这一技术，此桥的跨度布置为112 m+176 m+112 m。

什么是中间合拢的技术条件呢？可以这样来说明：

假设钢梁已经安装完成，支座标高已落到设计位置，合拢口杆件处于正常受力状态。要求在此状态下采取措施，使预定合拢段的弦杆和斜杆的内力成为零，这个状态就是合拢口所要求的合拢状态。因为在此状态下，这个节间的杆件是可以拆下来的。既然可以拆下来，当然也就可以装回去。与此相应的各支点标高、合拢段空间位置，就是中间合拢的技术条件。

为了达到合拢状态，任何措施都可以采取。但有一条，那就是任何杆件的应力都必须保持在弹性范围内，任何杆件的设计几何尺寸都不能改变。只要做到了这两条，钢梁装完落梁后，钢梁的线形和拱度就能得到保证，而且也没有安装内力。任何企图改变构件几何尺寸的做法，都是绝对不可取的。

二、中间合拢的操作

伸臂安装到达合拢口时，合拢口的距离、前端标高、桥中线往往都会出现偏差。所以首先需要利用墩顶千斤顶对钢梁位置进行调整。墩顶事先已经布置了钢梁顶落、纵移、横移千斤顶。

使主桁的一个接口（例如下弦接口）率先达到合拢要求。必要时可在前端杆件上布置顶推（兼牵引）设备，协助合拢口到位。

合拢连接时应首先打好冲钉，因为只有冲钉才能保证正确的合拢尺寸要求。在完成一个接口连接后，再进行另一个接口连接。

只要墩顶有三向移动（含微调）措施，又认真使用冲钉，合拢过程不会很困难，也不会（不容许）有误差。

完成合拢连接后，将所有支点落到设计位置。

第五节　松扣问题

松扣，即放松高强度螺栓的丝扣，使预紧力部分或全部消失。

平面联结系和纵梁必要时可以根据需要，在选择的部位松扣，以缓解主桁变形所引起的平联和桥面系内力，落梁后再拧紧。但要特别注意，主桁的任何受力杆件都不能松扣。只有局部受力杆件可以具体问题具体研究，总体受力杆件是绝对不可以的。因为总体受力杆件一旦松扣便会产生连接部位滑移，而且滑移量是不被约束的。这种不被约束的滑移一旦产生就无法恢复，这是非常危险的。那么，为什么平联和桥面系纵梁可以松呢？因为平联和桥面系的变形是受到主桁约束的，是有制约的。主桁则完全不是这样，这需要特别注意。

第六节　节点连接常见问题处理

一段时间以来，常常出现腹杆与主桁节点连接困难的问题。一是腹杆插不进；二是缝隙太大。缝隙太大问题出现得更多一些。客观地说，两个问题都是制造出现过大误差，或错误引起的。多达数毫米的缝隙不应当是误差，而应当是错误。所以，解决问题的关键在工厂。前面已经讲过，保证公差并不存在技术困难，而是一个管理问题。

设计方面，节点板内距一般都留有 2 mm 名义缝隙，并考虑 2 mm 公差带。国内外许多大桥的制造安装实践证明，这样做是没有问题的。有的桥没有留名义缝隙尺寸，但是留有合理的公差配合。严格按此进行制造公差控制，也应当是可行的。

节点板内距是依靠此处隔板宽度控制的，而隔板宽度容许误差只有 ±0.5 mm 。±0.5 mm 的隔板误差已经实行几十年了，应当不会有问题。如果隔板尺寸做对了，节点板内距就不至于出现数毫米之大的空档。因此可以肯定，这个问题不是技术上办不到，而是管理没跟上。

已经出现了过大缝隙时（2 mm 以上），只有加填板。别的办法都太牵强，说不过去。

这里特别要提一下用 0.3 mm 插片插入检查板层密贴程度问题。插片法起源于铆接钢梁时代，是用来检查铆接板束的。铆接板束不密贴，虽不影响铆钉传力，但雨水可以进入缝隙生锈，需用腻子封堵。这个方法不能用来检查高强度螺栓连接板束，不能检查板层的压紧程度（没有缝隙不等于压紧）。

高强度螺栓连接的节点出现过大缝隙时，总是想用螺栓强行夹紧。这样做的头一个问题是，螺栓预紧力必然损失。螺栓预紧力不能全部用来夹紧钢板，有一部分会消耗在迫使钢板弯曲上。因此，螺栓的承载力必然打折扣。而且打了多少折扣还说不清楚。在这种情况下做插片检查是没有用的。插到螺栓杆，可以说明板层没有接触，螺栓没有受力；插不进去也不能说明钢板是压紧了，还是部分压紧了，还是仅仅接触上，因此也就不能说明问题。所以控制误差是最主要的，同时螺栓施工质量检查应当检查预紧力，而不是插片。

第十二章
通车试验

第一节 试验计划

通车前的试验的目的是全面检验结构性能，主要项目：检查设计计算主要构件的应力，挠度是否与实际检测数据一致。

试验计划由设计单位提出，主要应包括以下内容：

（1）试验荷载。试验荷载由机车和车辆组成。机车需采用常用电力或内燃机车，选定机型，明确轴重和轴距；车辆由统一的标准型号组成，装载量一般是 60 t。这样机车和车辆的轴重与间距就明确了。因为目的在于检验结构计算的准确性，故试验荷载不必与设计荷载一致。

（2）试验内容。试验内容分静载和动载两部分。静载试验主要是为了检验桁梁的竖向挠度，并检测选定构件（弦杆、斜杆等）的实际应力。所选构件最好是在同一断面的上下弦杆和斜杆，以便容易校核。动载试验是为了检验梁的动力特性，包括频率、振幅、动挠度、动应力。

（3）加载长度。选定试验内容之后，就可以按照各个试验内容所对应的影响线确定加载长度了。加载长度是用不同的车辆数目来组成的，而车辆数目的改变必须要到车辆编组站才能完成。所以，加载长度种类不能太多，一般只选用一两种为好，不应当反复改变。

（4）加载轮位。最后，应在计划中指明不同加载位置的具体轮位。因为机车和车辆的轴距都是标准的，只需指出机车前轴的位置，后面所有的轮位也就随之决定了。

应力测试部位也需在计划中明确规定。

第二节 计 算

对每一个加载位置（轮位），都要做相应计算。此项计算的荷载是实际加上去的试验荷载，而不是设计荷载。这种试验所用的荷载，是在试验计划中选定的。一般用一两个车列组成。车列中的机车型号、车辆型号、车辆装载（沙或铁矿石）重量，都要在试验计划中明确规定。装载好的车辆都要称重，这样完成的荷载就是试验所用的计算荷载，即计算与试验所用的荷载是一样的。对比计算值和实测值，就可以得出试验结论了。一般情况下，实测应力和挠度值略小于计算值为正常，反之就要追查原因了。

第三节　试　验

试验的组织工作是非常复杂的，需由业主委托专门机构来完成。为了免除温度应力影响，具体试验需在早上日出之前的夜间进行。

应力测试的部位，数量需事先计划好。对于主桁，应选取杆力较大的杆件，包括弦杆和腹杆。弦杆应包括同一节间的上下弦及上下游弦杆，以便对比。挠度测量部位需选测最大挠度所在位置，并上下游同时测试，观察上下游挠度是否有差异，有多大差异。

采集应力的工具是应变片。应变片是在准备阶段粘贴到杆件的翼缘板和腹板上去的，它可以记录加载时杆件发生的应变，从而得到应力值。但因为粘贴应变片时恒载应变已经发生，所以试验时不能得到恒载应力。除非在安装之前就将应变片贴好。安装之前贴好的应变片很容易损坏，要特别注意保护。

试验所得全部数据都是宝贵的实测记录，不能随意放弃不用，包括某些看起来不规律的数据。正常情况下，实测应力与计算应力之比（结构校正系数 K）都应小于 1 或等于 1。通常，弦杆的 K 值都会小于 1。因为平面联结系和桥面系参与主桁抗弯，分担了少量弦杆内力。支点斜杆的 K 值接近于 1，是因为平面联结系对斜杆起不到这样的作用。

下面以孙口黄河桥的通车试验为例，用一些典型通车试验结果来进一步说明实验数据与理论计算数据间的关系。

孙口黄河桥，4×108 m 连续钢桁梁，节间长度 12 m，整体节点，双线铁路。车头和煤水车后面的试验荷载每线平均约 6.7 t/m（为设计荷载 84%）。在边孔双线施加试验活载（满载）时的活载挠度（mm）和应力（MPa）如下。

项　目	实测值	计算值	K 值
边孔跨中挠度	64.9/64.3	72.4	0.89
跨中下弦杆 E6E8 应力	56.7/56.6	67.6	0.84
跨中上弦杆 A7A9 应力	− 67.6/− 65.1	− 67.6	0.94
支点斜杆 A17E18 应力	− 55.6/− 54.6	− 54.9	1.00
支点上弦杆 A17A19 应力	32.5/33.7	35.1	0.94

注：（1）试验单位：中铁大桥局桥梁科学研究院，济南铁路局桥梁检定队。
　　（2）两个实测值分别代表上游桁和下游桁。

孙口黄河桥实测表明，铁路桥面与下平联分担弦杆内力 7%～8%，上平联分担 5%～6%。任何新建成的桥（包括公路桥），通车前都要进行荷载试验，检验结构是否满足设计要求。

第二篇　钢箱梁

　　本篇着重讨论斜拉桥钢箱梁。连续钢箱梁和板梁与斜拉桥钢箱梁有许多相同之处。对于它们的不同之处，将另有补充。至于斜拉桥与悬索桥钢箱梁，那就更相似了，只是因为前者有轴向力，后者没有，所以腹板加劲不同，以及某些细节不同而已。当然也就不需专门来谈了。

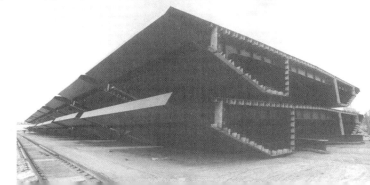

第十三章
钢箱梁总体设计

第一节 概 述

钢箱梁使用十分广泛，不仅斜拉桥和悬索桥的加劲梁经常使用，连续钢箱梁和钢拱桥也常常使用这种断面。这是因为箱形断面有明显的结构优势。

首先是箱形截面在抗风方面的优势。箱形截面的抗扭刚度大，抗风稳定性好。在缆索承载的桥梁结构中，截面多为扁平的。扁平形状使箱体具有较小的迎风面，同时还可以通过截面形状优化，使之近于流线型，或增设导流板，取得更好的抗风效果。当然，抗风稳定性的最终解决是风洞试验。

其次在结构方面，大多数箱形截面梁都由薄板和中厚板构成。斜拉桥、悬索桥的加劲梁板件厚度一般不超过 32 mm。与特厚板相比，中薄板在性能方面具有很大优势。这在前面已经讲过。

从 20 世纪 90 年代开始，国内陆续修建了几座大型钢箱梁斜拉桥和悬索桥，斜拉桥有汕头礐石大桥、江阴长江大桥、天津海河大桥、白沙洲长江大桥等，悬索桥有西陵长江大桥、海仓大桥、虎门大桥等。总起来看数量还不多。

世界各国不仅已经修建了大量缆索支承的钢箱加劲梁桥，而且还修建了许多大跨度的连续钢箱梁桥（见附录 G）。连续箱梁桥立面造型非常美观，它的中间支点适当加高，下翼缘做成弧形，向跨中逐渐减少梁高。这不仅很好地适应了内力的需要，同时又极具美感。可惜国内尚无这种尝试，至今没有一座大型连续钢箱梁桥问世。

第二节 梁 高

斜拉桥钢箱梁绝大多数都是等高梁。主要是结构受力不需要太大的梁高。梁体的主要作用，是将截段荷载传递到斜拉索，由斜拉索竖向分力平衡桥上荷载。同时，斜拉桥的建筑美在很大程度上是取决于塔的挺拔和梁的柔细。梁的高跨比越小、越柔细，越能体现这种桥型非常突出的美感。斜拉桥的受力特点就正好满足了这样的审美要求。在塔根附近，虽然箱梁内力会有显著增大，但增大的内力主要是轴向力，是斜拉索水平分力叠加的结果。水平力增大引起的应力增大不仅表现在翼板上，同时也表现在腹板上。一般并不需要增加梁高，只将翼缘板和腹板厚度加大即可。而弯矩引起的应力增加有限，而且还可以利用斜拉索进行调整。早先，国外有少量在根部增加梁高的例子，目前基本没有了。

现代钢桥的梁高与跨度关系不是很大，主要受梁宽影响。考虑到梁的横向刚度，梁高与横向索距之比一般宜保持在 1/15 ~ 1/10。梁的抗风稳定性，特别是安装时伸臂状态下的抗风稳定性，要求钢梁具有较好的整体刚度。这些都需要在决定梁的轮廓尺寸时统一考虑。斜拉桥钢箱梁目前大都使用在公路桥上。

连续钢箱梁的梁高就不同了。因为连续梁是抗弯结构，梁体抗弯截面模量要适应抗弯需要，所以钢箱连续梁的高度大都是变化的。随着跨度的变化，中间支点处的梁高会跟着变化，跨度越大梁高越大。但跨中的梁高变化不会太大。这一点请参见第六章。

第三节 梁 宽

影响梁宽的因素有：使用功能要求、结构布置和规定、抗风稳定性需要。

使用功能方面，需要满足的是设计车道数和规范的横向布置规定。特大桥的行车速度都在 80 km/h 以上，所以一个车道的宽度为 3.75 m。车道数的规定取决于建设主管单位，一般是双向四车道、六车道和八车道。长大桥一般不设置人行道。

公路桥涵设计通用规范对横向布置有很详细的规定。需要占据横向宽度尺寸的项目为（从左至右）防撞栏、左路肩和左路缘带、左边车道总宽、中间分隔带和两条路缘带、右边车道总宽、右路肩和右路缘带、防撞栏。路肩宽和中间分隔带宽度与行车速度有关，而且不同地区的桥梁在掌握尺度上也有较大区别。所以既要执行规范，又要联系实际。如果桥梁构件（斜拉索等）需要占据横向尺寸，则需在总宽中另行增加，此即构造需要的宽度尺寸增加。

按以上所述拟定的总宽，应能满足抗风稳定性需要。

第四节　截面类型

一、连续钢箱梁的截面

连续钢箱梁的截面形状分为矩形和梯形两种，梯形中又以倒梯形为主。等高梁截面多为矩形和倒梯形，正梯形的截面很少使用（但也有，日本第二石狩川桥既是一例）。如果桥面很宽，用倒梯形可以明显节省下部结构材料。

变高度梁则宜采用矩形。为适应桥面布置宽度需要，常在两边增设悬臂。当跨度较大，支点梁高也较大时，采用倒梯形就不一定合适了。因为下翼缘宽度会随着梁高的增加逐渐减少。中间支点处梁高最大，下翼缘宽度最小，支座间距还不一定能够满足桥梁横向倾覆稳定需要。

1. 德国路易兹桥[20]

这座桥虽不是钢箱梁，但却是一座很有名的三孔连续钢板梁桥（图 2-13-1）。它是现代钢板梁的首创，也是钢箱梁的前身。桥的跨度为 132.13 m＋184.45 m＋120.73 m，是利用二战时被炸毁的悬索桥桥墩布置的。1948 年建成。每平方米用钢量 630 kg。

断面显示，板梁为 4 片。梁间横向联结系及其上面的横梁共同承受桥面荷载。纵梁间距 730 mm，置于横梁之上。桥面为钢筋混凝土板。

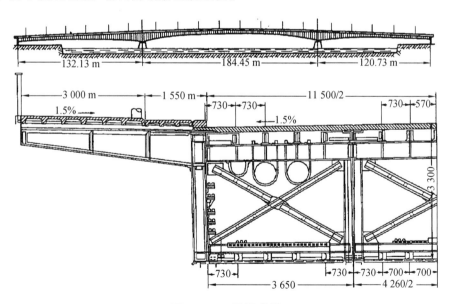

图 2-13-1　路易兹桥

2. 卡罗尼河二桥[20]

此桥位于委内瑞拉。五孔连续，跨度布置为 45 m＋82.5 m＋213.75 m＋82.5 m＋45 m。上承式，中间是单线铁路，两边是 10.8 m 公路。箱梁结构为单箱双室，但顶板是普通钢筋混凝土板，板与梁用剪力键结合，共同受力。支点梁高 13.8 m，跨中 4.76 m。支点高跨比 1/15.5。立面和断面图显示，主跨两边支点下翼缘及整孔 82.5 m 边孔下翼缘填充了混凝土。如图 2-13-2 所示。

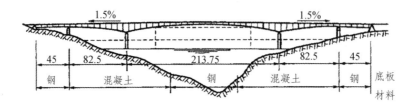

图 2-13-2　卡罗尼河二桥立面

钢箱有 3 片腹板（主梁），由横向联结系相连，横向联结系间距 3.75 m，上横撑兼做支承桥面板的横梁。由于主跨两边支点处有很大的负弯矩，所以主梁上翼缘板尺寸变化很大，支点处 3 000 mm×80 mm，跨中 600 mm×30 mm。腹板厚度 12 mm～24 mm。支点腹板上纵肋 12 道，纵肋高度在跨中区为 300 mm，支点处自上而下增加到 850 mm。横肋间距即横联间距。底板上也有纵肋，间距 1 m。断面见图 2-13-3。

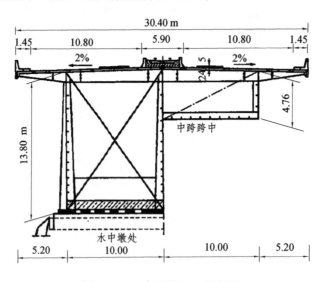

图 2-13-3　卡罗尼河二桥断面

二、斜拉桥加劲箱梁截面

斜拉桥的加劲梁截面，有 I 形板梁边主梁、箱形截面边主梁、并列双箱、单箱单室、单箱多室、钢桁梁等多种。发展到今天，跨度很大时采用箱形梁和桁梁的情况比较多；跨度较小时也有采用边主梁的。在公铁两用桥和铁路桥中，多以钢桁梁为加劲梁。

影响截面形式的主要因素是营运需要、结构布置和抗风稳定性。其中的抗风稳定性问题最为引人注目，这当然与 1940 年塔科马旧桥的风毁有很大关系。塔科马旧桥（悬索桥）主跨 853 m，I 形板梁作为边主梁，梁高 2.44 m。风毁 10 年后改建成仍为跨度相同的悬索桥，但加劲梁改为钢桁梁。专家组对塔科马桥风毁问题进行了深入研究和试验，所得出的结论，对世界各国的悬索桥、斜拉桥抗风设计起到了至关重要的推动作用。

1. 波恩北桥

波恩北桥是单索面矩形箱梁斜拉桥的例子，主跨度 280 m。钢箱宽 12.6 m，高度比较大，为 4.2 m，这与采用单索面，两边的伸臂长度很大有关。两边伸臂总长各 11.85 m，其中斜撑水平尺寸 5.25 m。桥面全宽 36.3 m。如图 2-13-4 所示。

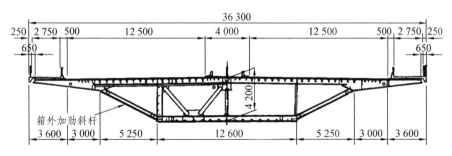

图 2-13-4 波恩北桥[23]

2. 多多罗大桥

此桥在日本本四联络线上，多多罗大桥连接生口岛和大山岛，双塔双索面斜拉桥，跨度 270 m＋890 m＋320 m。行车道宽 20 m，梁高 2.7 m。箱内只有边腹板，无中间纵腹板。1999 年建成。如图 2-13-5 所示。

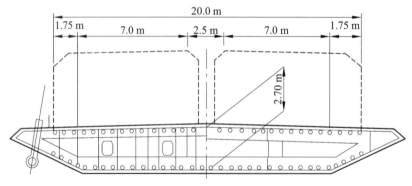

图 2-13-5　多多罗大桥[23]

3. 诺曼底大桥

诺曼底大桥位于巴黎以西 130 km 的塞纳河上，全长 2 141.25 m，如图 2-13-6 所示。主桥为双塔双索面斜拉桥，跨度组成为：

$$27.75+32.5+9\times43.5+96.0+(116.0+624.0+116.0)+96.0+14\times43.5+32.5 \text{ (m)}$$

括弧内为主跨尺寸组成，共 856 m。主跨中间 624 m 是单箱单室钢箱梁，两边 116 m 为混凝土箱梁，两种梁在接头处进行钢混连接。全部边孔也都是混凝土箱梁。主导思想就在于减轻主孔恒载，以获得减少斜拉索、主塔和下部结构工程数量的效果。竖向刚度也同时得到改善。

此桥建成于 1995 年，比 1991 年建成的同类型的日本生口桥稍晚，设计构思应是同一时期。在此桥之后，混合连接的加劲梁桥国内已有多处使用。

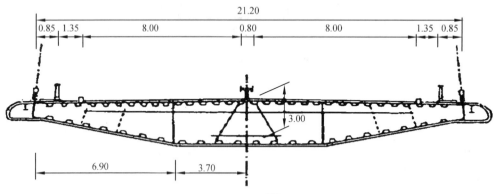

图 2-13-6　诺曼底大桥[23]（单位：m）

4. 鹤见桥

鹤见桥位于日本横滨港，双塔单索面密索斜拉桥。跨度布置 254 m＋510 m＋254 m。箱体高 4 m，宽 38 m。单箱五室，中间窄箱为锚箱位置。如图 2-13-7 所示。

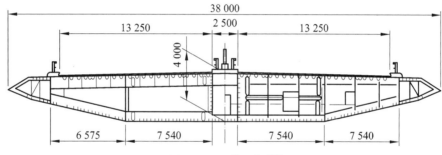

图 2-13-7　鹤见桥[23]

5. 岩黑岛桥

岩黑岛桥位于本四联络线，主跨 420 m，上层公路，下层四线轻载铁路。桁梁的桁高 13.9 m，宽 27.5 m。如此之大的桁宽，给公路面和铁路面的桥面结构设计都带来了困难。由断面图（图 2-13-8）可以看到，断面联结系高达 4.47 m，可传递公路荷载，实际上即公路横梁。同样由于桁宽太大，铁路横梁的刚度难以满足设计规范要求。为此，两边增设 K 撑，中间增设吊杆。吊杆内力直接传给横联。

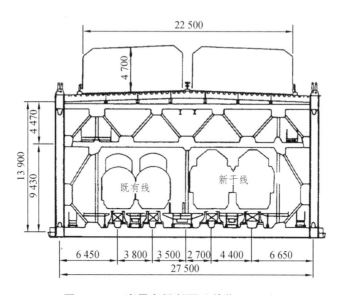

图 2-13-8　岩黑岛桥断面（单位：mm）

国内在建的四线铁路桥也存在桁宽过大的同样问题。应对方案有用三桁和两桁加吊杆两种。这两种方案各有优缺点。三桁方案的主桁杆件内力较小，横梁跨度也不大；两桁方案则相反，主桁杆件内力较大，横梁跨度过大，横梁挠度不易满足需要。吊杆和传递吊杆力的横联都是弹性体，除非横联刚度比铁路横梁刚度大很多，否则，用吊杆减少横梁挠度作用有限。

6. 汕头礐石大桥

公路桥双向六车道，全宽 30.35 m。跨度布置为 (2×47+100+518+100+2×47) m。加劲梁双箱并列，中间用横隔板相连。中间横隔板间距 3 m，长 11.50 m。高 3 m 和高 0.97 m 的隔板相间布置。3 m 高的横隔板与箱内实腹隔板对应，0.97 m 的横隔板与箱内空腹隔板对应。主梁截面如图 2-13-9。

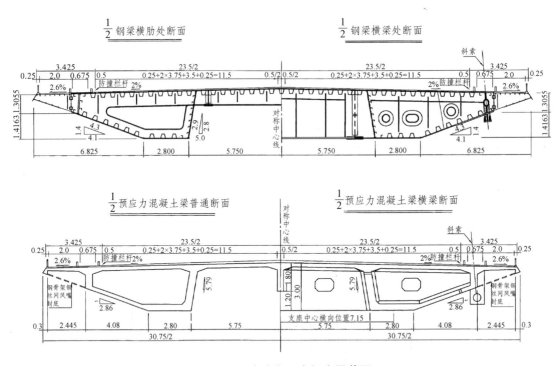

图 2-13-9　汕头礐石大桥主梁截面

中间采用部分与梁体同高（3 m）的隔板是十分必要的，它可以保证主梁的整体性，同时对提高桥面铺装耐久性也有很大好处。

这种双箱并列，中间以横隔板相连的结构形式最大限度地节约了钢材，但养护却有所不便。梁底养护时，检查车上的人员接触隔板上部比较困难。

在 906 m 加劲梁中，两端的 2×47 m 边孔是混凝土箱梁，钢混接头向 100 m 孔伸过 1.5 m，即位于 100 m 孔的 98.5 m 处。之所以将混合接头设在这里，是考虑到便于梁体刚性协调和施工方便。混凝土箱梁与钢箱梁外形尺寸完全相同，但抗弯刚度相差很大。两者既要连接，就需要在截面内力与刚度协调两方面进行选择。两相比较，截面的弯矩和剪力大并不可怕，有足够措施可以确保无虞，而接头刚度协调，以及使接头不发生反复挠曲则显得更为重要。就结构而言，接头处的变形必须协调。而接头两边的巨大刚度差，将会对变形协调产生严重妨碍。选择支点边 1.5 m 处进行接头，是因为此处几乎没有挠度，不会产生钢箱梁与混凝土梁挠曲变形的不协调。弯矩和剪力虽然很大，但完全可以通过结构措施解决。实践证明，这个设计思想是正确的。又因为就在墩旁，接头施工不需另设水中支架，施工方便。接头详情见第十六章。

此桥 1999 年 2 月通车，钢结构及混合接头部位没有出现不良现象。

7. 湛江海湾大桥

双向六车道公路桥，全宽 28.5 m，高 3 m。箱内隔板为空腹加斜撑，图中的"横梁"即吊点处隔板，端部为实腹板，是传递梁段剪力的需要。这是个有创意的设计，桁架隔板使箱体内十分通透，视觉好，方便内部养护。钢箱梁截面见图 2-13-10。

大桥所在的湛江市台风十分频繁。为了更好地抗风，两边有风嘴，且下翼缘做成圆弧。湛江市的雷暴天气也是全国闻名的，大桥专门做了防雷设计，灯柱上的避雷线全部与下部结构内的钢筋相连，并接地。

索梁连接拉板直接焊在顶面，与腹板对齐。自福州市青州路斜拉桥建成以来，这是又一座拉板直接焊在顶面的工程实例。

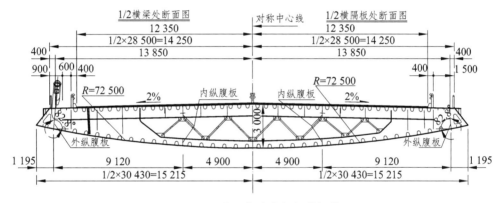

图 2-13-10 湛江海湾大桥钢箱梁截面

第十四章
桥面板与横隔板

第一节　桥　面　板

现今，桥面板多由面板和闭口肋组成正交异性板。正交异性板设计包括强度和刚度两方面。经过长期的试验研究和实践，差不多已经总结出如下共识：U肋尺寸（顶宽、底宽、高度、板厚）相对固定为常用的几种：桥面板厚度不小于12 mm；U肋中心距600 mm；横隔板间距3 m～3.5 m。在满足以上要求的条件下，不需检算桥面板弯矩[22]。需要注意，不需检算的只是指静强度，桥面的疲劳强度和刚度仍必须仔细考虑。从国内钢箱梁桥运营的实际情况来看，桥面的疲劳和刚度的确存在一些问题。这主要表现在：桥面铺装耐久性差，U肋与横隔板连接处的肋下帽口边开裂；U肋与桥面板角焊缝开裂。

桥面刚度存在的问题正在引起注意，而且已经在设计和制造中采取措施。桥面刚度取决于纵肋刚度、纵肋间距和横隔板间距。另外还有铺装层厚度。

目前，国内对正交异性板的基础性研究仍不充分，在此情况下，U肋尺寸定型需要明确，没有试验依据时不要轻易更改。横隔板间距小一点好，3 m以下都可以，以便获得更好的桥面刚度。横隔板的腹板板厚不要小于12 mm。

纵肋间距与桥面板厚度有关，但也不必随着桥面板厚度的变化而频繁改变。过去，常用桥面板厚为12 mm，U肋中心距600 mm。但在实践中已经感觉到桥面12 mm板厚有些偏薄，稍微用厚一点更好。欧洲规范已经做了修改。

一、欧洲规范[22]关于正交异性板桥面规定

欧洲规范的内容很详细，现在综合这些内容择要列出，供参考。

1. 纵肋刚度与横隔板间距

横隔板间距取决于U肋（连同钢桥面板）的抗弯刚度I。横隔板间距与I成正比，I大则间距大，I小则间距小，且表示为关系曲线（图2-14-1）。

利用这张图，可以看一看国内常用正交异性板的情况。根据图 2-14-1，闭口肋顶宽 300 mm，底宽 202 mm，高 220 mm，厚 8 mm，桥面板厚 12 mm，惯性矩 9 378 cm^4，要求横隔板间距不应超过 3.5 m。

2．桥面板厚度

桥面板厚度与铺装层厚度相关联，车道处：

（1）桥面板最小厚度 $t_{min} \geqslant 14$ mm 时，铺装层厚度 $\geqslant 70$ mm。

（2）桥面板最小厚度 $t_{min} \geqslant 16$ mm 时，铺装层厚度 < 70 mm。

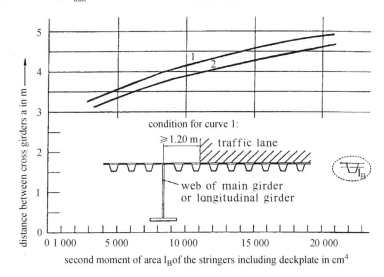

图 2-14-1　桥面板纵肋抗弯刚度与横隔板间距关系

注：图中竖坐标为横隔板间距（m）；横坐标为包括桥面板在内的纵肋惯性矩（cm^4）。

3．支承桥面板的纵肋腹板间距（图 2-14-2）

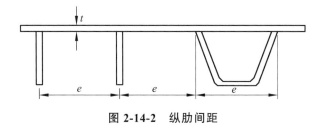

图 2-14-2　纵肋间距

（1）车道处：$e \leqslant 300$ mm，$e/t \leqslant 25$。

（2）其他地方：$e \leqslant 400$ mm，$t = 10$ mm，且 $e/t \leqslant 40$。

4. 纵肋焊接要求（图 2-14-3）

（1）纵肋与桥面板组装间隙小于 2 mm。

（2）有效喉厚大于或等于纵肋板厚。

（3）焊缝须熔透。

（4）喉厚需 100% 检测。

需要注意，上述"焊缝须熔透"应理解为尽量减少内侧未熔合尺寸，外侧可适当增加焊缝金属，见图 2-14-3。不是一般意义的熔透。

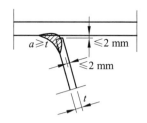

图 2-14-3　U 肋与桥面板焊接

a—有效喉厚

5. 纵肋工地焊接连接

（1）内侧嵌入衬肋长度不小于 200 mm。

（2）纵肋端部接头间隙不小于 6 mm。

纵肋的纵向角焊缝焊接质量是一个极为重要的问题。国内钢箱梁纵肋在此处出现纵向开裂的现象已经不少了，有的桥不仅开裂部位多，最长的开裂长度达 5 m 以上。因此，这是个必须高度重视的问题。上述欧洲规范的纵肋焊接要求，实际上是必须开坡口。否则，喉厚要求、熔透要求就不可能满足。已有许多先例说明，国内厂家焊好这条焊缝不存在技术问题，加强管理就完全可以做到。

6. 纵肋与横隔板连接

纵肋连续通过横隔板（不断开）；纵肋底部应有帽孔，帽孔尺寸如图 2-14-4，但纵肋上沿

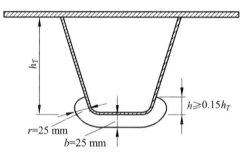

图 2-14-4　纵肋下的帽孔

与桥面相交处的隅角已改为不开孔。早先此处开有半径 30 mm 的过焊孔，但此处直接承受轮载，局部变形比较严重。过焊孔较小，不能绕焊，这就产生了起（熄）弧薄弱环节，反而容易开裂，所以这里就明确规定取消了。但是，隅角仍需适当切角，以避让事先焊好的纵肋角焊缝；纵肋、桥面板与隔板间的角焊缝都不应在隅角处起熄弧，而应连续通过。

图 2-14-4 对 U 肋及帽孔几何尺寸作出了规定。其他文献也有类似规定，不一定都相同，可对比参考使用。

二、邓文中博士的建议

桥梁专家邓文中博士根据多座桥梁的实践经验提出了一些很好的建议（《桥梁》，2007-04），着重强调的问题之一是桥面板厚度。

桥面板纵肋腹板间距 e 与桥面板厚 t 之比 $e/t \leqslant 24$。这一点比欧洲规范更严一些。国内常用的肋间距是 300 mm，如果用 12 mm 桥面板，$e/t = 300/12 = 25$，满足欧洲规范，不满足邓文中博士的建议。

t 值对桥面铺装的耐久性有很大影响，他举出了一些铺装非常成功的例子。

圣马桃大桥（San Mateo Bridge），$t = 24$ mm，桥面铺装已使用 40 年，至今还是原来的铺装；海湾大桥西段（Bay Bridge Western Spans）$t = 24$ mm，用了 30 年，到 1976 年才用混凝土桥面板替换；金门大桥（Goldn Gata Bridge）1985 年铺装新桥面，$t = 23.3$ mm，已用 21 年（至 2007 年）。

以上这几座桥的铺装使用效果如此之好，除桥面板很厚之外，估计还有其他有利因素。

三、铁路桥面正交异性板

铁路桥采用正交异性板的情况逐渐多起来了。对于采用道砟槽的铁路桥面，因有道砟和道砟槽对轨道力的分配作用，上述 e/t 值可以放宽到 30[1]。由于道砟槽的覆盖，桥面板的维护受到妨碍，所以桥面板最好能厚一点，预留适当的腐蚀厚度。当然也可另设钢板道砟槽或钢筋混凝土道砟槽。

桥面板下除布置纵肋外是否布置纵梁，有两种选择。如果不布置纵梁，轨道荷载横向分配到数条纵肋上，再由纵肋将内力传给横隔板。显然，轨道下的纵肋将承受较多的竖向力。使这些纵肋本身及相关细节成为桥面耐久性的关键。但轨道荷载的位置是固定的，在轨道下设置纵梁应是合理的选择。纵梁的抗弯刚度远远大于纵肋，不发生荷载的横向传递，直接将轨道荷载传给横隔板。只要纵梁设计合理，桥面板的耐久性应当会更好。

第二节　普通横隔板及其与纵肋交叉

一、横隔板与纵肋

前面谈到，首先需要重视的就是横隔板间距。这个间距影响着纵肋挠度，对桥面铺装的耐久性有明显影响。

纵肋挠度联系着它的支点转角，同时产生隔板帽口附近的面外水平力，使横隔板产生面外变形（图 2-14-5）。而且，此水平力方向因活载移动而反复变化，形成垂直于隔板的反复变形。因此，从设计角度讲，横隔板不能太薄，须保持在 12 mm 或 12 mm 以上，这对防止横隔板开裂有明显好处。

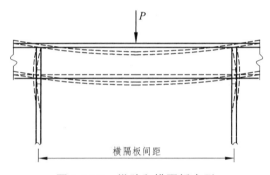

图 2-14-5　纵肋和横隔板变形

横隔板是受弯构件，没有轴向力。抗弯计算时，横隔板翼缘需要考虑有效宽度。腹板的受力特点与板梁完全相同，所以加劲设计也与板梁完全相同。

横隔板的腹板承受桥面荷载产生的剪力，这个剪力当然是越靠近边腹板越大，最终传给边腹板。而在斜拉桥和悬索桥中因抗风需要，箱梁会向两边明显减少高度，造成腹板也跟着减少高度，使抗剪截面的高度反而随着剪力的增加而减少。因此，腹板两端的一定范围常常需要增加板厚。此外，隔板的腹板与箱梁边腹板的角焊缝需要传递全部剪力。同样因受到箱梁两边减少高度影响，边腹板也不高，角焊缝长度因此受到限制。所以，此角焊缝常常需要全部熔透。

关于板梁腹板加劲将在第十八章说明。

二、纵肋与横隔板交叉细节

图 2-14-6 都是常用纵肋与横隔板的交叉形式，标注都很详细。图（a）~（d）纵肋都与横隔板进行了单侧连接（也不需双侧连接），使横隔板成为纵肋的支承。纵肋刚度计算可以考

虑这些支承点的作用。图（e）、（f）没有连接，纵肋刚度计算不考虑横隔板的支承作用，按无限长板设计。

车道下所使用的几乎都是图（d）这种形式，这种形式在正常情况下不会有安全问题。近年来，帽口两侧的角焊缝裂纹还是时有出现。现场观察可以看到，帽口圆弧尺寸加工随意进行火焰切割，半径大小不一；边沿粗糙，焰切后没有磨修，成明显的锯齿状。这种情况当然就更容易造成帽口边横隔板开裂。严格地说，在钢结构成品中出现这些十分明显的外观缺陷是根本不能容许的。

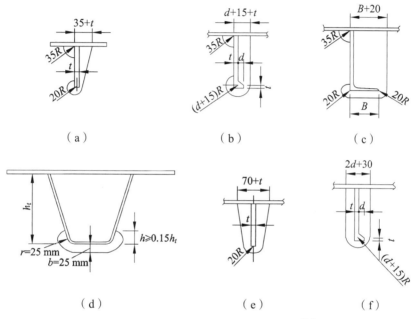

（a）   （b）   （c）

（d）   （e）   （f）

图 2-14-6　纵肋与横隔板交叉示意图[16]

三、开大孔（空腹）问题

横隔板开大孔（图 2-14-7）成为空腹，国内已多有使用。但最近发现一些问题，觉得有必要提出来加以讨论。先谈谈已经使用过的情况。

广东汕头礐石大桥是主跨 518 m 的双塔斜拉桥，加劲梁为并列双箱。每箱宽 7.26 m，两箱间以长 10.5 m 的横梁相连，中间 10.5 m 横梁底面没有全部封闭成箱体。横梁高分 0.9 m 和 3 m 两种。边箱的横隔板间距 3 m，板厚 16 mm。空腹隔板与实腹隔板间隔设置。对应实腹隔板的横梁高 3 m，对应空腹隔板的上面留存部分高 900 mm，下面留存部分高 600 mm。

这座桥已使用 10 年，尚未发现不良情况，未发现在大孔两边上翼缘闭口肋下的缺口边出现裂纹。这与横隔板间距布置、隔板厚度采用、纵肋间距布置固然有关，同时宝鸡桥梁厂对此桥钢梁的认真制造也有重要关系。这是国内首座大型钢箱梁,工厂十分重视,质量优秀。其他类似的结构,也有在大孔两边上翼缘闭口肋下的缺口边出现裂纹的例子。

为什么会出现裂纹呢?这有以下原因。

首先,大孔上面留存部分,实际已成为横肋。它的两端被弹性固定,可以近似看做两端弹性固定梁。肋上荷载使两端产生固端弯矩和弯应力,同时产生直接剪应力,总应力水平是很高的。这是一。

其次,横肋两端也有闭口肋。扣除肋高和其下的帽口高,余下的有效肋高并不多。

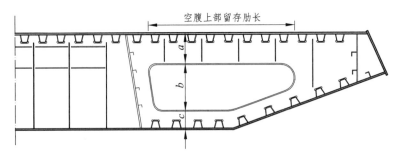

图 2-14-7　横隔板开大孔示意

再者,刚度突变和肋下孔边结构细节形成的应力集中,会使局部应力进一步升高。综合这些原因,肋下孔边开裂就成为可能了。开裂情况可参见图 2-14-8。

欧洲规范[22]对此有很详细的要求,主要内容如下。

图 2-14-8　横隔板开裂图

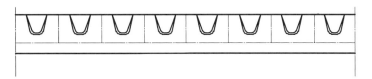

图 2-14-9　空腹效应示意

应力检算应考虑由 U 肋及帽孔造成的空腹效应，参见图 2-14-9 和图 2-14-10。也就是说，隔板的应力计算应扣除 U 肋及其帽口减弱的高度，并要同时检算图 2-14-10 中截面 A—A、B—B 的应力。隔板底承受弯应力，截面 A—A 上的剪应力即横隔板弯曲剪应力。

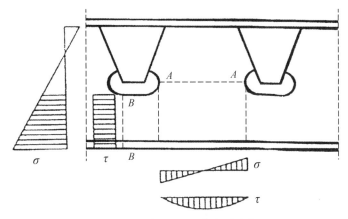

图 2-14-10　帽口附近应力分布假设

所以采用空腹隔板要十分慎重。应当优先考虑采用实腹横隔板，隔板上只开不大的人孔和电力线孔。如果想追求内部通透，开了长度比较大的孔，孔内应设支撑。对于单箱单室隔板开长孔的情况，那就更要小心从事，采用支撑是必不可少的。

第三节　支承横隔板

位于支点处的支承横隔板直接承受支点集中力，所以支承横隔板设计明显不同于普通横隔板。1970 年 6 月 2 日，英国米尔福港（Milford Haven）钢箱梁桥 (77+14 903＋213.5＋149.3＋3×75.8) m 安装过程中发生了事故。在伸臂安装第三孔（75.8 m）时，最后一段钢梁用小车在桥上运输至伸臂孔前方距支点 26 m 处，前方支点反力超过隔板承受能力，隔板屈曲，伸臂孔坍塌。事故调查委员会对此进行了详细调查，并针对事故原因提出了设计准则。这个准则的主要内容反映在 BS5400 第三篇中（1982 年公布），文献[14]第 2 册详细介绍了这些内容。兹结合国内经验概述如下。

一、支承应力计算

支承横隔板承受支点反力，所以需要对反力进行支承应力计算。

支点反力含主力，主力与附加力及安装荷载作用下的最大值。当安装支反力控制设计时，考虑到临时荷载偏差、支点受力不均等因素，计算安装反力应增大 30%。

支承面积只计算支座顶板范围内的（图 2-14-11（b））、与顶板垂直的竖向加劲肋和隔板。支承加劲肋下端需与下翼缘磨光顶紧。支承容许应力可按基本容许应力提高 1.5 倍。

二、隔板应力计算

1. 正应力与加劲肋的总稳定

支点上方的加劲肋称做支承加劲肋。支承加劲肋上端需力求接触上翼缘，使它能够直接承受桥面集中力。支点以外的加劲肋与普通加劲肋相同，也应当尽量接触上翼缘（图 2-14-11）。但上翼缘的 U 肋常常会妨碍加劲肋向上延伸，因此在布置支座、加劲肋和 U 肋位置时需统筹协调，尽量相互错开，使加劲肋（特别是支承加劲肋）接触上翼缘。那种使竖向加劲肋中断于隔板中部的做法一定要避免。

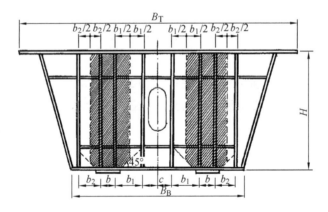

（a）支点隔板立面示意

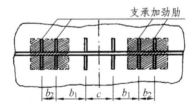

（b）支承范围示意

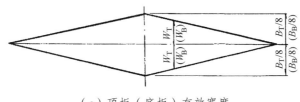

（c）顶板（底板）有效宽度

图 2-14-11　支承隔板示意图（纵肋未示）

按压杆计算支承加劲肋的稳定。由一对或两对支承加劲肋及其每侧不大于 15 倍腹板厚度的腹板组成受压构件，受压构件的计算长度取支承横联上下节点距离的 0.7 倍。支承加劲肋的宽厚比不得大于 12。

隔板下边沿所承受的，支座顶板横桥向宽度分布的支座反力按 45° 在隔板中分布（图 2-14-11（a））。分布宽度限制为：支承加劲肋间距加两侧相邻加劲肋间距之半。按此分布范围内的隔板截面积及加劲肋截面积检算正应力。所需的人孔等应避开这个范围。

当加劲肋上端与上翼缘接触有困难，不得不离开一定距离 h 时，也可以适当离开。但必须检算此处在轮载作用下板的压屈稳定。通常做法是控制加劲肋上端至翼缘板底面距离 h 与板厚 t 的比值。此比值随钢材强度的不同而不同。假设钢材强度达到屈服点 σ_y，高厚比可按下式确定：

$$\frac{h}{t} = \sqrt{\frac{\pi^2 E}{12\sigma_y}} \qquad\qquad (2\text{-}14\text{-}1)$$

式中　E —— 弹性模量。

需要注意，此式计算的比值并未计及板件的初曲，所以这样得到的比值还要另外考虑安全余度。

2. 剪应力

支座顶板两边隔板应检算剪应力，承剪面积需注意扣孔，包括螺栓孔、管线孔和人孔。原则上，图 2-14-11（a）中的阴影部分不容许开孔。非阴影部分可以开孔，但必须补强。

3. 弯应力

对于倒梯形及外悬臂隔板，支座外侧荷载对隔板平面所产生的弯应力应予以检算。外侧荷载主要是外侧腹板作用于隔板端部的最大集中力。

检算弯应力时，上下翼缘需取有效宽度参与抗弯刚度计算。上下翼缘的有效宽度可假定为等腰三角形[14]（图 2-14-11（c））。支承隔板轴线为三角形的对称轴，隔板端为顶点，底边与桥中线重合。底边宽度取顶板宽（对上翼缘 W_T）或底板宽（对下翼缘 W_B）的 1/4。但是，弯矩控制截面的有效宽度应以前后隔板间的距离为限。

第十五章
纵 腹 板

第一节　纵腹板设置要求

为将桥面荷载传递到拉索锚固点，索梁连接处的纵腹板是必不可少的，在索的作用点纵向连线上必须设置纵腹板。

斜拉桥钢箱梁采用单箱单室和单箱多室的情况都有。在单箱单室情况下，箱梁只有边腹板，没有中间腹板，传力简单明确。桥面荷载依次经由纵肋—横隔板—边腹板，传给斜拉索。桥面荷载都是横向传递，有索和无索横隔板没有明显区别。

在单箱中增设两条或两条以上内腹板就构成单箱多室结构。单箱多室结构的荷载传递比较复杂一些，需要根据实际情况进行荷载传递分配，并按分配荷载计算各部强度。可视为中间腹板支承于前后吊点隔板，中间腹板具有较大刚度。中间腹板的荷载会纵向传递到吊索隔板，其余荷载则横向传到边腹板。因此吊索隔板负担较重，截面也应大于其他中间隔板。

在完全依靠抗弯承受外力的梁式结构中，纵腹板设置还须顾及上下翼缘板的有效宽度。在跨度不大，桥面很宽的情况下，计算有效宽度可能小于翼缘板宽，使梁体不能充分发挥抗弯作用。此时便要考虑增设纵腹板，以便有效宽度覆盖全宽。当增设中间纵腹板时，必须注意加强支点隔板的刚度，使支点隔板起到支承中间纵腹板的作用。

第二节　纵腹板加劲

梁式结构的纵腹板是抗弯构件，但可分为弯矩加纵向力和只有弯矩两种情况。前者为压弯构件，如斜拉桥箱梁、钢塔、整体桥面钢桁梁的压弯弦杆等；后者为抗弯构件，如悬索桥箱梁、连续箱梁、简支箱梁和板梁。两种情况需按不同的加劲办法和规范进行设计。弯矩加纵向力的腹板加劲请参见第一篇第三章第一节；仅承受弯矩的腹板加劲，请参见本篇第十八章第一节。这两种情况对加劲的要求有很大的不同，有纵向力的加劲比无纵向力的加劲要严格得多，是一定混淆不得的。其中，整体桥面钢桁梁的弦杆，因节间小横梁支承于弦杆上，使弦杆成为压弯构件，需按压弯构件加劲。这是一个比较容易被疏忽的问题。

关于纵腹板的横向加劲：纵肋设计抗弯刚度与它的支承间距有关，它的支承就是横隔板和横向加劲肋。在有横隔板的地方，纵腹板连续通过，横隔板对纵腹板形成强有力的横向加劲。横隔板间距 3 m ~ 3.5 m，两个横隔板之间往往还要另外设置横向加劲肋来减少纵肋支承距离，否则纵肋可能需要设计得很高。横向加劲需要的刚度可按现行规范计算。所有的纵横肋交叉处，应在横肋腹板上开孔，让纵肋连续通过。同时，应在横肋开孔的一侧与纵肋焊接，对纵肋形成支撑（图 2-14-6（a）、（b）、（c））。如果横肋顶面有集中力作用，横肋上端应与翼缘板接触。横肋的上下两端需开不小于 30 mm 的缺口，让焊缝通过。

第十六章
特殊细节

第一节　斜拉桥钢箱梁混合接头

大型桥梁的建筑材料主要是钢材和混凝土，梁部结构当然也是这样。这两种材料各有特点。钢材虽然单位重量比混凝土大很多，但其承载能力比混凝土大的更多，设计断面小，每延米重量轻；混凝土承载能力小，使用断面大，每延米重量比钢结构大很多。在斜拉桥中有时需要利用混凝土的重量在边孔压重，改善中孔的结构性能。这样一来，在同一个梁部结构中，两者就需进行连接。这就是所谓混合接头。下面以实桥为例进行具体说明。

广东汕头礐石大桥是一座双塔斜拉桥，跨度为 $(2 \times 47 + 100 + 518 + 100 + 2 \times 47)$ m。由于这座桥的边跨较小，主跨较大，边跨两端各 $(2 \times 47 + 1.5 = 95.5)$ m 用混凝土箱梁，中跨 518 m 及两侧各 98.5 m 为钢箱梁。这就使混凝土梁产生了压重效果，改善了主孔的竖挠度。于是，也就在这座桥上首次采用了钢箱梁与混凝土箱梁连接的混合接头。

混合接头需要传递的内力无非是纵向力、剪力和弯矩。但因为接头两边的材料不同，刚度相差很大，连接细节也就比较特殊了。下面结合图 2-16-1 来进行说明。然后将礐石大桥的实用细节列在后面（图 2-16-2 和图 2-16-3）供参考。

图 2-16-1 是一个示意图。示意图线条简单，容易把需要说明的问题简单明了地表达出来。

一、梁端承压板

在钢箱梁端部与混凝土箱梁的接触面处设一块承压板，板厚应尽可能大一些（最好不少于 50 mm）。通过它将钢箱梁的纵向压力尽可能均匀地传给混凝土箱梁。

二、承压板内侧设有剪力钉

用剪力钉和接触面的钢与混凝土的摩擦力来共同承受接头处的剪力。

首先必须要求总摩擦力大于或等于接头最大剪力，剪力钉的承载能力虽然也足够承受最大剪力，但剪力钉只能作为第二道防线。摩擦传力断面是不会错动的，可保持结构完整；剪力钉传力有可能伴随微小错动。结构完整是最理想的设计状态，是非常重要的。

三、接头处弯矩的传递措施

（1）在承压板上下设预应力钢丝束及预应力钢筋。这些预应力措施是保证传递弯应力，同时也压紧接触面，保证有效摩擦传力。

（2）将钢箱梁上下翼缘向混凝土箱梁延伸（图2-16-1），并在延伸部分内侧设剪力钉。实践证明，这两个措施承受接头弯矩非常有效。需要强调一下，向混凝土侧延伸的上下翼缘板不可太短，大致要达到 2 m 左右才好。为什么要长一些呢？因为翼缘板下的混凝土浇注比较困难，有可能有些部分不密实，因而不能保证全部发挥作用。

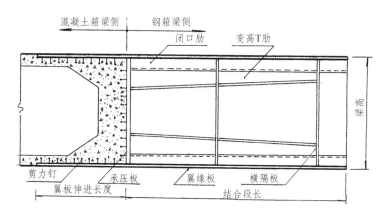

图 2-16-1　钢箱梁与混凝土箱梁混合接头示意

四、延伸板排气孔

延伸的上翼缘板上要比较均匀地开一些混凝土浇注孔和排气孔，便于插入振捣器和气体排除，为混凝土尽可能密实提供方便条件。

五、接头刚度均匀过渡

接头两侧箱梁的刚度相差大，混凝土箱梁的刚度会比钢箱梁大很多。刚度的突变常常会成为病害的根源，所以接头刚度尽可能匀顺过渡，是混合接头设计的另一个重要问题。目前的做法都是在钢箱梁侧增加刚度，并使增加的刚度逐渐减弱。如图 2-16-1，是在上下翼缘板的闭口肋上增加了变高度的 T 形肋，T 形肋的末端终止于横隔板。这个办法很简单，从礐石大桥的使用情况看，还是成功的。另一种做法就是在接头承压板的钢梁侧上下翼缘内做成一个小封闭箱，箱内灌注混凝土。这个做法也已经过实际使用考验，是成功的。其他更好的过渡方案，有待进一步研究。

需要强调的是，混合接头的成功实施不仅取决于设计，还与此处的施工质量，尤其是混凝土浇注质量关系极大。毫不夸张地说，只要混凝土浇注不密实，一切设计措施都是白费。

由于局部应力计算精度误差和施工质量的不确定性，接头段的各项强度计算都应留有余地。剪力钉及预应力索（筋）布置等，都应这样考虑。

图 2-16-2 是汕头礐石大桥混合接头实例。它是一个单独的接头件，一端接混凝土梁，一端接钢箱梁。上图是横断面，中图是上翼缘板，显示了混凝土浇筑孔和排气孔。下图显示了支承板和两边的连接细节。实物见图 2-16-3。图 2-16-3 显示的是连接混凝土梁的部分，可以清楚看到顶面、底面和支承板内侧的剪力钉。顶面的大孔就是混凝土浇注孔。左边两根角钢组成的三角撑是制造需要，是为了保证结合段的几何尺寸。

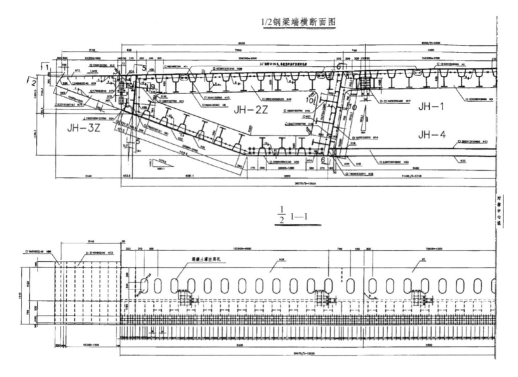

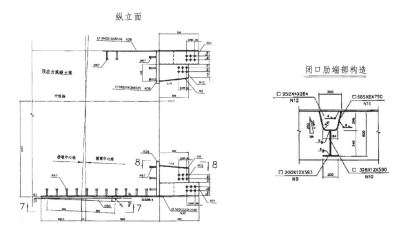

纵立面

图 2-16-2　礐石大桥钢箱梁与混凝土梁的混合接头设计

图 2-16-3　礐石大桥钢箱梁混合接头混凝土梁侧

第二节　斜拉桥钢箱梁索梁连接

索梁连接有多种方式，最常见的有以下几种。

一、腹板外侧设锚箱

这种外置锚箱有两块垂直于腹板的板件，这两块板是它的主要受力板件。索力经由这两块板与腹板的角焊缝进行内力传递。由于锚管中心与腹板中心有偏心，腹板将要承受由此产生的横向附加弯矩。所以，腹板内侧需增设必要的竖向加劲肋。

这种结构传力明确可靠，可以避免锚固构件穿越主体结构内部破坏内部结构的完整性，使用比较广泛。不足之处是锚箱内空间狭小，特别是锚管与腹板间的缝隙，常常只有 30 mm 左右，养护维修非常困难，需要采用特殊办法（例如腻子封堵等）。

二、箱梁顶面对着腹板设吊耳

如图 2-16-4，吊耳可利用腹板局部向上伸出，也可直接在顶面焊接，锚管设于耳板上端。主要优点是容易适应斜拉索的横桥向角度变化，同时还不需要设脚手架，安装斜拉索及以后的维修检查都很方便。也不需另外设锚箱，传力简单明确。但是，耳板在梁顶的焊接质量成为问题的关键，所以需要特别注意。一般情况下，这条焊缝都是要进行疲劳试验认定的。同时，锚管所在位置的耳板需要挖大孔，应力集中无法避免，必须在孔边补强。让侧面加劲板伸过大孔两侧是常用补强措施。耳板自身的横向刚度也很弱，侧面加劲必不可少。

如果吊耳不是焊在顶面，而是由腹板向上延伸，吊耳的底部角焊缝便可免除。腹板在此处加宽，在吊耳前后圆弧半径以外对接（焊）加宽部分即可。这样做比焊接吊耳更为可靠。

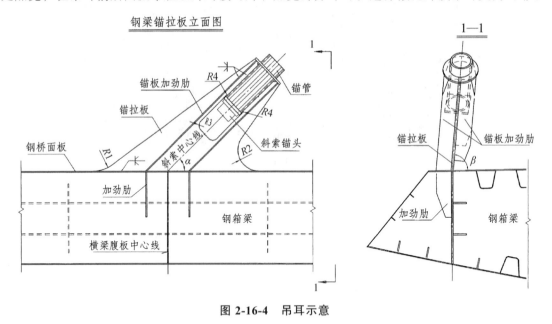

图 2-16-4　吊耳示意

三、锚管嵌入腹板连接

这种结构如图 2-16-5 所示，是直接将锚管嵌入腹板焊接。在国内首先用于汕头礐石大桥，详见图 2-16-6。锚管嵌入腹板是很少使用的特殊结构细节。

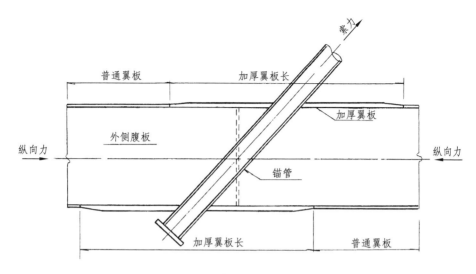

图 2-16-5　锚管嵌入腹板连接示意图

这种结构的构成非常简单。除了必不可少的锚管之外，既没有锚箱也没有耳板，结构达到了最为简化的程度。这是这个细节突出的优点。索梁之间力的传递路径也很明确。

嵌入式连接设计的主要问题，是如何处理腹板纵向力传递。腹板参与承受斜拉索的水平分力和梁体弯矩，所以它是压弯板件。空心锚管穿过之后，抗弯仍然不成问题。但腹板被切断，成为受压板件平面内套入圆环的状态。这种状态好比是一个圆环的两边承受着一对径向集中力。环形构件承受径向集中力的能力非常有限，所以这种状态不能成立。

然而，板中套圆环并不是孤立的结构，它的上下都是与翼缘板构成整体的。通常情况下腹板纵向力直接由腹板承受。当腹板切断时，纵向力传递路径中断，力的传递会沿着上下翼缘板进行，这是没有疑问的。所以将锚管附近的上下翼缘适当加厚十分必要（图 2-16-5 和图 2-16-6）。考虑到应力转移所引起的应力集中，加厚（补强）的截面积不应小于腹板减弱面积的 1.5 倍。加厚（补强）板的长度和宽度，也要尽量大一些。而且，在锚管上下口处还要另加一块环形补强板，以缓解孔口应力集中。

这种连接要求与锚管相连的腹板接口和横梁端部（局部椭圆弧）有较好的加工精度，以便相互之间的焊接能够顺利实施。拉索所在位置的横梁（隔板）两端有很大的剪力，此剪力需经两端的角焊缝向外侧腹板（及拉索）传递。为有利于抗风，箱梁两边的纵腹板高度减少到 1.3 m。抗剪焊缝的高度当然也被限制为 1.3 m。在此情况下，只好增加横梁两端腹板的厚度，并采用熔透焊缝来承受上述剪力。

假如梁体未设内腹板，桥面荷载经由各横隔板横向传递到边腹板，拉索所在位置横梁端部反力会减少很多。

纵截面图

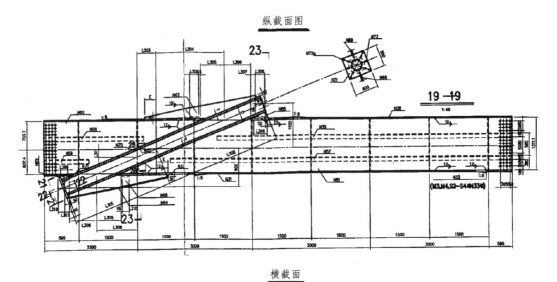

横截面

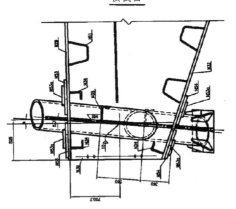

图 2-16-6 礜石大桥锚管嵌入腹板连接设计图（局部）

第十七章
斜拉桥钢箱梁安装

第一节　斜拉桥钢箱梁安装简述

一、零号段就位

完成塔上支架施工之后，零号段就可以提升就位了。不用说，零号段提升必须要用事先准备的专用设备，最便捷的就是水上吊机。就位之后，首先应进行位置调节，这是非常重要的工作。包括：四个角点及中线标高调整；支承横隔板与塔中线校准（测量两主塔支点中心距离）；梁中线与桥中线校准。校准工作会有不可避免的误差，所以事先要制定误差限制值，便于掌握。其中，最重要的是箱梁中线对准桥中线一项。梁中线与桥中线的偏差越小越好，因为一旦出现较大中线偏差，合拢时是很难纠正的。

另一项工作就是完成零号段与主塔横梁的临时连接，限制钢梁纵向移动。

钢箱梁与主塔也要进行横向连接，以便抗风。横向连接的方式一般使用永久支座，即成桥所需要的支座。

二、伸臂安装

零号段下的支架共能容纳约 3 个节段（无索区段），接着便要安装梁上吊机，进行伸臂安装。伸臂安装过程中，设计者应提供每一个安装段的标高和索力，供安装控制。索力和桥面标高必须随同安装进行测量，并及时与设计值对比。标高测量必须在日出之前完成，以避免温度影响。安装监控是索力和标高同时控制，以标高为主。通常，索力和标高能基本一致地达到设计要求。当然，索力和标高总会有各自的误差，且两者出现不同步，不协调。只要误差不大，又随时监控，不会危及安全。索力、标高两者吻合程度的误差限度，一般在 10% 以下。在对称伸臂安装过程中曾经有过这种情况：一侧前端索力已经达到甚至超过设计值，但标高却拉不上来；而另一侧的前索力还未达到计算值，标高却已经到了。这是一种很不正常的情况，是梁的安装线形偏离设计线形太多。向下弯曲太多就会出现前一种情况；向上弯曲太多就会出现后一种情况。这种情况必须立即暂停安装，调整线形后才能继续。

单侧和双侧最大伸臂时，结构的抗风稳定性是极端重要的问题，需慎重研究解决。风洞试验是稳妥可信的解决办法，必不可少。

第二节 斜拉桥钢箱梁中间合拢技术

中间合拢总体方案是在结构设计阶段完成的，合拢操作是总体设计方案的实施。当两岸钢箱梁安装到合拢口，斜拉索全部张拉完毕，梁体（桥面）线形调整到设计位置后，箱梁就进入了合拢状态。合拢技术需要掌握和解决的主要问题是：合拢口的状态、合拢段长度确定、具体实施步骤设计。实施步骤在结构设计的安装部分已有明确安排，但那只是指导性设计，是需要遵循的原则，实施的时候要在这个原则指导下将步骤具体化。

一、合拢口的状态

合拢口的技术状态包括接口距离，接口上下游和中线标高，桥中线偏移。

1. 合拢口距离

合拢口距离测量必须包括接口上下翼缘、上下游和桥中线六个点。因为合拢口的两个端口常常并不平行，梁体在安装中形成的实际误差，使两个相邻接口相对倾斜，所以距离测量要多点进行。

合拢状态也是斜拉桥安装的最大伸臂状态，是比较危险的，应当尽早实现合拢。为此，合拢段大都提前制造完成。由于合拢段留有长度调整余量，可以根据接口实际距离很快调整。所以，接口距离测量应该尽可能做到又快又准，为尽快合拢争取时间。

由于这样的原因，距离测量并不是到了合拢口才做，而是提前在距合拢口还有两三个节段的时候就开始了。因为经过重复测量不仅可以消除测量错误，同时提前数日测量，也是为了掌握合拢之前一个时段的各种天气（温度）对合拢口距离的影响范围。为了掌握距离随温度的变化规律，需每天 24 h 连续进行。一般必须至少每间隔 1 h 测量一次距离，并同时记录温度。经过这样的测量，就可得出两组曲线。一组是温度-时间曲线，另一组是距离-时间曲线。据此得到温度-距离关系，方便合拢操作。

图 2-17-1 和图 2-17-2 是礐石大桥合拢前的实际测量统计曲线，该桥的合拢时间是 1998 年 9 月 28 日夜（白天温度变化剧烈，不能进行合拢操作）。该桥合拢段的东接口是正常连接口，西接口是合拢接口，具体步骤见后文。

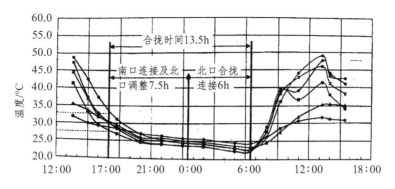

图 2-17-1　礐石大桥合拢口温度–时间曲线

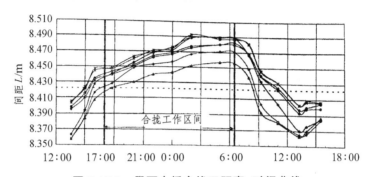

图 2-17-2　礐石大桥合拢口距离–时间曲线

2. 索力调整与桥面标高

合拢前的索力、标高调整最重要，也是最后一次调整。桥面中线、上游和下游的接口标高和线形，应尽可能满足设计要求。索力和标高两者应当是一致的，即索力达到设计值时，标高也达到了设计值。实际上却常常会出现一些差异。此时应以满足桥面标高为主，容许索力存在一些误差。一般情况下，索力误差不会太大，只在 5% 左右或更小。经过调整，梁体可以做到基本齐平，偏转很小。两个接口的桥中线标高一致是必须满足的合拢条件。

3. 桥中线的偏移方向和偏移量

伸臂安装过程中，桥中线出现偏移很难避免。所以安装过程中就要不断进行测量，必要时及时纠正。逐步调整梁段接口，是常用的纠偏办法。到合拢口之后，一般还是会偏离中线一定距离。如果是向不同的方向偏，可在合拢口对拉到位；如果是偏向同一侧，就难以调整了。

以上所说合拢前的索力、标高、中线偏移调整，最后都会存在一定的误差。因此，就有一个误差控制问题。日本专家在调查统计的基础上曾提出建议（龟井正博等，桥梁与基础，1995 – 2，P25~30）：索力控制为 $\pm 0.1T$ （ T 为设计索力），标高控制为 $\pm L/2000$ （ L 为跨度），可供参考。

二、合拢步骤和方法

罂石桥的合拢操作有一定的代表性，现结合此桥的合拢过程进行说明。

第一步，起吊合拢段。

首先要根据实测数据确定合拢操作时间段。

从图 2-17-1 和图 2-17-2 这两组曲线可以看到，温度和距离变化最小、最稳定的时段是 9 月 29 日凌晨 2：00 到 6：30。这个时段计 4.5 h，是合拢口连接操作的宝贵时间。29 日 17：00 到次日 6：30，共 13.5 h，是全部合拢操作时间。有了这两个时间段，施工人员就知道：什么时间起吊合拢段；什么时间进入合拢口；什么时间开始合拢连接；等等。

29 日 17：00 合拢段开始起吊，等待降温，合拢口间距慢慢加大。一旦接口间距达到容许合拢段进入的程度，合拢段即合拢口。图 2-17-3 是起吊合拢段的照片。为了使合拢口两边保持等高，合拢段起吊必须用 2 台吊机同时进行。

图 2-17-3　罂石大桥合拢段起吊

第二步，合拢段的一端进行正常连接。

合拢段进入合拢口之后，继续等待温度下降，合拢口间距继续加大到设定位置（大约 21：00）时，将东接口进行正常连接。此时西接口梁段间几乎没有接口缝隙（计划缝隙 20 mm），按计划（合拢口）继续等待降温。到次日 2：00 以后，西接口梁端距离基本达到设计要求，随即进行接口连接。

第三步，合拢口临时连接。

西端缝隙达到设计要求后，尽快进行了临时连接。临时连接的连接强度必须足够，应能抵抗次日温度升高时所产生的温度力，要求全部螺栓孔上紧螺栓。

合拢口情况是复杂的：接口不平行，成喇叭状；梁缝间距不能完全满足设计要求等，接口拼接板就无法使用事先钻好了螺栓孔的正式拼接板，只能使用临时拼接板。工厂称临时拼接板为工艺拼接板。工艺拼接板的一端是正常的螺栓孔，另一端是长圆孔。临时连接所用的就是这样的工艺拼接板。连同工地采用的连接"马板"，与工艺拼接板一起将接口快速固定。在太阳出来（早晨 6：00）之前临时连接完成，这是必须确保的进度。

第四步，解除塔梁临时连接。

当合拢连接全部完成之后，并在日出之前，解除塔梁临时连接，使钢梁适应温度伸缩。

第五步，用正规拼接板替换工艺拼接板。

因为工艺拼接板的一端是长圆孔，所以必须更换。又因为工艺拼接板处于受力状态，更换必须逐块进行。更换上去的正式拼接板，事先只在一端钻孔。替换一块工艺拼接板后，一端临时连接，并在另一端"投孔"。然后取下来复制一块，再正式安装连接。重复操作，完成全部更换。全部更换完毕之后，合拢工作也就完成了。此桥的拼接板更换由工厂完成，只用了 1 天时间。

第十八章
关于连续钢箱梁和板梁的补充

斜拉桥钢箱梁与连续钢箱梁有一些区别，所以这一章对这些主要区别进行补充。产生这些区别的主要原因，是它们的受力和结构特点不同。斜拉桥是用斜拉索加劲的组合结构，梁体除承受弯矩外还承受很大的纵向力；连续箱梁是抗弯结构，没有纵向力。这个区别当然就要导致结构细节上的不同。

以下各节所述都是连续钢箱梁。连续钢箱梁的腹板同连续板梁的腹板受力特点是一样的，它们的加劲设计当然也完全相同。连续钢箱梁和连续板梁的弯矩正负变化，所以腹板的受压区也有变化。它的水平加劲肋位置应当适应这种变化，保证腹板受压区有水平加劲肋。简支箱梁、简支板梁的腹板拉压区域相当于连续梁一孔内反弯点间的梁体，不必另外讨论。

第一节　腹板加劲

现行桥梁设计规范对板梁腹板加劲有详细规定，这些规定当然也完全适用于钢箱梁。

关于钢箱梁（板梁）腹板的稳定和加劲，有不少学者进行过很多研究，成果也很丰富[9]。正是他们的研究成果，才使得钢箱梁（板梁）的腹板加劲设计达到今天这样成熟的水平。但由于问题本身的复杂性，在制定规范条文时，为了使用方便，不得不作较多的简化。正是这些简化，使得有些条文看起来不直观。所以有必要作一些说明。

我国钢桥设计规范腹板加劲的规定如下：

（1）当腹板高（h）厚（δ）比$h/\delta \leqslant 50$时，不设竖向加劲肋。

（2）当$140 \geqslant h/\delta > 50$时，设置竖向加劲肋，竖肋的间距$a \leqslant 950t/\sqrt{\tau}$，且不大于2 m。$\tau$是检算处的腹板平均剪应力。

（3）当$250 \geqslant h/\delta > 140$时，除设置竖向加劲肋外，还应设置水平加劲肋，水平肋位置为距受压翼缘（1/5～1/4）腹板高度处。

（4）加劲肋刚度。

当只设竖向加劲肋，且成对设置时，竖肋的每侧宽度：

$$b \geqslant \frac{h}{30} + 40 \text{（以 mm 计）} \tag{2-18-1}$$

（5）当需要同时设置竖向加劲和水平加劲时，加劲肋的惯性矩不得小于以下规定：

竖加劲肋 　　　$3h\delta^3$ $\tag{2-18-2}$

水平加劲肋 　　$h\delta^3 \left[2.4 \left(\dfrac{a}{h} \right)^2 - 0.13 \right]$ $\tag{2-18-3}$

且不得小于 $1.5h\delta^3$。式中 a 是加劲肋间距。

（6）加劲肋伸出肢的宽厚比不得小于 15。

可采用单侧加劲，但惯性矩不得小于双侧加劲。

以下两节将对这些条文作适当解释[9, 26]。

第二节　关于式（2-18-1）和（2-18-2）

加劲肋为加劲腹板所设，它自身必须具备足够的刚度，惯性矩必须足够。只有这样，当板块失稳时才能成为它的有效支撑。必备惯性矩是腹板加劲的依据。

式（2-18-1）是一个经验公式。形式上是规定加劲肋宽度。

将腹板视为高为 h 的无限长板，并用间距为 a 的竖向加劲肋加劲。假定加劲后的腹板临界剪应力为 τ_k；上下翼缘和两块竖肋之间的"板块"为四边简支板，板块的临界剪应力为 τ_0。根据刚性肋条加劲概念，应有：

$$\tau_k = \tau_0 \tag{1}$$

腹板"板块"的临界剪应力 $\tau_0 = k_0 \dfrac{\pi^2 D}{h^2 \delta}$，竖加劲后的腹板临界剪应力 $\tau_k = k \dfrac{\pi^2 D}{h^2 \delta}$。

其中：D —— 板的抗弯刚度，$D = \dfrac{E\delta^3}{12(1-v^2)}$；

　　　　h —— 腹板高度；

　　　　δ —— 腹板厚度；

　　　　k，k_0 —— 翘曲系数。两个公式右边的分式完全相同。

翘曲系数 k 与板的支承条件、屈曲半波数和板块的形状因子 α（$\alpha = a/h$）有关。所考虑的板块为四边简支。当 $a/h \leqslant 2$ 时，屈曲半波数为 1，k 就只与 α 有关。有关符号见图 2-18-1。

γ 是加劲肋与腹板的刚度比，如下面的式（3）。为了使计算临界应力得到保证，加劲肋的刚度必须满足要求。又因为 γ 与 k 相关，进而也就与形状因子 α 和 β 相关。

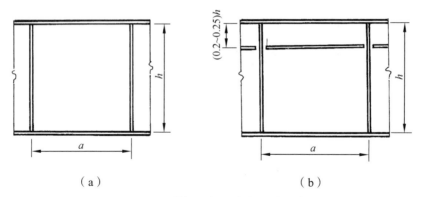

（a）   （b）

图 2-18-1　箱梁和板梁腹板加劲示意

对于采用了竖向加劲的腹板，根据文献[9]，刚度比 γ 可表示为：

$$\gamma = (k-5.34)^3 \frac{4(7\beta^2-5)}{(5.5\beta^2-0.6)^3} \tag{2}$$

式（2）只适用于 $1 \leqslant \beta \leqslant 5$，$0 \leqslant \dfrac{\gamma}{7\beta^2-5} \leqslant 4$。其中 $\beta = \dfrac{1}{\alpha} = \dfrac{h}{a}$。

根据 γ 的定义，应有：

$$\gamma = \frac{EJ_p}{aD} = \frac{12(1-v^2)}{a\delta^3} J_p \tag{3}$$

由式（3），引入 β，并取 $v = 0.3$，得：

$$J_p = 0.091\,6 \frac{\gamma}{\beta} h\delta^3 \tag{4}$$

引入翘曲系数 k，$k = 5.34 + \dfrac{4}{\alpha^2} = 5.34 + 4\beta^2$。

将 k 值代入式（2）得：

$$\gamma = (4\beta^2)^3 \frac{4(7\beta^2-5)}{(5.5\beta^2-0.6)^3} \tag{5}$$

于是，γ 就只与 β 有关了。

取 $\beta = 1$，得 $\gamma = 4.352$。然后将 $\gamma = 4.352$ 代入式（4），令安全系数为 1.4，得：

$$J_p = 0.56h\delta^3 \tag{6}$$

式（2-18-2）取 $J_p = 3h\delta^3$，比式（6）增大了 5.4 倍。考虑制造误差等原因，增加数倍刚度是必要的[24]。

用上述结果对比式（2-18-1）。对称设加劲肋时，加劲肋的惯性矩为：

$$J_p = \frac{1}{12}\delta_p(2b_p + \delta)^3 \tag{7}$$

式中 δ_p、b_p 分别是加劲肋厚度和宽度，δ 是腹板厚度。将 $J_p = 3h\delta^3$ 代入得：

$$b_p = 1.65 \times \sqrt[3]{\frac{h\delta^3}{\delta_p}} - 0.5\delta \ (\text{cm}) \tag{8}$$

为了对比，取 $\delta_p = 1$，式（8）写成：

$$b_p = (1.65\sqrt[3]{h} - 0.5)\delta \tag{9}$$

腹板厚度 δ 应随高度 h 增加，考虑到这一点来计算加劲肋宽度（例如分别取 $h/\delta = 1\,000/10$、$1\,500/11$、$200/12$、$250/13$、$3\,000/13$），式（2-18-1）与式（9）的结果非常接近，见图 2-18-2。

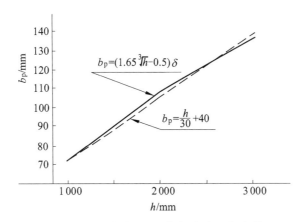

图 2-18-2 式（2-18-1）与式（12）比较

第三节 关于水平肋加劲的式（2-18-3）

腹板同时纵横加劲时（图 2-18-1（b）），根据腹板加劲机理，竖肋的抗弯刚度必须大于水平肋。因为竖肋作用于腹板的上下翼缘，是水平肋面外失稳的有效支撑。所以，竖向加劲肋惯性矩仍按式（2-18-2）计算。

关于水平肋惯性矩的规定。引入刚度比[9]：

$$\gamma = \frac{EJ_p}{hD} \tag{1}$$

因此时是考虑水平加劲肋与腹板的刚度比，式（1）分母中的板块尺寸应取腹板高 h。改写此式，并引入安全系数 1.4 和板的抗弯刚度 D：

$$J_p = 0.128\gamma h\delta^3 \tag{2}$$

当水平肋位于腹板的中性轴与压翼缘之间时：

$$\gamma = (12.6 + 50n)\alpha^2 - 3.4\alpha^3 \tag{3}$$

式中 α —— 含义如前；

n —— 肋的截面积 F 与腹板截面积 $(h\delta)$ 之比，$n = F/h\delta$。

将式（3）代入（2）得：

$$J_p = \delta^3 \frac{a^2}{h}\left(1.6 + 6.4\frac{F}{h\delta} - 0.44\frac{a}{h}\right) \tag{4}$$

在 20 世纪 60 年代之前的几个铁路桥涵设计规范版本中，对水平加劲肋的惯性矩的规定为（注：此式与苏联铁路桥涵设计技术规范 CH200—62 第 467 条完全一样）：

$$J = \left(2.5 - 0.45\frac{a}{h}\right)\frac{a^2}{h}\delta^3 \tag{5}$$

式（4）中，$F/h\delta$ 一般为 0.1 ~ 0.2。如果取这个比值为 0.14 的话，式（4）和式（5）非常接近。

1975 年 7 月 1 日颁布的桥规将（5）式修改为：

$$J = h\delta^3\left[2.4\left(\frac{a}{h}\right)^2 - 0.13\right] \tag{6}$$

即现在执行的公式，修改的原因不详。改写（5）式为：

$$J = h\delta^3\left[2.5\left(\frac{a}{h}\right)^2 - 0.45\left(\frac{a}{h}\right)^3\right] \tag{7}$$

对比式（6）和（7）可知，后者认为 a/h 总是小于 1 的，略去了第二项中的 $(a/h)^3$。如此，当取 $a/h = 0.7$ 时，两式基本一样。但是，只有在梁的支点附近 a/h 才有小于 1 的比值，其他位置会为 1 ~ 2。总起来看，式（7）是把水平肋的惯性矩提高了，更加偏于安全了。

第四节 关于竖向加劲肋间距

在第一节列出的规范条文中，$a \leqslant 950t/\sqrt{\tau}$，有无水平肋都是这样规定。

假如弯应力和剪应力共同作用，弯曲应力 σ 比较小的时候，屈曲检算公式：

$$\left(\frac{\sigma}{\sigma_{cr}}\right)^2 + \left(\frac{\tau}{\tau_{cr}}\right)^2 \leqslant \frac{1}{s^2}$$

略去第一项得：

$$\frac{\tau}{\tau_{cr}} \leqslant \frac{1}{s} \tag{1}$$

式中的 τ 是设计剪应力，τ_{cr} 是临界剪应力，s 是安全系数。已知：

$$\tau_{cr} = k_s \frac{\pi^2 E}{12(1-v^2)} \left(\frac{t}{h}\right)^2 \tag{2}$$

式中 k_s 是翘曲系数。当不设水平肋，$a/h \leqslant 1$ 时：

$$k_s = 4 + \frac{5.43}{(a/h)^2} \tag{3}$$

代入式（1）得：

$$s\frac{\tau}{\tau_{cr}} = \frac{\tau(h/100t)^2}{51.7 + 69.0(a/h)^2} \leqslant 1 \tag{4}$$

设有水平肋，$a/h \leqslant 0.8$ 时：

$$k_s = 6.25 + \frac{5.34}{(a/h)^2} \tag{5}$$

代入式（1）得：

$$s\frac{\tau}{\tau_{cr}} = \frac{\tau(h/100t)^2}{80.7 + 69.0(a/h)^2} \leqslant 1 \tag{6}$$

改写式（4）和（6），并取安全系数 $s = 1.4$ 得：

（1）不设水平肋时

$$
\begin{cases}
\text{当} \dfrac{a}{h} \leq 1 \text{时,} \quad a \leq \dfrac{1\,000t\sqrt{0.517(a/h)^2 + 0.690}}{\sqrt{\tau}} \\[4mm]
\text{当} \dfrac{a}{h} > 1 \text{时,} \quad a \leq \dfrac{1\,000t\sqrt{0.609(a/h)^2 + 0.571}}{\sqrt{\tau}}
\end{cases}
\tag{7}
$$

（2）设水平肋时

$$
\begin{cases}
\text{当} \dfrac{a}{h} \leq 0.8 \text{时,} \quad a \leq \dfrac{1\,000t\sqrt{0.807(a/h)^2 + 0.690}}{\sqrt{\tau}} \\[4mm]
\text{当} \dfrac{a}{h} > 0.8 \text{时,} \quad a \leq \dfrac{1\,000t\sqrt{0.690(a/h)^2 + 0.571}}{\sqrt{\tau}}
\end{cases}
\tag{8}
$$

α 是 $\dfrac{a}{h}$ 的函数。为偏于安全并使计算简单,分别取 $\dfrac{a}{h}$ 的最小值为:

不设水平肋时 0.7;设水平肋时 0.25。

然后将两个 $\dfrac{a}{h}$ 值分别代入式（7）$\dfrac{a}{h} \leq 1$ 的情况、式（8）$\dfrac{a}{h} \leq 0.8$ 的情况,得:

不设水平肋时

$$
a \leq 971.3t/\sqrt{\tau} \text{,} \quad \text{取} \ 970t/\sqrt{\tau} \tag{9}
$$

$$
a \leq 860.0t/\sqrt{\tau} \text{,} \quad \text{取} \ 860t/\sqrt{\tau} \tag{10}
$$

此二式分别适用于 $\dfrac{a}{h} \leq 1$ 和 $\dfrac{a}{h} \leq 0.8$ 的情况。但是,对于 $\dfrac{a}{h} > 1$ 和 $\dfrac{a}{h} > 0.8$ 的情况同样适用,而且偏于安全。

我国规范条文不分有无水平肋,都采用 $a \leq 950t/\sqrt{\tau}$,是为了使用简单。

第五节　使用细节

在简支板梁中,竖向加劲肋上端一般都是紧贴受压翼缘,并焊接。下端与受拉翼缘接触处,做法有多种,如图 2-18-3。这是因为:

一是要避免加劲肋与受拉翼缘焊接,以免降低受拉翼缘的疲劳强度。二是因为受拉翼缘受力时,翼缘的两边有向上翘起的变形或趋势,所以想让加劲肋下端顶住（接触）下翼缘,但不焊（图 2-18-3（c））。三是因为加劲肋与腹板之间的角焊缝下端尽管要求围焊,但往往并未围焊，仍形成焊缝起（熄）弧点，成为焊缝薄弱环节。而腹板下边沿又有较高反复拉应力，容易在此处出现疲劳裂纹。所以，需使焊缝下端离开翼缘远一点，即图 2-18-3（a）、（b）、（c）中的 a。加劲肋下端的中断点需计算疲劳强度，以便确定 a 值。如果不作详细计算，可参照文献[3]和[10]的做法，取 $a = (4 \sim 6)t_w$，t_w 是腹板厚度。让加劲肋接触下翼缘（图 2-18-3（c）），或者在下端另加一块板焊接（图 2-18-3（d））的做法，只在翼缘很宽时采用。

在使用水平肋时，水平肋与竖肋相交处应当断开（图 2-18-1（b）），不与竖肋接触焊接。主要是因为水平肋已事先焊接约束，然后进行此处双面焊容易产生收缩裂纹。同时不焊也对腹板加劲没有不良影响。我国桥规原先是建议焊接的，后来都取消了。

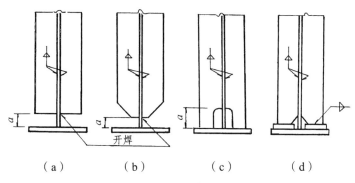

（a）　　　　　（b）　　　　　（c）　　　　　（d）

图 2-18-3　竖向加劲肋下端细节

第六节　大跨度钢箱梁的高跨比和腹板高度

20 世纪五六十年代以来，世界上陆续修建了许多大跨度连续钢箱梁桥。最大跨度为 200 m ~ 300 m。

随着钢箱梁跨度的增大，腹板当然也跟着加高。高度与跨度的关系习惯上是用高跨比（h/l）来表示。铁道部科学技术情报研究所有一个比较早期（1975 年 7 月）的统计资料，如表 2-18-1。

最值得注意的是表中的支点梁高和跨高比，跨高比范围 21.4 ~ 28.5，有比较好的规律性。跨中的跨高比一般为 25.6 ~ 62，变化幅度很大，未在表内列出。这就是说，跨中梁高有很大的灵活性，这是完全可以理解的。由表 2-18-1 可知，与跨度 201 m ~ 300 m 相对应的支点腹板高度为 7.2 m ~ 14 m。

至于表中的单位面积钢料数量，除里约热内卢桥（900 kg/m²）和威斯巴登 – 希尔斯太恩桥（350 kg/m²）相差较大外，其他都比较接近，为 500 kg/m² ~ 600 kg/m²。据介绍，出现较大差别的原因是不同桥梁设计者的（容许应力）掌握尺度和统计方法不一致。

表 2-18-1　已建成钢箱梁资料

| 桥　位 | 跨　越 | 跨度 | | 梁宽 /m | 截面 | 腹板中距 /m | 梁高/m | | | 每平方米钢料 /kg | 建成时间 |
		最大/m	孔数				支点	跨中	支点跨高比		
里约热内卢	海　湾	300	5	26	双箱	不　详	14	7.6	21.4	900	1974
圣马特欧—海瓦尔特	海　湾	229	3	26	双箱	3 + 10.4 + 3	9.2	4.6	24.9	621	1967
科隆动物园	莱茵河	259	4	33.3	双箱	4.5 + 13.8 + 4.5	10	5.5	25.9	472	1966
迪布利希—温宁根	摩泽尔	218	6	30.5	单箱	10.8	8.5	8.5	25.6	428	1973
维也纳	多瑙河	210	3	31.4	双箱	7.56 + 8.1 + 7.56	8	5	26.3	430	1971
杜塞尔多夫—诺伊斯	莱茵河	206	3	30.1	双箱	7.5 + 6.1 + 7.5	7.8	3.3	26.4	515	1951
贝尔格莱德	萨瓦河	261	3	18.4	双主梁	12.1	9.6	4.5	27.2	515	1956
威斯巴登—希尔斯太恩	莱茵河	205	3	26	双主梁	17.6	7.2	4.2	28.5	350	1962
圣地亚哥	海　湾	201	3	19.4	单箱	10				464	1969

注：表中所列都是公路桥。

第七节　高腹板加劲

表 2-18-1 中所示的最大支点梁高 14.0 m。这么大的梁高，在斜拉桥钢箱梁和常用钢板梁中，都是见不到的。对于这样的高腹板，加劲设计自然会有别于一般情况。

在梁式结构中，腹板的作用主要是抗剪和抗弯。腹板是抗剪主体，翼缘板是抗弯的主体。所以，腹板厚度在满足抗剪需要的条件下，一般是不会为满足板件稳定来加厚的。于是，高腹板的腹板高厚比会很大，常会远远超过 250。于是，只采用一条水平肋加劲的规范条文就不够用了，必须考虑在布置竖向加劲的同时，采用多条水平肋的加劲办法。

一、国内的研究

1976 年，国内公布了一批研究成果[27, 28]。这些成果已经经过了实验验证，理论计算与实验结论基本相符。成果的内容很丰富，这里只能简要介绍。

首先谈一谈水平加劲肋的临界刚度。在合理布置竖向加劲肋间距而不设置水平肋的情况下，腹板沿高度屈曲成一个半波。若在中间设一水平肋，此水平肋的刚度 (EJ) 恰好能使腹板屈曲变成两个半波，并在水平肋处形成波节线（只能转动不能移动）。此时的水平肋刚度便是临界刚度，写为 EJ^*。此后若再增加水平肋刚度，对提高腹板的临界应力便没有意义。同样，当设置多条水平加劲肋，且加劲肋刚度满足临界刚度要求时，腹板会在每两条加劲肋，或加劲肋与翼缘板之间形成一个屈曲半波。

现在所研究的对象，是钢箱梁在弯应力和剪应力共同作用下的腹板加劲。腹板受压区设数条水平肋（也称纵肋）。纵横加劲肋将腹板划分为若干板块。在最薄弱板块与整个腹板的临界应力相等的条件下，最薄弱板块的水平加劲肋刚度定义为"临界刚度"。

当然，通过合理设置水平肋位置，也可以使板块临界应力相等，这将在后面谈到。

由于临界应力与设计应力之比就是安全系数，故临界应力相等也就是安全系数相等。又因为所考虑的各板块都包含着弯应力和剪应力，所以临界应力需用临界换算应力来表示。

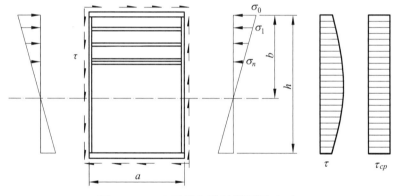

图 2-18-4　水平肋加劲计算图示（1）

a—竖向加劲肋间距；h—腹板高；b—受压区高；$\sigma_0 \cdots \sigma_n$—板 $(a/2)$ 断面正应力；

τ—剪应力；τ_{cp}—平均剪应力

取两竖向加劲肋之间的腹板（如图 2-18-4），"腹板上部"被水平肋划分为若干板块。将中性轴以上的受压部分取出（图 2-18-5）作为计算对象。因为要研究每一板块中部 $a/2$ 处的临界应力。所以又在图 2-18-5（a）中取出任意一板块作为四边简支板（图 2-18-5（b）），首先分别计算每一板块的临界换算应力，找出最薄弱板块。此板块的水平肋刚度就是所需要的临界刚度（ EJ^* ）。简述如下。

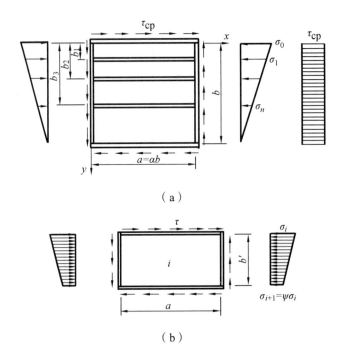

（a）

（b）

图 2-18-5　水平肋加劲计算图示（2）

y_i—第 i 条加劲肋距腹板加劲肋距离；　$\sigma_0 \cdots \sigma_n$—板块 $(a/2)$ 断面正应力；　τ_{cp}—平均剪应力

1. 关于临界换算应力 σ_{vk} 与翘曲安全系数 v

图 2-18-4（b）所示板块的弯剪临界应力有下列关系式[27]：

$$\left(\frac{\tau_k}{\tau_{ki}}\right)^2 + \frac{1-\psi}{2}\left(\frac{\sigma_k}{\sigma_{ki}}\right)^2 + \frac{1+\psi}{2}\left(\frac{\sigma_k}{\sigma_{ki}}\right) = 1 \tag{1}$$

式中　τ_k——弯剪应力组合作用时的临界剪应力；

τ_{ki}——剪应力单独作用时的临界剪应力；

σ_k——弯剪应力组合作用时的临界压应力；

σ_{ki}——压应力单独作用时的临界压应力；

ψ——见图 2-18-5（b）。

取设计应力为 σ、τ。临界应力（σ_k、τ_k）、设计应力（σ、τ）、安全系数 v 之间有下列关系：

$$\sigma_k = v\sigma，\quad \tau_k = v\tau$$

代入式（1）得安全系数：

$$v = \cfrac{1}{\cfrac{1+\psi}{4} \cdot \cfrac{\sigma}{\sigma_k} + \sqrt{\left(\cfrac{3-\psi}{4} \cdot \cfrac{\sigma}{\sigma_k}\right)^2 + \left(\cfrac{\tau}{\tau_k}\right)^2}} \tag{2}$$

同时临界换算应力（表示为 σ_{vk} ）与设计换算应力有下列关系：

$$\sigma_{vk} = v\sqrt{\sigma^2 + 3\tau^2} \tag{3}$$

根号所表示的是设计换算应力式。将式（2）代入得：

$$\sigma_{vk} = \cfrac{\sqrt{\sigma^2 + 3\tau^2}}{\cfrac{1+\psi}{4} \cdot \cfrac{\sigma}{\sigma_k} + \sqrt{\left(\cfrac{3-\psi}{4} \cdot \cfrac{\sigma}{\sigma_k}\right)^2 + \left(\cfrac{\tau}{\tau_k}\right)^2}} \tag{4}$$

式（4）可用来计算图 2-18-5 中每一个板块的换算应力。取板块最小的曲屈安全度 $v_{\min}$ 计算水平加劲肋的临界刚度。

用能量原理计算水平加劲肋的临界刚度。

将中性轴以上的受压区视为四边简支板（图 2-18-5（a）），它在边界应力作用下保持平衡。设边界应力所做的功为 T ，板内储存的应变能为 U ，则有：

$$T = U \tag{5}$$

（1）求 T 。设板块微曲成正弦曲面，曲面的挠度为：

$$W = W_0 \sin\frac{\pi(x - Ry)}{a} \sin\frac{\pi y}{b}$$

式中 $R = 0.707$ ， W_0 是板块最大挠度。

边界应力（正应力 σ ，剪应力 τ ）在板块曲面上及所有纵肋上所做的功的总和为：

$$T = \frac{\pi^2}{4}\left\{\frac{\sigma_0' t}{4\alpha} + \frac{\tau_{cp}' Rt}{\alpha} + \frac{\sigma_0' F}{ab}\left[\sum_i (b - y_i)\sin^2\frac{\pi y_i}{b}\right]\right\}W_0^2 \tag{6}$$

（2）求 U 。板块微曲后，板块曲面和所有水平肋内储存的应变能为：

$$U = \frac{\pi^4}{4}\left[\frac{\alpha D}{2b^2}\left(1 + \frac{5}{\alpha^2} + \frac{2.25}{\alpha^4}\right) + \frac{EJ}{a^3}\sum_i \sin^2\frac{\pi y_i}{b}\right]W_0^2 \tag{7}$$

式（6）、（7）代入式（5）得互等关系式。

（3）求薄弱板块（ $a/2$ 处）的临界应力。在受压区取出被水平肋划分的任一板块（图 2-18-5（b）），分别计算每一个板块的临界应力，用换算应力来表示临界应力。理论换算应力与实际换算应力之比即安全系数 v 。最薄弱的那一块安全系数最小，计为 $v_{\min}$ ，有：

$$\begin{cases} \sigma_0' = \upsilon_{\min}\sigma_0 \\ \tau_{\text{cp}}' = \upsilon_{\min}\tau_{\text{cp}} \end{cases} \tag{8}$$

将式（6）、（7）、（8）代入式（5），整理得：

$$EJ^* = \frac{a^3}{\pi^2 \sum_i \sin^2 \frac{\pi y_i}{b}} \left[\frac{\upsilon_{\min}\sigma_0 t}{4\alpha} + \frac{\upsilon_{\min}\tau_{\text{cp}}Rt}{\alpha} + \frac{\upsilon_{\min}\sigma_0 F}{ab} \sum_i (b - y_i)\sin^2 \frac{\pi y_i}{b} - \frac{\pi^2 \alpha D}{2b^2}\left(1 + \frac{5}{\alpha^2} + \frac{2.25}{\alpha^4}\right) \right]$$

$$\text{（2-18-4）}$$

式中　J^*——临界惯性矩（cm^4）；

$\qquad$ E——弹性模量（kg/cm^2）；

$\qquad$ a——被竖向加劲肋加劲的长度（cm）；

$\qquad$ α——板段的宽高比，$\alpha = a/b$；

$\qquad$ $\upsilon_{\min}$——最小屈曲安全度，取 1.62；

$\qquad$ σ_0——板段中部 $a/2$ 断面边沿最大正应力（kg/cm^2）；

$\qquad$ t——腹板厚度（cm）；

$\qquad$ τ_{cp}——板段中部 $a/2$ 断面平均剪应力（kg/cm^2）；

$\qquad$ R——系数 0.707；

$\qquad$ F——水平加劲肋截面积（cm^2）；

$\qquad$ b——腹板受压区高度（cm）；

$\qquad$ y_i——第 i 条水平加劲肋至腹板顶距离（cm）；

$\qquad$ D——板的抗弯刚度，$D = Et^3/[12(1-\mu^2)]$，$\mu = 0.3$。

考虑到板与加劲肋的制造及其他初始缺陷，水平肋的设计惯性矩 J 必须大于 J^*，即 $J \geqslant kJ^*$，k 值不应小于 10[24]。

文献[27]列出一个计算例题，请见附录 E。

2. 水平肋的位置确定

文献[28]建议，腹板中性轴处应设一条水平肋。以 3 条水平肋为例，第 1、2、3 条水平肋至受压翼缘内侧的距离分别为 b_1、b_2、b_3。以各板块临界换算应力相等为条件，算出的水平肋位置为：

$$\frac{b_3}{b_2} = 1.59$$

$$\frac{b_3}{b_1} = 1.905$$

同样，按照各板块临界应力相等的原则，可以计算任意条水平肋的位置。当然，事先按设计要求布置水平肋位置，再来计算各板块的临界换算应力，按照最薄弱的那一块（它的临界应力最小，所需水平肋刚度最大）确定临界刚度也是可以的。

式（2-18-4）可以适用于受压区多条水平肋。

当然，公式（2-18-4）形式上比较复杂。在实际运用时，可将此式制成数据表备查，或者采用其他更简便的方式。

文献[28]根据对高厚比为 440 的腹板试验，在弯剪组合作用下，腹板会在 $3h/4$ 范围内发生翘曲。这就是说，发生翘曲的部位并不限于中性轴以上。所以文献[28]的研究范围是 $3h/4$，而且建议在中性轴处设一条水平肋。另一方面，考虑到焊接变形及板的面外振动等因素，在中性轴以下的受拉区域，腹板的高厚比也需要有一个限制。综合考虑各种因素，将受拉区高厚比仍然限制在 250 以下是完全必要的。也就是说，在受拉区为了满足高厚比 250，必要时也要布置少量水平加劲肋，肋间距还需保持在合理范围内。

二、日本的铁路桥梁设计规范[4]

根据实际已经使用的两条水平肋的情况，文献[4]作了规定，更多水平肋的情况没有涉及。

1. 水平肋的位置

水平肋距受压翼缘板底面的距离，第一条 $0.12h$，第二条 $0.28h$。

2. 腹板的最大宽厚比 h/t 限制

将第二条水平肋至受拉翼缘内表面的距离视为 $0.72h$，要求 $0.72h/t$ 的最大值仍为 250。
竖向加劲肋的间距按式（2-18-5）检算：

$$\begin{cases} \dfrac{a}{h} \leq 0.72 \text{时} & \left(\dfrac{h}{100t}\right)^4 \left\{ \left(\dfrac{\sigma}{2\,160}\right)^2 + \left[\dfrac{\tau}{106+74.3(h/a)^2}\right]^2 \right\} \leq 1 \\[4mm] 0.72 < \dfrac{a}{h} \leq 2 \text{时} & \left(\dfrac{h}{100t}\right)^4 \left\{ \left(\dfrac{\sigma}{2\,160}\right)^2 + \left[\dfrac{\tau}{143+55.6(h/a)^2}\right]^2 \right\} \end{cases} \quad (2\text{-}18\text{-}5)$$

式中　　τ —— 设计剪应力（N/mm^2），取加劲肋间平均值；

σ —— 腹板边沿压应力（N/mm^2）；

h —— 腹板的高度（mm）；

t —— 腹板的厚度（mm）；

a —— 竖向加劲肋间距（mm）。

水平加劲肋惯性矩为：

$$I = 5at^3 \qquad\qquad (2\text{-}18\text{-}6)$$

对比我国规范对水平加劲肋惯性矩的要求（式(2-18-3)），取竖肋间距与腹板高度之比为 2，日本规定比我国规定大 1.18 倍。

水平加劲肋的宽厚比，SM490 为 11，其他钢材请见文献[4]。特殊形状加劲肋不受此限制。

竖向加劲肋惯性矩：

$$I = \frac{5}{12}at^3\gamma \qquad\qquad (2\text{-}18\text{-}7)$$

式中的 a、t 同式（2-18-5）；

γ 是刚度比，按下式计算：

$$\gamma = 25\left(\frac{h}{a}\right)^2 - 20 \qquad\qquad (2\text{-}18\text{-}8)$$

式中 h、a 同式（2-18-5）。如果竖向加劲肋为矩形板，它的宽厚比限制同水平肋。

第三篇　钢拱桥

钢拱桥具有很大的跨越能力，且富有美感。在地形等条件合适的时候选用钢拱桥，能获得经济、技术和感观兼顾的良好效果。

第十九章
概　述

第一节　拱桥与简支板梁

拱桥的历史悠久，是古人的伟大创造。一孔简支板梁在荷载作用下发生弯曲。梁体内只有弯应力和剪应力，没有轴应力。梁的跨越能力就取决于翼缘拉压应力和腹板剪应力的容许值。增加跨度的唯一有效办法就是增加梁高，而增加梁高不仅有碍观感，有时还会受到建筑限界的限制，而且也不经济。梁体腹板材料强度难以得到充分发挥，在保证腹板充分发挥抗剪作用的同时，还必须使用加劲板来确保腹板的稳定。所以，简支梁的跨越能力十分有限。

假如将简支梁向上弯曲，它就成了立面弯梁。对于这样的弯梁，竖向荷载不再与梁的轴线正交，而是斜交，于是弯应力就会减少，轴应力就会增加。当荷载与轴线的交角达到理想状态时，主力组合时的弯应力也会变得非常小。这个弯梁就是拱桥，这样的轴线就是拱轴线。由于拱桥的材料强度得到了充分发挥，它的跨越能力也就大大增加了。

例如均布力作用下的简支梁任意截面弯矩和剪力：

$$\begin{cases} M_x^0 = \dfrac{ql}{2}x - \dfrac{q}{2}x^2 \\ Q_x^0 = \dfrac{ql}{2} - qx \end{cases} \qquad (3\text{-}19\text{-}1)$$

式中 q 是均布力，x 是截面位置。而相同跨度均布力作用下的拱桥内力为：

$$\begin{cases} M_x = M_x^0 - Hy \\ N_x = Q_x^0 \sin\phi + H\cos\phi \\ Q_x = Q_x^0 \cos\phi - H\sin\phi \end{cases} \qquad (3\text{-}19\text{-}2)$$

式中 H 是拱趾水平力，y 是拱趾至拱肋截面形心的高度，ϕ 是拱趾处拱肋的水平倾角。对比两式可知，拱增加了轴力而减少了弯矩和剪力。因此，拱桥的材料强度易于得到充分发挥，有利于适应更大跨度。

第二节　类　型

在结构体系方面，钢拱桥可分为很多种，每一种都有它特定的适用条件。

一、按支点反力区分

1. 有推力拱桥

拱趾处水平推力的存在，是拱桥的固有特点。推力作用于基础，且不容许水平位移，故一般只在两岸有坚硬地质条件时采用。依靠人工基础勉强采用，会明显增加投资。

2. 无推力拱桥

在拱趾处采用系杆的拱梁组合体都是无推力拱桥。在组合体系的单孔拱桥中，应将支座设在系梁与拱肋的系统线交会处。但在多孔拱桥中，交会位置高于支座，成为中承式拱桥的例子也很多。中承式拱桥的水平力也可以不让支座承受，而是通过细节设计平衡于上部结构内部。在大江大河上墩身一般都很高，水平力会对下部结构增加很大负担。所以在这种情况下，采用无推力拱是理所当然的。九江长江大桥、大胜关长江大桥等都是这种类型的例子。

二、按结构体系区分

1. 无铰拱

两端拱趾固定的无铰拱适用于地质情况良好的桥位，因为这种结构不能承受支点位移，任何较大位移都会造成严重后果。

2. 两铰拱

拱趾设铰，外部一次超静定。这种拱使用较多，拱趾处没有弯矩，对拱肋断面选择比较有利。

3. 三铰拱

拱趾和拱顶都设铰，外部静定。三铰拱实际采用不多，因为拱顶铰的角变下沉会引起桥面不连续。

从结构组成方面看，拱和梁（系杆）可为箱形杆件，可为整体箱形，也可为桁架。

第三节　钢拱桥及拱桥选用

拱桥的使用范围非常广泛，通过附录 H 就可以看到这种情况。世界各国已经建成的钢拱桥很多，附录 H 中所列是跨度大于 200 m 中的一部分钢拱桥。我国钢拱桥中，上海卢浦大桥是箱形截面拱，万州长江大桥、重庆朝天门长江大桥、大胜关长江大桥等都是桁架拱。

对于高山深谷，两岸陡峭，不便于修建桥墩的桥位，拱桥是可供选择的方案。美国科罗拉多桥是一个典型实例。此桥处于大峡谷，桥面到水面高差 213 m。而且两岸陡峭，不便于修建桥墩。

在丘陵和平原地区的铁路桥中，虽不存在修建桥墩的困难，但由于铁路桥要求很好的刚度，当跨度很大时，拱桥常常成为选择方案。上述宜万铁路万州长江大桥就是这样的例子。当初万州桥曾经考虑钢筋混凝土斜拉桥，考虑到刚度需要，铁道部鉴定后最终选择了钢拱桥。

另外，在城市和广袤的平原上，也不乏采用拱桥的例子。这是因为拱桥的优美造型可以为城市增添光彩，突出于广阔平原上拱桥同样也可以与环境相得益彰。

第二十章
拱轴线和拱肋刚度

第一节　拱　轴　线

钢拱桥的拱肋一般是采用二次抛物线，主力组合下，荷载经节点传递，轴力为主，也有少量弯矩和剪力。拱肋断面尺寸取决于这些内力。二次抛物线的线形比较美观，而且还可以通过调整矢跨比获得满意的视觉效果。

在式（3-20-1）中的水平推力 H：

$$H = \frac{M_{l/2}^0}{f} \tag{3-20-1}$$

公式右边分子是跨中弯矩（同简支梁），分母是拱的矢高。代入（3-19-2）第一式，令 $M_x = 0$ 得：

$$M_x^0 - M_{l/2}^0 \cdot \frac{y}{f} = 0 \tag{3-20-2}$$

然后将均布荷载下简支梁的 $M_x^0 = \frac{ql}{2}x - \frac{q}{2}x^2$ 和 $M_{l/2}^0 = \frac{ql^2}{8}$ 代入式（3-20-2）即得拱轴线：

$$y = \frac{4fx(l-x)}{l^2} \tag{3-20-3}$$

式中 y 是以拱趾为原点的竖坐标（向下为正），x 是水平坐标，f 是矢高，L 是跨度。

大胜关长江大桥的通航孔是带系杆的拱桁组合体系，拱桁的下弦才是真正的拱肋。以拱趾为直角坐标原点，拱轴线按式（3-20-3）确定。

钢拱桥的矢跨比 f 可在初步设计时选定，常用范围为 1/6～1/4。对于有推力拱，需考虑到基础承载能力是否可靠，矢跨比不宜太小，以免推力太大。但是在桁架拱中，因受到斜杆倾斜度的限制，矢跨比常常不能随意选择。

九江长江大桥就是一例。其通航孔是跨度 216 m 的刚性桁梁柔性拱。拱肋与上弦相交处，必须与斜腹杆和桁高相适配，所以它的拱轴线矢跨比就不能随意选择。该桥的节间长 9 m，桁高 16 m。拱肋在上下弦之间占 2 个节间，共 18 m。所以拱肋在桁内的斜度为 16/18，自上弦开始的拱轴线斜度必须与此相吻合。

对于分布荷载沿纵向规律性变化的拱桥（如上承式拱桥），宜采用悬链线拱轴线。悬链线拱轴线的具体内容，请参见《公路桥涵设计手册》拱桥部分。

第二节　拱肋与系杆刚度

在系杆拱中，拱肋和系杆刚度共同影响着桥的挠度和水平刚度。但是在满足挠度需要的前提下，两者的刚度比例仍可进行选择。

一般认为，当拱肋刚度比系杆刚度大 5 倍以上时，即为刚性拱柔性梁。反之即为刚性梁柔性拱。因为柔性构件只计算轴向力，所以刚柔组合的钢拱桥为内部一次超静定结构。在过去，计算手段有限，这样区分还是有必要的，可以大大简化计算。今天看来，没有必要这样严格区分。如今有很好的计算手段，计算多次超静定完全没有问题，拱肋与系杆刚度几乎一样的例子已经很多。两者刚度接近时，对桥的整体刚度很有好处。下面的工程实例中，神户大桥、泉大津大桥等都是拱肋和系杆刚度接近的例子。

第二十一章
拱的稳定

第一节　简　述

　　钢拱桥拱肋的稳定是拱桥设计的重要问题。

　　拱肋的失稳按平面内和平面外分别考虑。如果拱肋与系杆之间采用柔性吊杆，面内和面外都有稳定问题。如果是采用刚性吊杆，则面内稳定不需考虑，只计算面外稳定即可。大型钢拱桥，特别是铁路钢拱桥的吊杆，大都采用刚性吊杆。所以以下仅就拱的面外稳定问题进行讨论。

　　在钢拱桥中，有采用一条拱肋和两条拱肋之分，大多数情况下都是采用两条拱肋。两条拱肋一般都相互平行，并垂直于桥面。将两条拱肋向中间倾斜，形成"提篮拱"的例子也不少。提篮拱两条拱肋相互倚靠，拱间撑杆平衡拱的水平力，面外稳定一般都不会有问题。但提篮拱常常采用柔性吊杆，需要检算面内稳定。

第二节　稳定近似计算

　　这里只对两条平行拱的面外稳定进行讨论。本节所述为简化计算，可在工可和初设阶段使用，施工图阶段应做更深入的计算分析。

1. 计算简图

　　假设将拱肋按实际尺寸展开为平面，并将拱肋两端桥门肢杆两个端点合并为一个位于对称轴上的铰，然后按组合压杆计算面外稳定。两拱肋之间的连接有两种情况：一为仅用横撑连接的框架（下称框架拱肋），如图 3-21-1（a）；二为用横撑与斜撑连接的桁架（下称桁架拱肋），如图 3-21-1（b）。

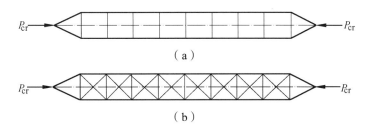

（a）

（b）

图 3-21-1　拱肋稳定计算简图

2. 框架拱肋临界力计算

临界力计算公式为[29]：

$$P_{cr} = \frac{\pi^2 EI}{L^2} \times \frac{1}{1 + \frac{\pi^2 EI}{L^2}\left(\frac{ab}{12EI_b} + \frac{a^2}{24EI_c} \cdot \frac{1}{1-\alpha} + \frac{na}{bA_bG}\right)} \qquad (3\text{-}21\text{-}1)$$

式中　$\alpha = \dfrac{P_{cr}}{2\pi^2 EI_c / a^2}$ ；

　　　　P_{cr} —— 临界压力；

　　　　A_b —— 拱肋横截面积；

　　　　a —— 横撑间距；

　　　　I_c —— 一根拱肋绕自身竖轴惯性矩；

　　　　I_b —— 横撑绕竖轴惯性矩；

　　　　I —— 两拱肋对桥中线的惯性矩；

　　　　L —— 拱弦全长；

　　　　b —— 桁宽；

　　　　G —— 剪切模量；

　　　　n —— 与截面形状有关的系数，取 1.2；

　　　　E —— 弹性模量。

分母中括号内的第三项数值远小于 1，可以略去。

3. 桁架拱肋临界力计算

计算公式为[29]：

$$P_{cr} = \frac{\pi^2 EI}{L^2} \times \frac{1}{1 + \frac{\pi^2 EI}{L^2} \cdot \frac{1}{A_d E \sin\phi \cos^2\phi}} \qquad (3\text{-}21\text{-}2)$$

式中 A_d 为斜撑横截面积，ϕ 为斜撑与横撑的夹角，其余符号同式（3-21-1）。

4. 几点说明

上述两公式可称为铁摩辛柯公式，是基于欧拉公式，并考虑剪力影响之后推导出来的。公式右边的第一个分式就是欧拉公式，第二个分式就是考虑剪力影响的系数，是一个恒小于 1 的数。就是说，考虑剪力影响之后临界力当然是应当降低的。在框架拱公式（3-21-1）中，右边分母中的 α 含临界压力 P_{cr}，所以需取假定 P_{cr} 值进行试算。

节点之间拱肋的稳定，需另按两节间之间的单根拱肋长度计算，并使它的稳定承载力大于或等于组合拱肋的临界力。算出的临界力与设计拱力比较，得到稳定安全系数。钢桥规范对稳定安全系数尚无规定，一般不应小于 4。

第二十二章
吊杆设计

大型钢拱桥的吊杆都很长。例如，九江长江大桥钢拱桥最长吊杆长 32 m，大胜关长江大桥钢拱桥最长吊杆长达 56.67 m。如此之长的吊杆所存在的最大问题就是风振。

第一节 控制风振的设计措施

控制风振首先应从设计角度采取措施。最主要的措施就是控制吊杆的长细比。我国规范规定，仅受拉力的主桁腹杆容许最大长细比 180。吊杆是典型的仅受拉力的杆件，所以一般认为将长细比控制在 180 以下，应当不出现风振。其实不然，吊杆与其他主桁杆件的受力特点是不同的。

受轴向拉力杆件的横向振动类似于有张力的弦振动，张力大则振幅小，频率高；张力小则振幅大，频率低。振幅大频率低的振动对钢梁杆件是有害振动。

吊杆是局部受力杆件，又因桥面荷载很轻，吊杆恒载内力很小。加上活载作用，内力也不大，实际应力远比容许应力小。这样，就使吊杆比其他杆件更容易发生风振。所以在条件容许时，应尽可能将吊杆刚度做大些。但吊杆毕竟十分细长，很难将长细比做得很小。杆件断面形状也影响风振，四面封闭的箱形断面比 H 形要好得多，所以在特大桥中，应当优先选用箱形断面。

一般情况下，选定断面形状和长细比后，还要进行试验验证。必要时，可采取减振措施。

由高强度钢丝束组成的柔性吊杆，由于没有抗弯刚度，一般没有风振问题。但是在铁路桥上使用还是有顾虑，因为铁路桥的疲劳加载会使钢丝束的疲劳强度成为问题的焦点。公路桥因恒载比例大，疲劳问题并不突出，采用高强度钢丝束吊杆就比较多。

第二节 刚性吊杆的长细比计算

吊杆的长细比计算存在一些问题，所以特别谈一谈。

1. 自由长度需按系统线取值，不能打折扣

吊杆虽然属于腹杆，但不能像普通腹杆那样将其自由长度乘以 0.8。对腹杆打折扣的含义是考虑到主桁大节点对腹杆的嵌固作用。概略地讲，相当于在腹杆的系统线长度中，扣除了被主桁节点板所覆盖的那一部分。但对于吊杆，情况就不同了。因为吊杆一般都很长，打 8 折就意味着将杆件长度减少很多（图 3-22-1）。像上面说的，32 m 长的杆件 8 折后每端减少 3.2 m。56.67 m 长的杆件 8 折后每端减少 5.67 m。这样一来，假想的杆端就已经远离节点中心，也离开节点边缘很远了，嵌固作用就根本谈不上了。因此，像腹杆那样来对吊杆打折扣是不合适的。

图 3-22-1　吊杆计算长度示意

2. H 形杆件的长细比要计入腹板（如实）计算

钢桥设计规范有一个关于 H 形杆件长细比计算的条文，说"计算受拉或受压的 H 形杆件的长细比时应考虑腹板，当受压杆件的计算面积中未包括腹板时，可不考虑腹板"。

这句话有两个意思：一是说对于 H 形杆件，不论是拉杆还是压杆，长细比计算都应计入腹板；二是说单纯受压的 H 形杆件，当面积计算未计入腹板时，长细比计算也可不计腹板。需要特别注意不计入腹板的条件。这个条件就是指"单纯受压的杆件"，拉杆是不能这样算的。

拱桥的吊杆是典型的拉杆，长细比计算显然必须计入腹板。

下面举一个例子来进一步说明。

H 形杆件，长 32 m，高 720 mm，翼缘板 520×16，腹板 688×12。

按实际情况计算，弱轴长细比 261。

（当做压杆）不计腹板时，弱轴长细比 213。

不计腹板并打 8 折时，弱轴长细比 170。

这个例子是一个工程实例。它说明，假如将吊杆视为普通腹板，自由长度乘 0.8，且（当做压杆）不计腹板，它的弱轴长细比达到 170，似乎满足刚度要求了。实际上此吊杆的长细比应为 261，是不能满足要求的。

此外，作用于吊杆的拉力大小，对吊杆的自振频率也有明显影响。铁路桥桥面恒载比例很小，仅有路面恒载作用时，吊杆发生振动的可能性更大些。

第二十三章
工程实例与主要细节

在钢拱桥细节中，支承节点、拱肋与系杆交会处的节点、拱肋结构等是主要细节。下面结合工程实例摘要介绍。

第一节　美国科罗拉多河桥

这是一座单跨上承式公路钢拱桥，两铰拱，桥下是一个大峡谷，它是当时世界上最高的拱桥，行车路面距河水平面 213 m，1959 年 2 月建成[15]。

拱桥全长 374 m，主跨 313 m，矢高 50 m，矢跨比 1/6.26。桁宽 12.2 m，行车路面宽 9.15 m，宽跨比 1/25.66。两侧各有 1.22 m 人行道。拱趾处桁高 11.3 m，拱顶处 6.7 m。节间长度随着桁高变化而变化，由拱趾处的 16.5 m 逐渐变化到拱顶处的 13.4 m。

对于上承式拱桥，1/25.66 的宽跨比是比较小的。

承受支反力的拱脚基础是嵌入岩体的大体积混凝土。拱脚设计成刚度很大的基座。基座的上端为直径 404 mm 的铰孔，与拱肋用销轴连接，下端用锚栓与拱脚基础连接。

所用钢材为硅锰钢，屈服强度 350 MPa，极限强度 505 MPa。

拱肋的安装：在两岸各设一高 36.5 m 的塔架，塔架的背索锚在岩体内，纤索作用于向前安装的拱桁。拱桁杆件运送是利用横跨河谷的缆索吊机。缆索吊机的立柱间距 470 m，起重量 25 t。中间合拢是利用设置的临时铰来完成的，合拢后再将铰改为节点构造。

用塔架牵拉，用缆索吊机运送杆件的安装设计，充分适应了峭壁深谷的地形特点，经济、合理、适用，是常用的正确选择。

科罗拉多河桥立面与横断面见图 3-23-1、3-23-2。

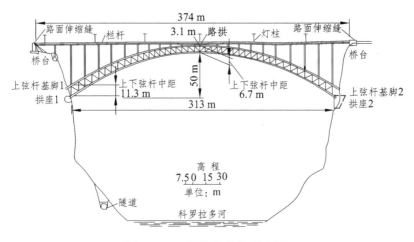

图 3-23-1　科罗拉多河桥立面

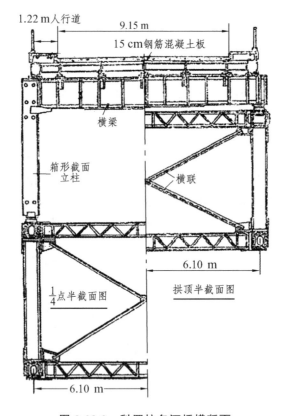

图 3-23-2　科罗拉多河桥横断面

第二节　泉大津大桥

大桥为下承式拱桥[7]，跨度 172.574 m，宽 34.5 m，公路桥。拱脚处是拱肋与系杆的交会部，同时也是支点部位，所以此处的应力复杂程度可想而知。此处支点计算主拉应力为 262.1 MPa。

在现代箱形拱肋和系梁结构中，拱和梁的刚度常常比较接近，本桥就是一例。拱肋和系梁的宽度都是 2.3 m，拱肋高 2.5 m，系梁高 3.2 m～3.3 m。系梁变高估计是立面线形的需要。拱肋上翼缘伸出腹板 27 mm，下翼缘则藏在两腹板之间。这样的细节安排可使拱肋的腹板与系梁腹板对齐，以保证两者在端部顺畅地连接。系梁本身的上翼缘仍然是夹在腹板之间，让腹板向上穿出。这样做可为吊杆连接创造方便条件。此外，系梁的上翼缘用 T 形肋进行了特别的加强。此处虽不行车，但仍需考虑承受临时荷载。该桥端部节点构造见图 3-23-3。

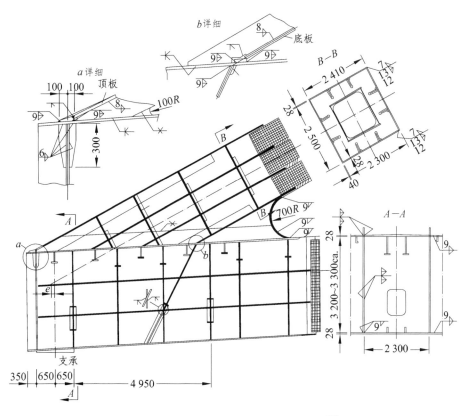

图 3-23-3　泉大津大桥端部节点构造[7]

第三节　长柄桥

下承式拱桥,跨度 153 m,宽 20.8 m[7]。图 3-23-4 是端节点应力分析的计算图示;图 3-23-5 是端节点结构细节。由这两张图可以看到,这个端节点构造是很有特点的。在系梁中设有多道隔板,这些隔板分别与拱肋的上下翼板、4 条纵向加劲肋及圆弧端部对齐。拱肋和系梁高度都是 2.1 m,宽 1.01 m。A、B 截面处所示为支承横隔板;C、D 截面所示为人孔位置。拱肋拼接缝水平布置,使拱肋端成为斜面。好处是可以减少螺栓排数,但拱肋制造略有不便。

系杆上下都有人孔。上人孔设在拱肋范围内,雨水不能进入;下人孔设在支点范围外。横隔板都容许人员通过,方便养护维修。

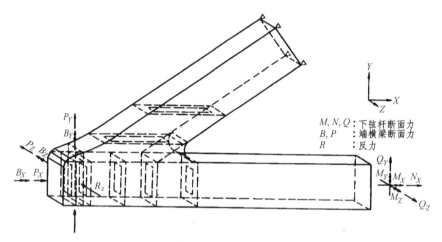

M, N, Q:下弦杆断面力
B, P ：端横梁断面力
R ：反力

图 3-23-4　长柄桥端节点计算图示[7]

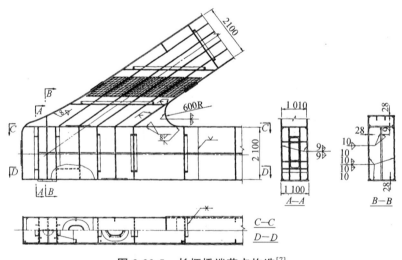

图 3-23-5　长柄桥端节点构造[7]

第四节 大胜关长江大桥

大胜关大桥的总体布置已如前述（第一篇第四章第十四节）。

图 3-23-6 所示为大胜关大桥拱肋与系杆相交处的节点。这个节点有 6 根杆件交会，细节非常复杂，在系杆拱中有一定代表性。怎样处理好这 6 根杆件的关系，使它们合理地进行内力传递，是设计需要解决的主要问题。原则上应当首先满足主要受力方向的结构布置，然后依次安排其他杆件的连接。同时还要照顾到制造的可能性。由于节点十分庞大，与弦杆连在一起制造几乎不可能，所以将它设计为单件。

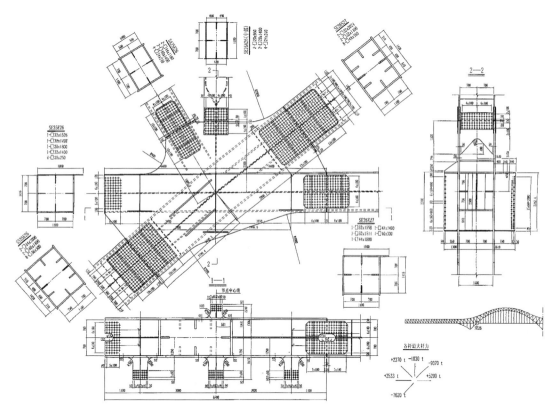

图 3-23-6 大胜关大桥拱肋节点

拱肋方向当然是主要传力方向，最大杆件内力 9 370 t。其次是系杆，设计内力 5 200 t。于是，尽可能安排这两个方向的板件连续通过。

拱肋断面 1 800 mm × 1 400 mm，最大板厚 52 mm。它的翼缘板连续通过，腹板与节点板在同一平面，都可顺畅传力。纵肋中断于弦杆边，内力经由节点板传递。系杆方向的板件也都是连续通过。

斜腹杆与节点对拼，另加补强板。箱形竖杆在端部改为 H 形对拼。与腹杆连接的隔板都尽可能伸进到了节点中部。

节点板上的应力当然很大，且应力集中严重，选用厚度 64 mm。

第五节　神户大桥

这是 1970 年建成的一座中承式拱桥[7]。跨度 51 m + 217 m + 51 m，矢高 50 m，矢跨比 1/5.425。桁内路面上下两层，形成双层公路桥面，两层间高 8 m。路面宽各 14 m。桁宽 17 m。拱肋杆件宽 1.5 m。拱肋高 2.4 m。在上层公路面处设有一根类似于上弦的杆件，此杆件高 1.6 m。系梁高 2.8 m，宽度都是 1.5 m。上弦与系梁间没有斜杆，因而成为框架。杆件中都有纵向加劲肋，拱肋为"日"字形断面。以上分别见图 3-23-7 和 3-23-8。

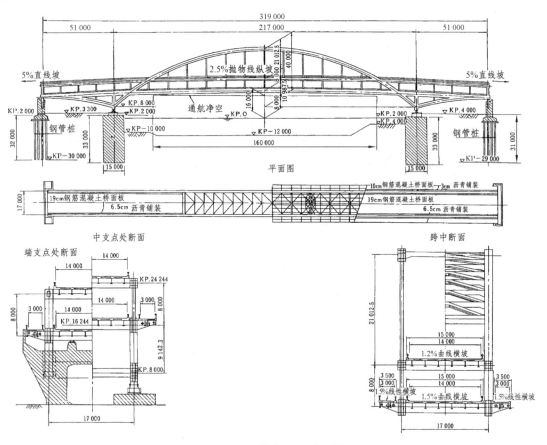

图 3-23-7　神户大桥总图[7]

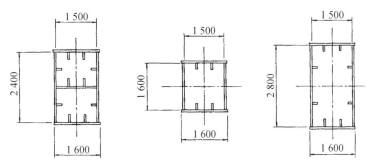

图 3-23-8　神户大桥杆件断面[7]

系梁与拱肋的交叉点是重要的结构细节，图 3-23-9 和 3-23-10 显示出它的主要内容。交

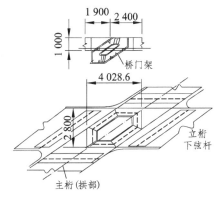

图 3-23-9　神户大桥的系梁下弦与拱肋交叉部[7]（1）

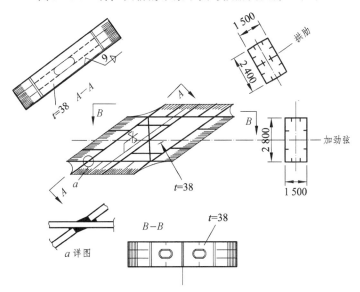

图 3-23-10　神户大桥的系梁下弦与拱肋交叉部[7]（2）

叉节点是一个单独的安装整件,四面都有工地连接螺栓接头。拱肋和系梁的翼缘板和腹板都是 38 mm 板,竖向节点板由两块板对焊而成。两个方向的翼板和腹板都是交叉贯通的,拱肋断开,与系梁翼板焊接(见图 3-23-10 中的"a"细节)。节点中部有一竖隔板,它与拱肋中间的水平板形成交叉。从节点构造看,这个隔板是必需的。节点内设有各方向的人孔,便于安装和养护使用。

此处有一大横梁与交叉节点相连。横梁接头与拱肋和系梁的翼板对齐,但切除了右上和左下的锐角。所以,横梁接头成为六边形结构(图 3-23-9)。

图 3-23-11 是中间支承节点,是在工厂制成单独构件。右边与拱肋相连,左边与边孔加劲弦相连。左右构件的腹板与节点板直接连接,翼板和中间各板件都与竖杆连接,然后在竖杆内设水平支承板。箱形竖杆的翼板和腹板分别由 38 mm 和 32 mm 板构成。腹板与左右各板件的交叉,都有详细的焊接细节(详图 a、b、c、d、e、f)。

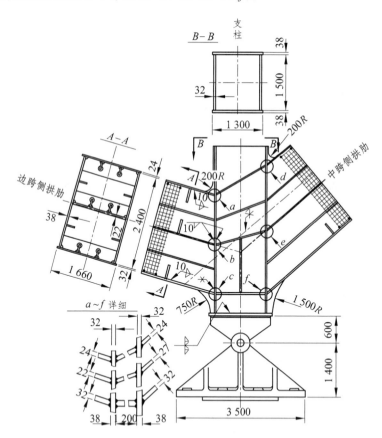

图 3-23-11　神户大桥中间支座构造[7]

第六节　大三岛大桥

中承式两铰拱桥[7]。跨度 297 m，矢高 49 m，矢跨比 1/6.06（图 3-23-12）。刚性拱，柔性梁，拱肋高 3 550 mm，系梁高 800 mm，宽 1 800 mm。左右系梁接头由拱肋腹板伸出少许，然后对接形成接头。拱肋中有很多横隔板和纵肋。所有横隔板都有人孔，方便安装养护使用。见图 3-23-13。

图 3-23-14 是拱脚构造。拱肋断面由 3 550 mm×1 800 mm 缩小为 2 150 mm×1 950 mm，再与支座上摆连接。弯折处及其上下设有隔板。

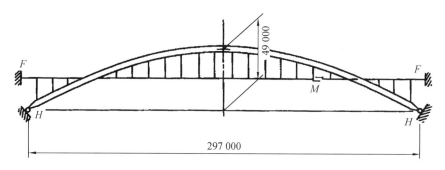

图 3-23-12　大三岛大桥[7]

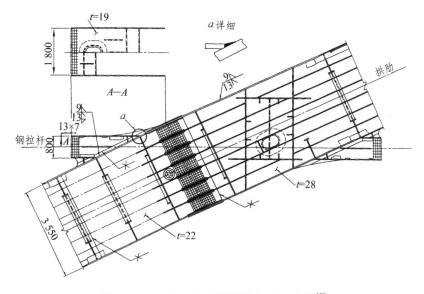

图 3-23-13　大三岛大桥拱肋与系杆连接[7]

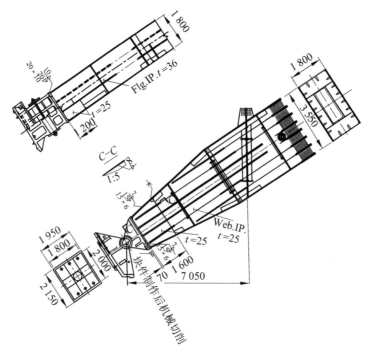

图 3-23-14 大三岛大桥拱脚细节[7]

第七节 美国 Fremont 大桥

这是 20 世纪 70 年代修建的一座大型中承式钢拱桥，主跨 382.626 m，边跨 137.719 m（图 3-23-15）。所用钢材 ASTM A－588，屈服强度 323.4 MPa，极限强度 471.1 MPa。A-588 是中等强度钢。图 3-23-17 显示，所用板厚特别大，达 83 mm。如此之大的板厚，焊接难度也会增加。

由图 3-23-16 可知，系梁高 5.486 m，支架杆件高 1.168 m，竖向刚度虽相差很大，但应当没有问题。问题是宽度。图 3-23-17 显示，系梁外宽 1 320 mm，内宽 1 270 mm；支杆外宽 1 219 mm，内宽 1 131 mm。系梁腹板在下面 510 mm 范围内将腹板加厚至 70 mm，但系梁与支杆的竖板还是没有对齐。即支杆腹板向系梁内部错位。外侧错位 50.5 mm，内侧错位 24.5 mm。这是一。

其二，钢板对接的细节设计也不好。图 3-23-17 是图 3-23-16 的局部放大。在 838 mm 范围内有 3 个对接接头，板厚由 63 mm 变化为 83 mm 和 44 mm。中间 838 mm 是特殊加工段，44 mm 板嵌焊在特殊段下面，且与 83 mm 板形成很小的圆弧。这种情况显然会引起严重的应力集中，同时焊接应力也会很大。

1971年12月，钢梁在安装过程中产生了如图3-23-17所示的裂纹。裂纹初始长度88.9 mm，由图示位置开始，很快扩展到整个下翼缘，并向腹板扩展。处理的主要措施是修改此处的细节设计。修改后的结构见图3-23-18。修改图一是加大了圆弧半径，二是使上下腹板对齐，用腹板向下延伸部分与支杆连接。显然，这样做就相当合理了。

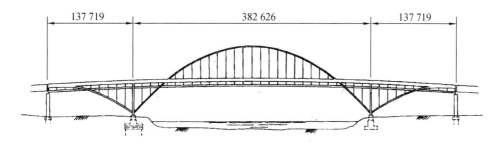

图 3-23-15　Fremont 大桥[7]

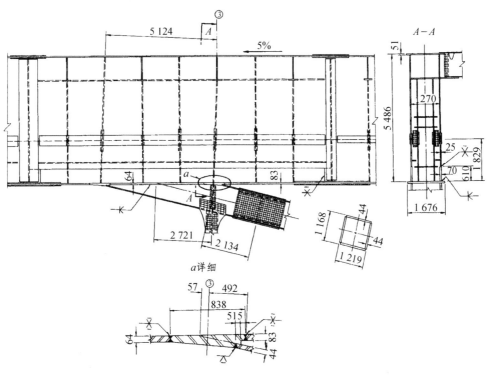

图 3-23-16　Fremont 桥边孔系梁和支架交叉部细节（修改前）[7]

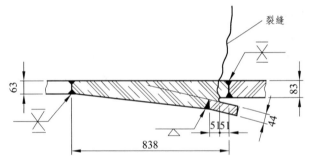

图 3-23-17　Fremont 桥系梁与支架交叉处裂纹

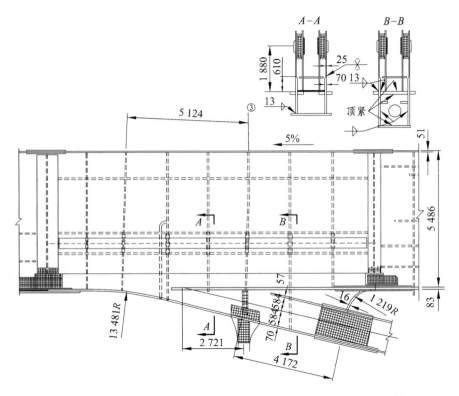

图 3-23-18　Fremont 桥边孔系梁和支架交叉部细节（修改后）[7]

　　图 3-23-19 是它的中间固定支座，铰接结构，可承受水平力。由于在 20 世纪 70 年代初整体节点技术还在不断完善之中，支承节点十分复杂，当时采用散装节点完全可以理解。

　　拱肋与系梁的交叉示于图 3-23-20。观察立面图和各截面图可知，拱肋在穿过系梁时，断面改成 H 形即取消上下翼缘板，增设中间腹板，且腹板上还有两条纵肋。这样做取得了成功，是可行的构造之一。

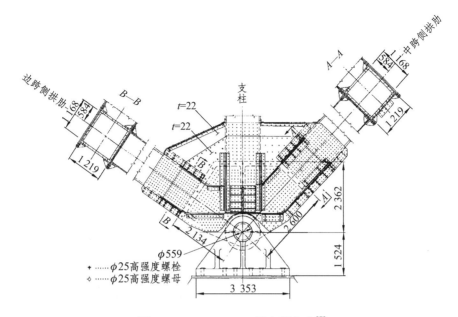

图 3-23-19　Fremont 桥中间支座[7]

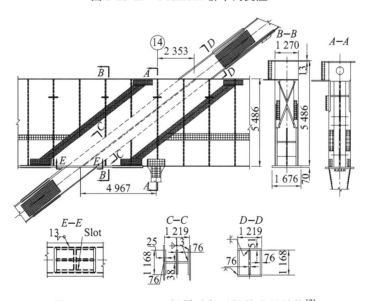

图 3-23-20　Fremont 桥拱肋与系梁的交叉结构[7]

　　另外，系梁的拼接缝平行于拱轴线。这也只是一种选择，如果选择垂直于系梁的拼接缝当然也是可以的。

第八节　朝天门大桥

重庆朝天门长江大桥位于重庆市朝天门（长江与嘉陵江交汇点）下游 1.7 km 处，是连接重庆市南岸区和江北中央商务区、沟通长江东西两岸的重要通道。

图 3-23-21　朝天门大桥

大桥的主桥长 932 m，采用 190 m + 552 m + 190 m 的中承式连续钢桁系杆拱（图 3-23-21）。大桥采用双层交通布置：上层桥面为双向六车道和两侧人行道，桥面宽度 36.5 m；下层桥面中间为双线城市轻轨，两侧为双向两车道。

主梁采用两片主桁，桁宽 29 m，两侧边跨为变高度桁梁，中跨为钢桁系杆拱。

拱顶至中间支点高度为 142 m，拱肋下弦线形采用二次抛物线，矢高 128 m，矢跨比 1/4.312 5；主桁为变高度 "N" 形桁式，中间支点处桁高 73.13 m，跨中桁高为 14 m，边支点处桁高为 11.83 m。

主桥采用大吨位球型铸钢铰支座的支承体系，中间支座最大承载力 145 000 kN。

主桁弦杆均为焊接箱形截面，宽度有 1 200 mm 和 1 600 mm 两种，高度为 1 240 mm ~ 1 840 mm。杆件按照四面拼接设计。

吊杆采用平行钢丝成品索，均设置为双吊杆以便于吊杆的更换。

主桁节点设计，除中间支承节点采用整体节点外，其余均采用散装式节点。

图 3-23-22 是拱肋上一个有代表性的大节点。拱肋高 1 640 mm，宽 1 200 mm，板厚均为 44 mm，内部 4 条纵肋 350 × 44，拼接位置在节点中心。由于拱肋上翼缘受腹杆影响，又有弯折（含上下翼板），拼接操作存在困难，布置螺栓较少，近 80% 的螺栓都布置在腹板上。翼缘板的大部分强度经由两侧棱角焊缝间接传力。腹杆中，腹板的局部稳定需要用纵肋加劲，都设有 2 条纵肋，形成 "王" 形断面。

节点下面的细节是 2 根柔性吊索的锚箱连接结构。

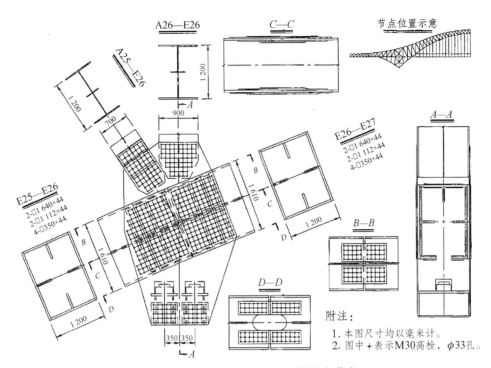

附注：
1. 本图尺寸均以毫米计。
2. 图中 + 表示M30高栓，ϕ33孔。

图 3-23-22　重庆朝天门大桥拱肋大节点

附　录

附录 A　断裂力学和裂纹分析方法概要

一、研究对象

断裂力学研究的唯一对象就是裂纹体，特别是带裂纹的板件。这些裂纹包括中心裂纹、边裂纹、穿透裂纹、表面裂纹和深埋裂纹等。钢板和焊缝内形状各异的气孔、夹渣等，也都要简化、归并为某种标准的裂纹来进行研究。

二、研究方法

钢结构工程有许多力学量，其中用得最多的就是"应力"。而应力这个量（包括拉应力、压应力和疲劳应力）一方面可以准确计算，同时又可按照国家标准进行量测。于是，计算应力 σ 与量测应力 $[\sigma]$ 可建立一个判别式：

$$\sigma \leqslant [\sigma]$$

利用这个判别式，就可以解决实际工程问题了。

断裂力学研究的力学量也是这样：一方面研究裂纹尖端力学量的数学表达式（计算方法），得到计算值；一方面研究怎样测量这个力学量的测量方法（并制订国家标准），得到测量值。然后建立判别式，以便工程应用。

断裂力学量的测量值叫做断裂韧性，有应力强度因子 K_{1C}、裂纹尖端张开位移 $CTOD$ 和 J 积分（即 J_{1C} 值），共 3 种，都早已有了测量的国家标准。这里就不谈了，请查阅有关标准。

三、裂纹尖端力学量的数学表达式

裂纹最重要、最具工程意义的部位当然就是裂纹尖端。所以，断裂力学研究的全部内容几乎都是针对裂纹尖端进行的。裂纹在外力作用下，其尖端便要发生相互关联的位移、应力、应变、能量变化。数学表达式就是对裂纹尖端这些力学量的数学描述。

裂纹尖端是一个很复杂的区域。因为尖端半径非常小，趋近于零，所以应力集中十分严重，应力梯度很大。用数学公式来描写这个区域，特别是有塑性变形时，有一定难度。根据现有研究成果，有以下 3 种表达式。为节省篇幅，这些公式都省去过程，直接写出结果。

1. 应力强度因子公式

这类公式很多，不同的裂纹类型有不同的公式。这里只举一个最有代表性的例子，即无限大板中的穿透裂纹来进行说明。

对于尖裂纹，其尖端半径 $r \to 0$。如图 A-1，裂纹长度 $2a$ 与板的尺寸相比是很小的，应力垂直于裂纹。垂直于裂纹的力将使裂纹扩展。根据弹性理论，随着裂纹尖端半径 $r \to 0$，尖端处的应力将达到无穷大。在裂纹的延长线上，此应力为：

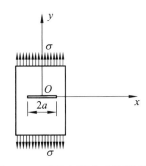

图 A-1　无限大板中心穿透裂纹

$$\sigma = \frac{K_1}{\sqrt{2\pi r}} \qquad （A-1）$$

式中 r 为沿 x 轴计量的至裂纹尖端的距离，K_1 为 I 型裂纹的应力强度因子。根据断裂理论：

$$K_1 = \sigma\sqrt{\pi a} \qquad （A-2）$$

式中的 σ 是垂直于裂纹的断面平均应力，a 是裂纹半长。与此相应的钢板应力强度因子 K_{1C}，是钢板的材料常数，按现行国标进行测量。有了 K_1（计算值）和 K_{1C}（测量值）就可建立判别式：

$$K_1 \leqslant \frac{K_{1C}}{n} \qquad （A-3）$$

式中 n 是安全系数，一般取值不小于 5。因为事关结构的一次性破坏，所以安全系数取得大。

对于有限宽度中心穿透裂纹的板，K_1 的计算只需在式（A-2）右边加一个修正系数 F 就可以了，即：

$$K_1 = F\sigma\sqrt{\pi a} \qquad （A-4）$$

式中 $F = \sqrt{\sec\dfrac{\pi a}{2b}}$，$a$ 同上，b 是 1/2 板宽。

对于其他类型的裂纹，例如边裂纹、表面裂纹等，也是在式（A-4）右边使用不同的修正系数来解决，这些系数都可在文献中查到。

但要注意，这类公式只适用于裂纹尖端未发生塑性变形的线弹性状态或平面应变状态。

钢梁所用板材塑性和韧性都很好，板厚一般不大，式（A-1）常常不适用。

2. 裂纹尖端张开位移（CTOD）公式

裂纹尖端张开位移，是假定裂纹尖端点在垂直于裂纹的应力作用下张开，张开值用 δ 表示。当 δ 达到临界值 δ_c 时裂纹失稳扩展。δ 计算考虑裂纹尖端可以有一个小的屈服区。设这个屈服区边沿到裂纹尖端的距离为 r，则：

$$r = \frac{K_1^2}{2\pi\sigma_y^2}$$ （A-5）

K_1 如前，σ_y 是屈服应力。

δ 的计算式为：

$$\delta = \frac{4K_1^2}{\pi E\sigma_y}$$ （A-6）

将式中的 K_1 用式（A-2）替换得：

$$\delta = \frac{4a\sigma^2}{E\sigma_y}$$ （A-7）

这就是欧文（Irwin）公式。此外还有杜格代尔（Dugdale）公式、威尔士（Wells）公式、波德金（Burdekin）曲线公式等。这些公式差别都不大，就不再列出了。

当然，δ 也是可以进行测量的。其测量值写做 δ_c。判别式为：

$$\delta \leqslant \frac{\delta_c}{n}$$ （A-8）

问题是 δ_c 的测量比较困难，存在着不确定性。这就给使用带来难度。目前有的已改为测量两个裂纹边所夹的交角。当然，计算式也要跟着改。

3. J 积分公式

这个公式是这样的：

$$J = \int_\Gamma \left[w\mathrm{d}y - \vec{T} \cdot \frac{\partial \vec{u}}{\partial x} \cdot \mathrm{d}s \right]$$ （A-9）

式中　w——应变能密度；

　　　Γ——始于裂纹下表面，终于上表面的积分回路；

　　　$\mathrm{d}s$——Γ 上的线元，设板厚为 B，$B\mathrm{d}s$ 即面元；

$\vec{T}$—— 作用于 Bds 上外法向应力矢量，$\vec{u}$ 是该处的位移矢量（见图 A-2）。

这是一个能量公式。就是说，裂纹在工作应力作用下的临界状态计算，也可以围绕裂纹尖端进行（能量）线积分，而积分路径可以任意选择，即积分值与所选路径无关。"路径无关性"是一个很大的优点，它可以避开不好处理的裂纹尖端，尤其是避开了裂纹尖端的塑性区，对钢梁很适用。

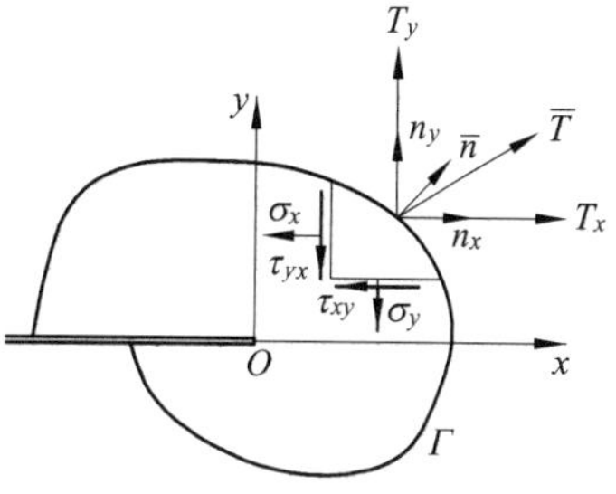

图 A-2　J 积分定义图

推导公式（A-9）的做法是这样的。

设二维应力应变场的裂纹扩展一个微量，利用二维场的应力应变关系求出裂纹扩展前后的能量差。这个能量差就是裂纹扩展所需的能量，即 J 积分值（A-9）。同时，在裂纹的下表面取一点，绕裂纹尖端取积分回路至裂纹的上表面，然后又从裂纹的上表面取积分回路至裂纹的下表面，这两个回路的积分为零，就证明了它的路径无关性。具体步骤就不写了。

附录 B　钢结构构件裂纹计算的 J 积分方法

裂纹分析的理论基础是断裂力学。断裂力学的 J 积分理论对钢梁裂纹构件的定量分析很适用。这在附录 A 中已有介绍。

一、J 积分原理和计算方法

J 积分定义式：

$$J = \int_\Gamma \left[\omega \mathrm{d}y - \vec{T} \cdot \frac{\partial \vec{u}}{\partial x} \cdot \mathrm{d}s \right] \tag{B-1}$$

式中符号同式（A-9）。在弹性范围内，二维应力情况下，应变能密度 w：

$$w = \frac{1}{2E}(\sigma_x^2 + \sigma_y^2) - \frac{\upsilon}{E}(\sigma_x \cdot \sigma_y) + \frac{\tau_{xy}^2}{2G} \tag{B-2}$$

式中　　σ_x，σ_y，τ_{xy}——应力分量；

　　　　υ——泊松比；

　　　　E——杨氏模量；

　　　　G——剪切模量。

当所选积分回路避开裂纹尖端的塑性区时，w 即可按式（B-2）计算。

J 积分的物理意义就是应变能，它的安全判别式是：

$$J \leqslant [J_{IC}] = \frac{J_{IC}}{n} \tag{B-3}$$

n 是安全系数。式（B-3）在形式上与常用的强度判别式是一样的。

具体计算 J 积分，可将围道取为矩形（孙训芳，机械强度增刊，1976-1，P43），并分为 1 段 ~ 6 段（图 B-1），以便简化计算。

将式（B-1）分为两部分计算，令：

$$J_\omega = \int_\Gamma \omega \mathrm{d}y \tag{B-4}$$

$$J_T = \int_\Gamma \vec{T} \cdot \frac{\partial \vec{u}}{\partial x} \cdot \mathrm{d}s \tag{B-5}$$

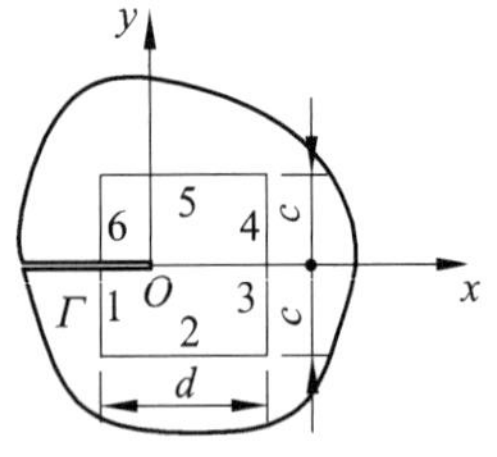

图 B-1　矩形积分围道

则：

$$J = J_\omega - J_T \tag{B-6}$$

积分自第 1 段开始，逆时针方向积到第 6 段。于是：

$$J_\omega = \int_0^{-c} \omega_1 dy + \int_{-c}^{-c} \omega_2 dy + \int_{-c}^{0} \omega_3 dy + \int_0^{c} \omega_4 dy + \int_c^{c} \omega_5 dy + \int_c^{0} \omega_6 dy \tag{B-7}$$

由于对称 $\omega_1 = \omega_6$，$\omega_3 = \omega_4$，同时：

$$\int_{-c}^{-c} \omega_2 dy = \int_c^{c} \omega_5 dy = 0$$

故式（B-7）简化为：

$$J_\omega = 2\left(\int_0^{c} \omega_4 dy + \int_c^{0} \omega_6 dy \right) \tag{B-8}$$

按同样的积分路线：

$$J_T = \int_0^{c} + \int_c^{c+d} + \int_{c+d}^{2c+d} + \int_{2c+d}^{3c+d} + \int_{3c+d}^{3c+2d} + \int_{3c+2d}^{4c+2d} \tag{B-9}$$

式（B-9）各积分号内省写了相同的被积函数 $\vec{T} \cdot \overrightarrow{\dfrac{\partial u}{\partial x}} ds$，也因对称，式（B-9）简化为：

$$J_T = 2\left[\int_0^{c} \left(\vec{T} \cdot \overrightarrow{\frac{\partial u}{\partial x}} \right)^{(4)} ds + \int_0^{d} \left(\vec{T} \cdot \overrightarrow{\frac{\partial u}{\partial x}} \right)^{(5)} ds + \int_0^{c} \left(\vec{T} \cdot \overrightarrow{\frac{\partial u}{\partial x}} \right)^{(6)} ds \right] \tag{B-10}$$

式中小括号内的数字是线段号。分别改写被积函数的矢量记法，为：

$$\left(\vec{T} \cdot \overrightarrow{\frac{\partial u}{\partial x}} \right)^{(4)} = \sigma_x^{(4)} \varepsilon_x^{(4)} + \tau_{xy}^{(4)} \frac{\partial v^{(4)}}{\partial x}, \quad \left(\vec{T} \cdot \overrightarrow{\frac{\partial u}{\partial x}} \right)^{(5)} = \sigma_y^{(5)} \frac{\partial v^{(5)}}{\partial x} + \tau_{yx}^{(5)} \varepsilon_x^{(5)},$$

$$\left(\vec{T} \cdot \overrightarrow{\frac{\partial u}{\partial x}} \right)^{(6)} = -\sigma_x^{(6)} \varepsilon_x^{(6)} - \tau_{xy}^{(6)} \frac{\partial v^{(6)}}{\partial x}$$

式（B-10）成为：

$$J_T = 2\left[\int_0^{c} \left(\sigma_x^{(4)} \varepsilon_x^{(4)} + \tau_{xy}^{(4)} \frac{\partial v^{(4)}}{\partial x} \right) ds + \int_0^{d} \left(\tau_{xy}^{(4)} \varepsilon_x^{(5)} + \sigma_y^{(5)} \frac{\partial v^{(5)}}{\partial x} \right) ds + \right.$$
$$\left. \int_0^{c} \left(-\sigma_x^{(6)} \varepsilon_x^{(6)} - \tau_{xy}^{(6)} \frac{\partial v^{(6)}}{\partial x} \right) ds \right] \tag{B-11}$$

式中的应力、应变、位移分量均用有限元求得。

二、举　例

现用下面的例子说明具体计算步骤。

取矩形截面简支梁。这是实验测定钢材 J_{1C} 所采用的试样。以此为例的目的，是为了便于计算值与实测值对比。此试样的实测值是 $J_{1C}=10\ \mathrm{kgf\cdot mm/mm^2}$。

试样跨度 400 mm，高 100 mm，厚 50 mm（图 B-2）。裂纹在跨中下沿，垂直于梁轴，长 50 mm。跨中集中力 $P=17\ 975\ \mathrm{kgf}$。

由于对称，取一半计算（图 B-2（b））。将图 B-2（b）划分为 299 个常应变三角形单元，179 个节点。裂纹尖端的单元边长 0.625 m。为裂纹长度的 1/80。尖端区的单元划分见图 B-3（a），积分回路见图 B-3（b），共两围道，以便比较，为了方便，围道避开了应力超过屈服限的区域。

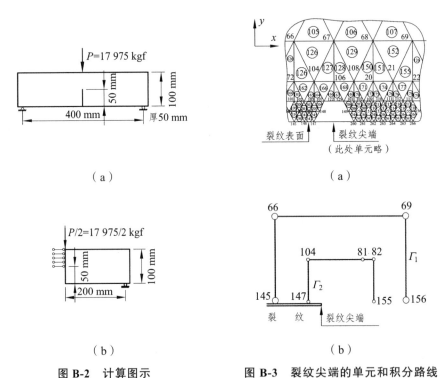

图 B-2　计算图示　　　　图 B-3　裂纹尖端的单元和积分路线

以下用外层围道（自节点 156 始，经 69、66 至 145 止）为例具体计算。步骤是：

（1）作有限元计算，将所得应力分量 σ_x、σ_y、τ_{xy} 作基本数据，计算应变 ε_x。

（2）用式（B-2）计算 ω，用式（B-8）计算 J_ω。

（3）求 $\dfrac{\partial v}{\partial x}$。

（4）用式（B-11）求 J_T。

（5）用式（B-6）求 J。

具体如下：

（1）单元应力分量和应变 ε_x 计算。

表 B-1

积分路线经过的单元	单元应力分量／（kgf/cm²）						$\varepsilon_x = \dfrac{\sigma_x - 0.3\sigma_y}{E}$
	σ_x	平均 σ_x	σ_y	平均 σ_y	τ_{xy}	平均 τ_{xy}	
256	2 020	2 020	− 1 892	− 1 892	− 64	− 64	0.001 232
218	2 040	2 040	− 1 958	− 1 958	− 1 359	− 1 359	0.001 251
178	1 863	1 564.5	− 1 900	− 1 810.5	− 2 119	− 2 188.5	0.001 004
179	1 266		− 1 721		− 2 258		
133	405	321.5	− 1 282	− 1 232.5	− 2 177	− 2 412.5	0.000 325
134	220		− 1 183		− 2 648		
107	− 827	5 525	− 1 160	− 2 075.5	− 1 373	− 1 154	0.000033
132	− 278		− 2 991		− 935		
105	− 726	− 451	− 1 886	− 2 801	96	230	0.000 185
129	− 176		− 3 716		364		
103	125	136	− 1 573	− 1 609	907	910.5	0.000 295
126	147		− 1 645		914		
124	958	1 114	− 967	− 1 014	972	1 172.5	0.000 675
125	1 270		− 1 061		1 373		
160	897	1 069.5	− 392	− 444	558	710.5	0.000 573
161	1 242		− 496		863		
199	585	585	− 106	− 106	206	206	0.000 294
239	558	558	− 16	− 16	− 26	− 26	0.000 298

注：当围道经过两单元之间时取两相邻单元应力分量的平均值。

（2）用式（B-2）计算 ω，用式（B-8）计算 J_ω。

项　目	单元号	单元应力 / (kgf/cm²)			W / (kgf/cm²)	Δy /cm	$w\Delta y$ / (kgf · cm/cm²)
		σ_x	σ_y	τ_{xy}			
$\int_0^c w_4 \mathrm{d}y$	256	2 020	− 1 892	− 64	2.372 3	0.25	0.593 1
	218	2 040	− 1 958	− 1 359	3.617 6	0.25	0.904 4
	178.179	1 564.5	− 1 810.5	− 2 188.5	4.732 8	0.50	2.366 4
	133.134	312.5	− 1 232.5	− 2 412.7	4.042 9	1.00	4.042 9
							$\sum = 7.906\ 8$
$\int_0^c w_6 \mathrm{d}y$	124.125	1 114	− 1 014	1 172.5	1.552 7	1.00	1.552 7
	160.161	1 069.5	− 444	710.5	0.699 6	0.50	0.349 8
	199	585	− 106	206	0.119 3	0.25	0.029 8
	239	558	− 16	− 26	0.075 9	0.25	0.019 0
							$\sum = 1.951\ 3$

将表 B-2 中的积分值代入式（B-8）：

$$J_\omega = 2 \times (7.906\ 8 + 1.951\ 3) = 19.716\ 2\ \text{kgf} \cdot \text{cm/cm}^2$$

（3）求 $\dfrac{\partial v}{\partial x}$。见表 B-3。

（4）求 J_T。

将表 B-4 中的积分值代入式（B-11）：

$$J_T = 2 \times (-2.283\ 14 - 40.067\ 05 - 0.355\ 92) = -85.412\ 22\ \text{kgf} \cdot \text{cm/cm}^2$$

（5）求 J 积分值。

由式（B-6）：

$$J = J_\omega - J_T = 19.716\ 2 - (-85.412\ 22)$$
$$= 105.128\ 42\ \text{kgf} \cdot \text{cm/cm}^2 = 10.513\ \text{kgf} \cdot \text{mm/mm}^2$$

按同样步骤，第二围道（自节点心 155 始，经 81 与 82 之间折向 104 点，终于 147 点，见图 B-3（b））的 J 积分值 10.683。两个围道的 J 值相对误差 1.6%，非常接近。当然，此误差是数值计算引起的误差，理论上不应有误差。

表 B-3

积分路线经过的节点	垂直裂纹的位移		ΔV /cm	Δx /cm	$\dfrac{\partial v}{\partial x}=\dfrac{\Delta v}{\Delta x}$
	V/cm	平均 V/cm			
150	0		0.000 150 05	0.125	0.001 200 4
135	0.000 239 5				
136	0.000 060 6	0.000 150 05	0.000 157 05	0.125	0.001 256 4
113	0.000 307 1		0.003 130 0	0.25	0.001 252 0
82	0.000 620 1		0.000 541 3	0.50	0.001 083 6
69	0.001 161 9		0.004 734 2	1.00	0.004 734 2
68	0.005 896 1		0.006 536 5	1.00	0.006 535 6
67	0.012 431 7		0.007 634 7	1.00	0.007 634 7
66	0.020 066 4		− 0.000 317 4	0.50	− 0.000 634 8
78	0.019 749 0		− 0.000 028 8	0.25	− 0.000 115 2
101	0.019 720 2		0.000 008 05	0.125	0.000 064 4
124	0.020 770 5	0.019 728 25			
125	0.018 686 0		0.000 017 65	0.125	0.000 141 2
145	0.019 745 9				

注：积分围道经过两节点之间时，取相邻两节点位移平均值。

表 B-4

单元	节点	Δs /cm	$\left(\sigma_x\varepsilon_x+\tau_{xy}\dfrac{\partial v}{\partial x}\right)\Delta s$	$\left(\tau_{xy}\varepsilon_x+\sigma_y\dfrac{\partial v}{\partial x}\right)\Delta s$	$\left(\sigma_x\varepsilon_y+\tau_{xy}\dfrac{\partial v}{\partial x}\right)\Delta s$
256	135				
	156 ~ 136	0.25	0.602 95		
218	135		0.211 15		
	136 ~ 113	0.25	− 0.584 62		
178，179	113 ~ 82	0.50	− 2.512 62		
133，134	82 ~ 69	1.00		− 9.797 75	
107，132	69 ~ 68	1.00		− 18.263 67	
105，129	67 ~ 66	1.00		− 12.015 63	
124，125	66 ~ 79	1.00			0.007 65
160，161	79 ~ 101	0.50			0.265 49
199	124				0.046 31
	101 ~ 125	0.25			
239	124				
	125 ~ 145	0.25	$\sum = -2.283\,14$	$\sum = -40.067\,05$	$\sum = 0.355\,92$

三、安全性判断

计算所得 J 值，须用式（B-3）进行安全判断。实测临界 J_{1C} 值的材料是 15MnVN 钢母材。九江大桥的试验从 –22 ℃ 到常温用不同试样测 $J_{1C} = 7.93\ \text{kgf}\cdot\text{mm}/\text{mm}^2 \sim 14.95\ \text{kgf}\cdot\text{mm}/\text{mm}^2$，平均值可取 $10\ \text{kgf}\cdot\text{mm}/\text{mm}^2$。按式（B-3），计算值与实测值基本相等。安全系数 $n=1$，说明这个裂纹体处于临界状态。与材料实测 J_{1C} 值的含义完全相符。

如果计算值 J 值小于实测值 J_{1C}，则 $n>1$，说明构件还有一定剩余寿命，还有继续使用的可能。至于还能继续使用多长时间，那就须用裂纹扩展速率的概念计算剩余寿命。在实际问题中，剩余寿命决不可充分使用，一般地说，安全系数 n 不能小于 5。具体取值，视部件的重要性而定。

计算裂纹构件的 J 值，应对构件取脱离体，其边界力即外力。再设定适当的边界条件，即可按上述步骤对裂纹体作安全分析。

附录 C 日本钢压杆纵向加劲肋设计标准简介

（平成 14 年修订版）

日本公路桥设计标准的平成 14 年版，比昭和 48 年版有较大修改。在压杆纵向加劲肋方面，增加了加劲肋面积要求；简化了纵向加劲肋设计标准的公式；判别条件也作了很好的简化，使用更加方便了。兹简介如下。

一、钢压杆纵向加劲肋设计标准条文

两边支承板，在板宽 n 等分线附近各设一根加劲肋的情况下，每一条加劲肋所需的截面惯性矩 I_l 和截面面积 A_l 应满足按下式计算的值：

$$I_l \geqslant \frac{1}{11} bt^3 \gamma_l \tag{C-1}$$

$$A_l \geqslant \frac{bt}{10n} \tag{C-2}$$

各加劲肋的最大宽厚比应符合一边支承板局部稳定规定。

式中　b —— 被加劲板的全宽；

　　　γ_l —— 加劲肋与被加劲板的刚度比，$\gamma_l = I_l /(bt^3 /11)$；

　　　t —— 被加劲板的厚度；

　　　n —— 被纵向加劲肋分成的隔数。

刚度比 γ_l 计算：

（1）当 $\alpha \leqslant \alpha_0$ 时

$$\begin{cases} \gamma_l = 4\alpha^2 n \left(\dfrac{t_0}{t} \right)^2 (1+n\delta_l) - \dfrac{(\alpha^2+1)^2}{n} & (t \geqslant t_0) \\[3mm] \gamma_l = 4\alpha^2 n(1+n\delta_l) - \dfrac{(\alpha^2+1)^2}{n} & (t < t_0) \end{cases} \tag{C-3}$$

与此同时，横隔板的截面惯性矩 I_t 为：

$$I_t \geqslant \frac{bt^3}{11} \cdot \frac{1+n\gamma_l}{4\alpha^3} \tag{C-4}$$

（2）除 $\alpha \leqslant \alpha_0$ 外

$$
\begin{cases}
\gamma_l = \dfrac{1}{n}\left\{\left[2n^2\left(\dfrac{t_0}{t}\right)^2(1+n\delta_l)-1\right]^2-1\right\} & (t \geqslant t_0) \\[4mm]
\gamma_l = \dfrac{1}{n}\left\{[2n^2(1+n\delta_l)-1]^2-1\right\} & (t < t_0)
\end{cases}
\tag{C-5}
$$

式中　　a —— 横隔板间距；

　　　　α —— $\alpha = a/b$ ；

　　　　α_0 —— α 的极限值，$\alpha_0 = \sqrt[4]{1+n\gamma_l}$ ；

　　　　δ_l —— 一条纵肋与被加劲板的面积比，$\delta_l = A_l/bt$ ；

　　　　t_0 —— 规定的板厚，如表 C-1。表中的 f 是偏心受压修正系数。

表 C-1

钢　种	SS400 SM400 SMA400W	SM490	SM490Y SM520 SMA490W	SM570 SMA570W
t_0	$\dfrac{b}{28fn}$	$\dfrac{b}{24fn}$	$\dfrac{b}{22fn}$	$\dfrac{b}{22fn}$

偏心受压时被加劲板两边的应力不相等，设 σ_1 是较大的边沿应力，σ_2 是较小的边沿应力。$f = 0.65\phi^2 + 0.13\phi + 1$ ，$\phi = (\sigma_1 - \sigma_2)/\sigma_1$ 。

当 $\sigma_1 = \sigma_2$ 时，$\phi = 0$ ，$f = 1$ 。

二、分　析

这套公式的导出是基于这样的考虑：首先引入受压板宽厚比理论公式。考虑到设计实际采用的宽厚比与规范规定的宽厚比的差异对压曲系数的影响，导出实用压曲系数。然后引入"弹性稳定理论"[2]关于加劲板压曲系数的理论公式和使用条件，联合求解就导出了这些公式。这些公式有充分的试验依据。

1. 导出实用压曲系数 k

实际采用的宽厚比：

$$
b/t = R_{cr}\sqrt{\frac{\pi^2 k}{12(1-v^2)} \cdot \frac{E}{s\sigma}}
\tag{C-6}
$$

规范规定的最大宽厚比：

$$(b/t)_0 = R_{cr}\sqrt{\frac{\pi^2 k_0}{12(1-v^2)} \cdot \frac{E}{s\sigma}}$$ （C-7）

式中 R_{cr}——压曲参数；

k，k_0——压曲系数；

E——弹性模量；

v——泊松系数；

s——安全系数；

σ——计算压应力。

式（C-6）除以式（C-7）得实用压曲系数 k：

$$k = \frac{(b/t)^2}{(b/t)_0^2} \cdot k_0 = k_0 \cdot (t_0/t)^2$$ （C-8）

2. 引入文献[29]的理论公式

$$k = \frac{(1+\alpha^2)^2 + n\gamma}{\alpha^2(1+n\delta_1)}$$ （C-9）

$$\alpha = \sqrt[4]{1+n\gamma}$$ （C-10）

由式（C-10）有：

$$n\gamma = \alpha^4 - 1$$ （C-11）

$$\alpha^2 = \sqrt{1+n\gamma}$$ （C-12）

将式（C-11）、（C-12）分别代入式（C-9）得：

$$k = \frac{2(1+\alpha^2)}{1+n\delta}$$ （C-13）

$$k = \frac{2(1+\sqrt{1+n\gamma})}{1+n\delta}$$ （C-14）

式中符号意义同前。式（C-13）、（C-14）都表示 k 的最小值。但是，前者与 α 有关，后者与 α 无关。与 α 无关是表示，设计实际采用的 α 比规范规定的 α_0 还大，板的屈曲已与 α 没有关系了。

从压曲系数 k 随 α 呈波形变化图（如图 C-1）[1]也可看出，$\alpha = \sqrt[4]{1+n\gamma}$ 时 k 最小。除此之外，k 就不是最小值了。当然也就不应考虑 α 的影响了。

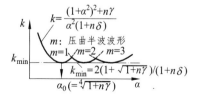

图 C-1 正交异性板的压曲系数

附录 D 栓群极惯性矩简化计算

一、竖向栓数为奇数

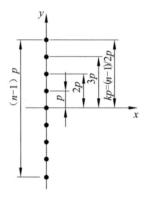

图 D-1

注：图中 m、n 是螺栓行列数；k 是从中间算起的螺栓顺序号。

1 行栓：

$$\sum r^2 = \sum y^2$$
$$= 2[p^2 + (2p)^2 + (3p)^2 + \cdots + (kp)^2]$$
$$= 2p^2(1^2 + 2^2 + 3^2 + \cdots + k^2)$$

因为

$$1^2 + 2^2 + 3^2 + \cdots + k^2 = \frac{k}{6} \cdot (k+1) \cdot (2k+1)$$
$$k = \frac{n-1}{2}$$

所以

$$1^2 + 2^2 + 3^2 + \cdots + k^2 = \frac{k}{6} \cdot (k+1) \cdot (2k+1) = \frac{1}{24}n(n^2-1)$$
$$\sum y^2 = 2p^2 \cdot \frac{1}{24}n(n^2-1) = \frac{1}{12}n(n^2-1) \cdot p^2$$

当有 m 行时：

$$\sum y^2 = \frac{1}{12}mn(n^2-1)\cdot p^2$$

同样，若 x 方向的栓距为 g，则：

$$\sum x^2 = \frac{1}{12}mn(m^2-1)\cdot g^2$$

$$\sum r^2 = \sum x^2 + \sum y^2 = \frac{1}{12}mn[(n^2-1)\cdot p^2 + (m^2-1)\cdot g^2]$$

令 $g = \alpha p$，则：

$$\sum r^2 = \frac{1}{12}mnp^2[(n^2-1) + (m^2-1)\cdot \alpha^2]$$

二、竖向栓数为偶数

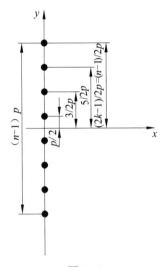

图 D-2

注：图中 m、n 是螺栓行列数；k 是从中间算起的螺栓顺序号。

1 行栓：

$$\sum r^2 = \sum y^2$$
$$= 2\{(p/2)^2 + (3p/2)^2 + (5p/2)^2 + \cdots + [(2k-1)p/2]^2\}$$
$$= (p/2)^2[1^2 + 3^2 + 5^2 + \cdots + (2k-1)^2]$$

因为

$$1^2 + 3^2 + 5^2 + \cdots + (2k-1)^2 = \frac{k}{3} \cdot (2k+1) \cdot (2k-1)$$

$$k = \frac{n}{2}$$

所以

$$1^2 + 3^2 + 5^2 + \cdots + (2k-1)^2 = \frac{n}{6} \cdot (n+1) \cdot (n-1) = \frac{1}{6} n(n^2-1)$$

$$\sum y^2 = \frac{p^2}{2} \cdot \frac{1}{6} n(n^2-1) = \frac{1}{12} n(n^2-1) \cdot p^2$$

当有 m 行时：

$$\sum y^2 = \frac{1}{12} mn(n^2-1) \cdot p^2$$

同样，若 x 方向的栓距为 g，则：

$$\sum x^2 = \frac{1}{12} mn(m^2-1) \cdot g^2$$

$$\sum r^2 = \sum x^2 + \sum y^2 = \frac{1}{12} mn[(n^2-1) \cdot p^2 + (m^2-1) \cdot g^2]$$

令 $g = \alpha p$，则：

$$\sum r^2 = \frac{1}{12} mnp^2[(n^2-1) + (m^2-1) \cdot \alpha^2]$$

附录 E 高腹板水平加劲肋算例[27]

附图 E-1 所示为两条水平加劲肋。

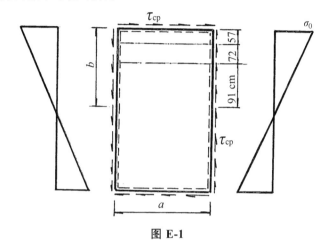

图 E-1

已知：

竖肋间距	$a = 200 \text{ cm}$
受压区高	$b = 220 \text{ cm}$
腹板厚	$t = 1.0 \text{ cm}$
水平肋至腹板受压边缘距离	$y_1 = 57 \text{ cm}$, $y_2 = 129 \text{ cm}$
$a/2$ 断面设计内力	$\sigma_0 = 1\,534 \text{ kg/cm}^2$, $\tau_{cp} = 151 \text{ kg/cm}^2$
板块最小设计安全度	$v_{\min} = 1.62$

计算：

$$\alpha = \frac{a}{b} = \frac{200}{220} = 0.91$$

$$D = \frac{Et^3}{12(1-v^2)} = \frac{2.1 \times 10^6 \times 1^3}{12 \times 0.91} = 0.192\,5 \times 10^6$$

$$\sum_i \sin^2 \frac{\pi y_i}{b} = \sin^2 \frac{\pi y_1}{b} + \sin^2 \frac{\pi y_2}{b} = \sin^2 \frac{57\pi}{220} + \sin^2 \frac{129\pi}{220} = 1.457$$

$$\sum_i (b - y_i)\sin^2 \frac{\pi y_i}{b} = (220 - 57) \cdot \sin^2 \frac{57\pi}{220} + (220 - 129)\sin^2 \frac{129\pi}{220} = 170.6$$

$$EJ^* = \frac{200^3}{1.457\pi^2}\left[\frac{1.62\times1\,534\times1}{4\times0.91} + \frac{1.62\times151\times0.707\times1}{0.91} + \frac{1.62\times1\,534F}{200\times220}\times170.6 - \right.$$

$$\left.\frac{0.91\times0.192\,5\times10^6\times\pi^2}{2\times220^2}\left(1+\frac{5}{0.91^2}+\frac{2.25}{0.91^4}\right)\right]$$

$$= 0.558\times10^6\times(689+9\,064F)$$

选择水平加劲肋截面积：$F = 19.7\ \text{cm}^2$

$$EJ^* = 0.588\times10^6\times(689+9.64\times19.7) = 491\times10^6\ \text{kg}\cdot\text{cm}^2$$

$$J^* = \frac{491\times10^6}{2.1\times10^6} = 234\ \text{cm}^4$$

附录F 已经建成的部分大型钢桁梁

表 F-1

序号	桥 名	主跨/m	国家	年代	类型	说明	活载
1	魁北克桥 Quibec	549	加拿大	1917	悬臂	Lawrence River	铁路
2	福斯桥 Forzh	521	英国	1890		Edinburg Scotland	铁路
3	港大桥	510	日本	1974		大阪	双层公路
4	切斯特桥 Chester	501	美国	1974		Delaware River	
5	大新奥尔良Ⅱ号桥 Great New Orleans-Ⅱ	482	美国	1988			
6	大新奥尔良Ⅰ号桥 Great New Orleans-Ⅰ	482	美国	1958			
7	豪利桥	457	印度	1943		Calcutta	
8	密西西比河桥 Mississippi River	446	美国	1943			公路
9	海湾桥（东桥）Trans（East Bay）	427	美国	1936		旧金山	
10	生月桥	400	日本	1991	连续		
11	阿斯托利亚桥 Astoria	376		1966		Columbia River	
12	巴腾鲁尔桥 Baton Rouge	376		1968		Louisiana	
13	塔彭奇桥 Tappen-Zee	369	美国	1956		Tarrytown.N.Y	
14	朗维尤桥 Longview	366		1930		Columbia River	
15	昆斯伯罗桥 Queensborough	360		1909		纽约	
16	彻切桥 Thatcher	343	巴拿马	1968	悬臂		
17	卡尔昆兹海峡1豪桥 Carquinez Strait Ⅰ	339	美国	1927		旧金山	
18	卡尔昆兹海峡2豪桥 Carquinez Strait Ⅱ	339	美国	1958		旧金山	
19	里士满·圣·拉斐尔1豪桥 Richmond San Rafael-Ⅰ	336	美国	1956		旧金山	

序号	桥　名	主跨/m	国家	年代	类型	说明	活载
20	哈伯桥 Harbor	333	加拿大	1930			铁路
21	第二海峡桥 Second Nerrows	335	加拿大	1960		温哥华	公路
22	雅克·卡尔捷湖桥 Jacques Cartier	334	加拿大	1929		Montreal	公路
23	伊桑·奥·哈特桥 Isaian.O.Hart	332	美国	1967		旧金山	公路
24	里士满·圣·拉斐尔 2 豪桥 Richmond San Rafael-Ⅱ	326	美国	1956		旧金山	公路
25	大岛桥	325	日本	1976	连续	山口	
26	格雷科纪念桥 Graco Memorial	320		1929			公路
27	密西西比河桥 mississiippi River	320		1990		New Orleans	
28	库伯河桥 Cooper River	320		1929	悬臂		
29	新布格培根 2 号桥 New Burgh Bacon-Ⅱ	306	美国	1980		纽约 Hudson River	
30	新布格培根 1 号桥 New Burgh Bacon-Ⅰ	305		1963		纽约 Hudson River	
31	天门桥	300	日本	1966	连续	熊本	
32	黑之濑户桥	300		1974	连续		

注：表列资料主要为周璞教授级高工搜集。

附录 G 已经建成的大型钢箱梁桥

表 G-1

序号	桥 名	主跨/m	国家	年代	说 明	活载
1	瓜纳巴拉桥 Guanabara	300	巴 西	1974	里约热内卢，双箱	公路
2	日本桥	265	柬埔寨	1963	1993 重修	公路
3	内卡山谷桥 Nekartal	263	德 国	1978	威廷根 Weitingen	公路
4	萨瓦－1 桥 Sava 1	261	南斯拉夫	1956	贝尔格莱德	公路
5	维多利亚三世桥 Ponte de	260	巴 西	1989	巴西利亚	公路
6	动物园桥 Zoobrucke	259	德 国	1966	科 隆	公路
7	海田桥	250	日 本	1991	广岛港	公路
8	尻无川桥	250	日 本	1994	大 阪	公路
9	奥克兰港湾桥	244	新西兰	1969	奥克兰	公路
10	谢夫尔 Chevire	242	法 国	1990		公路
11	瓜纳巴拉桥 Guanabara				里约热内卢	公路
12	科布伦次南桥 Koblenz Sud	236	德 国	1975	科布伦次，莱茵河	公路
13	正莲寺川桥	235	日 本	1989		公路
14	福伊尔桥 Foule	234	英 国	1983	伦敦	公路
15	波恩南桥 Bonnsud	230	德 国	1972	里约热内卢	公路
16	有明西运河桥	230	日 本	1993	里约热内卢	公路
17	圣马特奥海沃德桥 Sanmateo Hayward	229	美 国	1967	旧金山	公路
18	尼崎桥	223	日 本	1993		公路
19	拉德岛桥 Rader Lnsel	222	德 国	1972	汉 堡	公路
20	摩泽峪桥 Mosel Valley	218	德 国	1971		公路

序号	桥　名	主跨/m	国家	年代	说　明	活载
21	米尔福德桥	214	英　国	1970		公路
22	第二摩耶桥	210	日　本	1975	神户新港	公路
23	普拉特桥	210	奥地利	1971	维也纳	公路
24	杜塞尔多夫-诺伊斯 Dusseldorf-Neuss	206	德　国	1951		公路
25	萨瓦二桥 Save-Ⅱ	206	南斯拉夫	1970		公路
26	西尔斯坦桥 Schiersten	205	德　国	1962	威斯巴登，莱茵河	公路
27	威森脑桥 Weisenau	204	德　国	1963	门　斯	公路
28	圣迭戈科罗多桥	201	美　国	1969		公路
29	奥代河桥	200	法　国	1972		公路
30	欧罗巴桥 uropa	198	奥地利	1963	墩高 146 m	公路
31	莱茵河桥	196	德　国	1949	波恩—博里	公路

注：表内所列主要来自周璞教授级高工的情报资料。

附录 H 已经建成的大型钢拱桥

表 H-1

序号	桥 名	主跨/m	国家	年代	说明	活载
1	重庆朝天门长江大桥	552	中 国	2009	钢桁拱柔性系杆	公路+轻轨
2	卢浦桥	550	中 国	2003.6	上海	公路
3	新河桥 New RiverGorge	518	美 国	1977		公路
4	贝荣桥 Bayonne	504	美 国	1931		
5	悉尼港桥 Sydney Harbor	503	澳大利亚	1932		公铁
6	菜园坝长江桥	420	中 国		中承式	公路
7	弗里蒙特桥 Fremort	383	美 国	1972		公路
8	日达科夫桥 Zdakov	380	捷 克	1967		公路
9	曼港桥	366	加拿大	1964	温哥华	公路
10	弗朗西斯·科特乌桥	360	美 国	1978		公路
11	万州长江大桥	360	中 国	2005	宜万铁路	铁路
12	萨切桥 Thatcher	344	巴拿马	1962		公路
13	南京大胜关长江大桥	336	中 国	施工中	南京	4线铁路
14	那继莱特桥 Levidlette	335	加拿大	1967		公路
15	罗斯福湖桥 Roosevelt Lake	330	美 国	1990	亚利桑那州	公路
16	朗科恩·威登斯 Runcorn-Widnes	330	英 国	1961	Mersey River	公路
17	柏奇劳夫桥 Birchenoug	329	赞比亚	1935	Sebi River	公路
18	Robert Moses Causeway	326	美 国	1966	Fire Island Inlet	公路
19	科罗拉多桥	313	美 国	1959	亚利桑那州	公路
20	新木津川桥	305	日 本	1994	大阪	公路
21	昆斯顿·刘易斯顿桥 Queenston-Lewiston	305	美 国	1962	尼亚加拉瀑布	公路
22	Putrajaya	300	马来西亚	2002	Cable Stayed Arch	

序号	桥 名	主跨/m	国家	年代	说明	活载
23	鬼门桥 Hellgate	298	美 国	1916	纽约	铁路
24	大三岛桥	297	日 本	1979	本四联络三线	公路
25	虹桥 Rainbow	290	加拿大	1941	尼亚加拉瀑布	公路
26	早户桥	290	日 本	1985	神奈川	公路
27	柳州市维义大桥	288	中 国	修建中	钢桁拱柔性系杆钢丝吊索	公路
28	范布里劳 Van Brienenord	287	荷 兰	1965	鹿特丹	公路
29	蓝水道二号桥	281	美 国			公路
30	胜恰依尔河桥 St.Chair River	281	美 国	1997		公路
31	芒兹维尔桥 Moundsville	278	美 国	1981	俄亥俄州	公路
32	密西西比河	277	美 国	1982	东圣路易斯	公路
33	杰斐逊·巴拉克桥 Jefferson－Barracks	277	美 国	1992	密苏里	公路
34	密西西比河桥 Mississippi River	275	美 国	1992	默菲斯城,田纳西州	公路
35	费马恩海峡桥	348.4	德 国	1963	世界最早提篮拱	公＋铁
36	杜赛尔多夫－诺伊斯桥	250	德 国	1986	拱桁组合	4线铁路
37	赛欧特维尔桥	2×236	美 国	1917	连续桁拱	双线铁路
38	第聂伯河桥	228	苏 联	1952		公＋铁
39	九江长江大桥	216	中 国	1993	刚性桁梁柔性拱	公＋铁

注：主要资料来自周璞教授级高工的情报工作。

参考文献与资料

[1]　西村俊夫，三木千寿.拉应力引起的钢桥破坏.《土木学会誌》第 60 卷，昭和 50 年 11 月.

[2]　增淵興一.焊接结构分析.张伟昌，等，译.北京：机械工业出版社，1985.

[3]　英国标准学会.BS5400-03：2000.

[4]　铁路结构物设计标准计解说——钢桥、结合梁桥.任侠，译.丸善株式会社，平成 12 年 7 月.

[5]　张文栋.修建中的九江长江大桥.铁道工程学报，1990（2）：62.

[6]　阪神道路公路公团.日本港大桥.铁道部基建总局，译.北京：中国铁道出版社，1981.

[7]　小松定夫.钢结构補刚设计.森北出版株式会社，1982.

[8]　钱冬生.钢压杆的承载力.北京：人民铁道出版社，1980.

[9]　柏拉希 F.金属结构的屈曲强度.北京：科学出版社，1965.

[10]　AASHTO，AWS.桥梁焊接规范.刘榴，译.北京：人民交通出版社，1996.

[11]　本州四国联络桥公团.桁架桥节点构造设计指南（草案修订本）.1993.

[12]　铁道部大桥工程局.武汉长江大桥技术总结.北京：人民铁道出版社，1958.

[13]　日本钢构造协会接合小委员会.钢构造接合资料集成（3）.技报堂出版株式会社.

[14]　小西一郎.钢桥.宋慕兰，戴振藩，等，译.北京：人民铁道出版社，1980.

[15]　交通部科学技术情报研究所.薄壁箱形梁因焊接残余应力所产生的屈曲.1974.

[16]　松下贞義，成瀬輝男.鋼構造物の設計.技报堂，1979.

[17]　中铁大桥局桥梁科学研究所.多排高强度螺栓受力和传力研究报告.2008.

[18]　日本钢构造协会结合小委员会.高强度螺栓结合.王玉春，等，译.北京：中国铁道出版社，1984.

[19]　JOHNSTON B G.金属结构稳定设计准则解说.董其震，等，译.北京：中国铁道出版社，1981.

[20]　王应良，高宗余.欧美桥梁设计思想.北京：中国铁道出版社，2008.

[21]　中船重工集团第 725 研究所.美、英桥梁规范中的防断选材规则综述与分析.

[22]　欧洲标准委员会.欧洲规范 3（Eurocode 3）：钢结构设计第二部分.钢桥.

[23]　严国敏.现代斜拉桥.成都：西南交通大学出版社，1995.

[24]　毕尔格麦斯特 G，斯托依普 H.稳定理论（下）.北京：中国建筑工业出版社，1974.

[25] 铁道部大桥工程局桥梁科学研究所. 摩擦型长列高强度螺栓接头研究. 1988.

[26] 铁道部专业设计院. 铁路桥梁规范学习汇编. 1963.

[27] 唐家祥. 带肋薄腹板设计思路与水平加劲肋临界刚度的研究. 标准设计通讯，1975.

[28] 兰州铁道学院工程系机构研究室，铁道部第三设计院标准处. 箱形钢梁薄腹板稳定. 北京：人民铁道出版社，1978.

[29] 铁摩辛柯 S P，盖莱 J M. 弹性稳定理论. 北京：科学出版社，1965.

[30] ROGER L BROCKENBROUGH，FREDERICK S MERRITT. 美国钢结构设计手册. 同济大学钢与轻型结果研究室，译. 上海：同济大学出版社，2006.

[31] 交通部科学技术情报研究所. 国外钢桥. 1973.